Magnetischer Kosmos

Ulrich von Kusserow

Magnetischer Kosmos

To B or not to B

Ulrich von Kusserow
Bremen
Deutschland

ISBN 978-3-642-34756-6   ISBN 978-3-642-34757-3 (eBook)
DOI 10.1007/978-3-642-34757-3

Die Deutsche Nationalbibliothek verzeichnet diese Publikation in der Deutschen Nationalbibliografie; detaillierte bibliografische Daten sind im Internet über http://dnb.d-nb.de abrufbar.

Springer Spektrum

Planung und Lektorat: Dr. Vera Spillner, Stefanie Adam
Einbandabbildung: Hana Druckmüllerová, Úpice Observatory, Miloslav
                    Druckmüller 2008
Einbandentwurf: deblik, Berlin

Gedruckt auf säurefreiem und chlorfrei gebleichtem Papier

Springer Spektrum ist eine Marke von Springer DE. Springer DE ist Teil der Fachverlagsgruppe Springer Science+Business Media
www.springer-spektrum.de

Prolog

„To Be or Not To Be" – „Sein oder Nicht Sein". Das ist die von Hamlet in der gleichnamigen Tragödie von William Shakespeare (1564–1616) für uns Menschen gestellte Existenzfrage des Lebens. Mit einer durch Weglassen des Buchstabens „e" veränderten Überschrift „To B or Not To B?" in ihrem Artikel über die astronomischen Highlights des Jahres 2000 wollte die amerikanische Astrophysikerin Virginia L. Trimble demgegenüber die Rolle kosmischer Magnetfelder für die Strukturbildung und Entwicklung von Galaxien, Sternen und Planeten (positiv gemeint) infrage stellen. Dass der Einfluss der durch den Buchstaben B gekennzeichneten magnetischen Flussdichte im Universum von gewaltiger Bedeutung sein könnte, darauf hatte bereits 1965 der niederländische Astronom Lodwijk Woltjer eindringlich hingewiesen. „Je größer unser Unverständnis [über ein astrophysikalisches Problem] ist, umso stärker muss [wohl in Wirklichkeit] der Einfluss der Magnetfelder sein". Noch drastischer drückte es sein Landsmann Hendrik C. van de Hulst mehr als 20 Jahre danach in einem Vortrag aus: „Magnetfelder sind für die Astrophysik das, was der Sex für die Psychologie ist".

Heute ist in der astronomischen Forschung die herausragende Bedeutung kosmischer Magnetfelder für ein tieferes Verständnis der im nahen und fernen Weltall zu beobachtenden faszinierenden und komplexen Vorgänge weitgehend anerkannt. „Um das Universum zu verstehen, untersuchen wir die von Galaxien und Sternen ausgehende Strahlung, klein- und großskalige Bewegungen, Temperaturen, chemische Zusammensetzungen und vieles mehr. Alles das, was wir danach nicht erklären können, führen wir auf die Magnetfelder zurück". Dies ist ein Zitat aus einem Projektvorschlag zur Instrumentierung des mit fast 40 m Durchmesser zukünftig größten optischen Spiegelteleskops der Welt. Am Ende dieses Jahrzehnts wird das E-ELT (European-Extremely Large Telescope) der europäischen Südsternwarte ESO (European Southern Observatory) auch mit einem besonders leistungsfähigen Spektropolarimeter zur Vermessung kosmischer Magnetfeldstrukturen ausgerüstet sein.

Anders als die starken und schwachen Kernkräfte, die für die Fusion der Atomkerne beziehungsweise für radioaktive Zerfallsprozesse verantwortlich sind, spielen die Gravitations- und elektromagnetischen Kräfte aufgrund ihrer ins Unendliche reichenden Fernwirkung die zentrale Rolle für die Organisation und Entwicklung großskaliger Materiestrukturen im Universum. Isaac Newton, der Entdecker des Gravitationsgesetzes und Grundsteinleger der klassischen Mechanik, sowie Albert Einstein mit seinen Hauptwerken über die spezielle und allgemeine Relativitätstheorie waren die Forscher, die Wesentliches zum übermächtig erscheinenden Einfluss der Gravitationskraft auf Prozesse im Weltall entwickelten.

Auch wenn die anziehenden oder abstoßenden elektrischen Kräfte wesentlich stärker als die gravitativen Anziehungskräfte zwischen geladenen Partikeln ausfallen können, glaubte doch lange Zeit kaum jemand an ein „elektromagnetisch" beeinflusstes Universum. Im Inneren der Erde sollte sich zwar ein großer Magnet befinden, der die Kompassnadeln der Seefahrer ausschlagen lässt. Aber wie könnten im nahezu „luftleeren" Raum des Weltalls bewegte Ladungsträger existieren, die das Fließen elektrischer Ströme und die Erzeugung kosmischer Magnetfelder bewirken würden? Die Anwendung der von Wissenschaftlern wie Hans Christian Ørstedt, André-Marie Ampère, Georg Simon Ohm, Michael Faraday, Hendrik Lorentz und James Clerk Maxwell entdeckten Gesetze und entwickelten

Theorien zum Elektromagnetismus blieb so zunächst im Wesentlichen auf die fortschreitende Entwicklung der Elektrotechnik begrenzt.

Der norwegische Physiker Kristian Olaf Bernhard Birkeland erstellte 1896 eine erste zutreffende wissenschaftliche Analyse des Nordlichtphänomens. Anhand eines beeindruckenden Experiments überprüfte er die Hypothese, wonach die sagenumwobenen farbenprächtigen Polarlichter durch den Einstrom geladener Partikel von der Sonne in der Magnetosphäre der Erde erzeugt werden. 1936 erhielt der österreichische Physiker Viktor Franz Hess den Nobelpreis für die Entdeckung der kosmischen Strahlung, diesen meist geladenen, hochenergetischen Teilchen, die aus dem fernen Universum in die Erdatmosphäre eindringen können. Schließlich war es der 1970 mit dem Nobelpreis ausgezeichnete schwedische Physiker Hannes Olaf Alfvén, dem mit der Zusammenführung der Strömungslehre und der Elektrodynamik zur Magnetohydrodynamik ein erster Schritt zur Entwicklung einer konsistenten Theorie zur Erklärung von Vorgängen im „Plasmauniversum" gelang.

Alfvén war ein Physiker und Mathematiker, ein Theoretiker, der seine kreativen Ideen über die Vorgänge im Universum gerne auch anhand von Laborexperimenten überprüft haben wollte. Er beschrieb das Plasma als einen besonderen Materiezustand, wonach die quasineutrale Materie fast überall im Universum, teilweise ionisiert aus meist positiv geladenen Ionen und negativen Elektronen bestehend, in charakteristischer Weise mit dem Fließen elektrischer Ströme sowie der Existenz kosmischer Magnetfelder verbunden ist. Er äußerte erste Ideen über magnetische Beschleunigungsmechanismen für die kosmische Strahlung, analysierte die Ringströme in der Magnetosphäre der Erde sowie den Einfluss erdmagnetischer Stürme auf die Polarlichtstrukturen.

Als einer der „Väter der Weltraumphysik" entwickelte Hannes Alfvén grundlegendes Handwerkzeug nicht nur für die Theoretiker. Er kreierte das anschauliche und wirkungsvolle Bild der sogenannten „Eingefrorenheit" magnetischer Feldlinien in ein Plasma mit theoretisch unendlich hoher elektrischer Leitfähigkeit. Die Entwicklung magnetischer Feldstrukturen und die Bewegung der Plasmamaterie sind danach fast überall im Universum wechselseitig eng aneinander gebunden. Durch seine Intuition wurden die hydromagnetischen „Alfvén-Wellen" entdeckt, deren Bedeutung heute in vielen Bereichen der Plasmaphysik so weitreichend ist. Auch der indische Nobelpreisträger Subrahmanyan Chandrasekhar, der 1983 für seine Arbeiten über Theorien zur späten Entwicklungsphase massereicherer Sterne ausgezeichnet wurde, zählt zu den frühen Begründern der Theorie der Magnetohydrodynamik. Er führte wichtige Stabilitätsanalysen für aufgeheizte, rotierende und von Magnetfeldern durchsetzte Plasmamaterie durch.

1955 entwickelte der amerikanische „solare" Astrophysiker Eugene N. Parker ein erstes anschauliches Dynamomodell zur Erzeugung kosmischer Magnetfelder durch magnetische Induktionsprozesse. Als einer der Ersten hatte er die Idee von der Freisetzung gespeicherter magnetischer Energien in einem als Rekonnexion bezeichneten Prozess. In einem einfachen Modellbild treffen dabei magnetische Feldlinien mit entgegengesetzt orientierten Feldanteilen aufeinander. Sie werden „zerschnitten" und im selben Moment unter Ausbildung veränderter magnetischer Strukturen wieder neu verbunden. Die Argumentation im Bild der Eingefrorenheit magnetischer Feldlinien muss bei einem solchen, in dünnen Stromschichten bei begrenzter elektrischer Leitfähigkeit ablaufenden Prozess vorübergehend außer Kraft gesetzt werden.

Während Materie, teilweise entkoppelt, durch die Magnetfeldstrukturen hindurch diffundieren kann, werden lokal elektrische Felder erzeugt, die geladene Teilchen beschleunigen, die Ausbreitung magnetohydrodynamischer Wellen anregen können. Parker entwickelte nicht nur Ideen über den Ursprung des Sonnenwindes und die Aufheizung der Sonnenkorona unter Magnetfeldeinfluss. Er erarbeitete wesentliche theoretische Grundlagen über den Einfluss kosmischer Magnetfelder fast überall im Universum.

Die Organisation und Entwicklung kosmischer Materiestrukturen durch magnetische Kräfte unterscheidet sich von der durch Gravitationskräfte in ganz entscheidenden Punkten. Materie unter Gravitationseinfluss zieht sich zusammen und bildet eher kugel- oder scheibenförmige Strukturen sowie Orbitalbahnen aus. Demgegenüber vermitteln magnetische Kräfte verstärkt explosionsartige Expansionsbewegungen, die begrenzende schichten-, hüllen- oder röhrenförmige Gebilde erzeugen. Bei Freisetzung von Gravitationsenergie wird meist thermische elektromagnetische Strahlung ausgesandt. Die Dissipation magnetischer Energien führt demgegenüber eher zur Beschleunigung von Teilchen, zur Erzeugung heißerer nichtthermischer Strahlung. Gravitativ dominierte Prozesse induzieren in der Regel verdichtende und ordnende, magnetische Prozesse verstärkt auftreibende und turbulente Bewegungsmuster. Kosmische Magnetfelder sind von daher eher als das „radikale Element" im Universum anzusehen. Sie können den „kosmischen Frieden" vehement stören. Überall im Universum treibt, kanalisiert und wandelt ein besonders wirksamer „magnetischer Organismus" den von Sternen und Galaxien ausgehenden Energiefluss um.

Von den „unsichtbaren" elektromagnetischen Kräften geht für viele Menschen eine besondere Faszination aus. Im täglichen Leben sind ihre verdienstvollen Einflüsse heute für uns unentbehrlich. Motoren, Generatoren und Transformatoren, Transport- und Telekommunikationseinrichtungen prägen nicht nur unseren Alltag in besonderem Maße. Ohne die Kenntnis über ihr Wirken könnte der Vorstoß der Menschheit ins Weltall nicht gelingen, ließen sich die Vorgänge im Universum von Wissenschaftler nicht erforschen. Wir wissen, dass elektrische Felder in technischen Einrichtungen geladene Teilchen bewegen, dass es die elektrischen Ströme sind, die magnetische Felder erzeugen. Wenn wir einen Schalter schließen, dann sind wir es gewohnt, dass die Folgen davon umgehend mit fast Lichtgeschwindigkeit gleichzeitig überall in den Stromkreis hineinkommuniziert werden. Eine Lichtquelle leuchtet, eine Heizungsquelle gibt Wärmestrahlung ab, ein Motor startet und ein Fernseher informiert uns durch Aussendung von Bild und Ton.

Ein tieferes Verständnis der im Plasma-Universum ablaufenden beeindruckenden Vorgänge erfordert einen deutlich veränderten Blick auf die Einflussnahme elektromagnetischer Felder. Hier ist es in erster Linie das Zusammenspiel von Magnetfeldern und den Geschwindigkeitsfeldern ionisierter Teilchen im besonders dünnen und stoßfreien Plasma, das die Dynamik der ablaufenden Prozesse bestimmt. Aufgrund der freien Beweglichkeit sowohl negativer als auch positiver Teilchen werden sich im strömenden Plasma kaum elektrische Felder ausbilden können. Dennoch müssen im Universum lokal doch immer wieder besonders starke elektrische Felder erzeugt werden. Ohne sie wäre die beobachtete Beschleunigung kosmischer Partikelstrahlung auf besonders hohe Geschwindigkeiten nicht zu erklären. Ganz anders als im Labor auf der Erde erfolgt die Kommunikation über Veränderungen in den Plasmastrukturen des Universums schwerfälliger entlang großskaliger Magnetfeldstrukturen durch sogenannte magnetosonische Wellen, deren Ausbreitungsgeschwindigkeit deutlich kleiner als die Lichtgeschwindigkeit ist.

Dieses Buch soll den Leser über all das informieren, was die Erforschung des Einflusses kosmischer Magnetfelder auf die vielfältigen und faszinierenden Vorgänge in unserem Universum auch für den Wissenschaftler so spannend macht. Die große Bedeutung dieser Krafteinwirkung für die Entwicklung von Galaxien, Sternen und Planeten, ihre wichtige Rolle im turbulenten interplanetaren, interstellaren und intergalaktischen Medium sowie beim Ablauf hochenergetischer Prozesse im Universum wird dabei erst seit wenigen Jahrzehnten ausreichend gewürdigt.

Moderne bodengestützte Teleskope oder von Satelliten aus betriebene Observatorien mit ihren technisch hoch entwickelten Messinstrumenten und Kameras liefern heute eine Fülle räumlich, zeitlich und spektral hochaufgelöster Bilder und Messdaten. Informationen erhalten die Astronomen für alle möglichen Wellenlängen-Bereiche des elektromagnetischen Spektrums. Zunehmend „reifere" Theorien werden wirkungsvoll modelliert, dafür hoch entwickelte Computer-Codes geschrieben. Umfangreiche Simulationsrechnungen können auf besonders leistungsfähigen und schnellen Rechnern mit hoher Speicherkapazität durchgeführt werden. Im Labor durchgeführte Analog-Experimente unterstützen heute grundlegende Erkenntnisgewinnungsprozesse.

Die Resultate von Computersimulationen lassen sich mit den Beobachtungsdaten vergleichen. Die Berücksichtigung unterschiedlicher physikalischer Einflussfaktoren sowie die Variation von Eingangsdaten ermöglichen dabei ein „numerisches Experimentieren" am Computer. Den Forscher zufriedenstellende Ergebnisse liegen immer dann vor, wenn die beobachteten und berechneten Daten einigermaßen konsistent übereinstimmen. Farbenprächtige Abbildungen, vereinfachte Animationen oder die anschauliche Darstellung gerechneter Entwicklungsabläufe in Form von Videosequenzen bieten heute selbst dem astronomischen Laien tiefe und sie besonders beeindruckende Einblicke auch in das „magnetische" Universum.

In Kap. 1 dieses Buches wird ein Überblick über die große Bedeutung kosmischer Magnetfelder gegeben. Es werden offensichtliche Indizien für deren Existenz im Universum aufgezeigt, historische Aspekte erläutert, Messmethoden zur Bestimmung der magnetischen Flussdichte sowie Messergebnisse für Magnetfelder unterschiedlicher Himmelsobjekte vorgestellt. Das Sonnensystem als „Plasmalabor" ist das Thema des 2. Kapitels. In relativ großer Nähe zur Erde bieten sich dem Wissenschaftler hier „vor Ort" beste Möglichkeiten, grundlegende Eigenschaften kosmischer Magnetfelder und der durch sie beeinflussten Entwicklungsprozesse zu studieren. Nach einer Erläuterung des Plasmabegriffs werden die magnetischen Feldstrukturen der Heliosphäre, der Planeten und Kometen vorgestellt. Parallel dazu werden die Erzeugung kosmischer Magnetfelder in sogenannten Dynamoprozessen sowie die Wirkungsweise magnetischer Rekonnexion als zentralem Prozess zur Freisetzung magnetischer Energien erläutert. Mit den Beschleunigungsprozessen an Schockfronten und der Ausbreitung magnetisch unterstützter Wellen sollen wichtige, nicht nur für die Entwicklung des „Weltraumwetters" in der „heimischen" Heliosphäre relevante grundlegende physikalische Prozessabläufe vorgestellt werden.

In Kap. 3 geht es um die Rolle der Magnetfelder im Laufe der Entwicklung unterschiedlicher Sterntypen und Sternsysteme von ihrer Geburt bis zum Lebensende. Unter anderem durch ihre Kopplung an die Plasmamaterie und die Unterstützung des Abtransports von Drehimpuls nehmen sie Einfluss auf die Verdichtung und den Kollaps von Molekülwolken, auf die Ausbildung von Scheiben-Jet-Strukturen sowie von Planetensystemen um junge Protosterne. Es werden die typischen Magnetfeldstrukturen unterschiedlich massereicher Sterntypen vorgestellt. Die magnetischen Prozesse werden erläutert, die am Ende des Sternenlebens von kompakten Objekten wie Weißen Zwergen, Neutronensternen oder Magnetaren eine zentrale Rolle spielen. Sie sind wesentlich für die Entwicklung von Supernova-Explosionen und Gammastrahlen-Ausbrüchen unter anderem auch in Doppelstern-Systemen.

Wie sind eigentlich die für den Dynamoprozess unentbehrlichen magnetischen Saatfelder im frühen Universum entstanden? Wie lassen sich die mit Magnetfeldern durchsetzten Spiralstrukturen vieler Galaxien erklären? Warum zeigen auch die aktiven Galaxien ähnlich wie die jungen Sterne eng kollimierte Jet-Strukturen, in denen Plasmamaterie gebündelt und beschleunigt in den intergalaktischen Raum geschossen wird? Kann die hochenergetische kosmische Strahlung auch bei der Kollision von Galaxienhaufen erzeugt werden? Um eine mögliche Beantwortung all dieser Fragen soll es im 4. Kapitel über den Einfluss kosmischer Magnetfelder im besonders fernen Universum gehen.

Von der Beobachtung zur Theorie, über die Modellierung bis zur Simulationsrechnung werden im letzten Kapitel alle wichtigen Arbeitsschritte im wissenschaftlichen Erkenntnisgewinnungsprozess zusammenfassend vorgestellt. Was werden die Astronomen und Astrophysiker in Zukunft alles unternehmen, um noch mehr über die im Plasma-Universum ablaufenden faszinierenden magnetischen Prozesse zu erfahren? Welche Rolle können in diesem Zusammenhang im Labor auf der Erde durchgeführte Analog-Experimente spielen? Welche neuen Teleskope werden den Theoretikern in Zukunft Zugang zu noch besseren Beobachtungsdaten verschaffen? In diesem 5. Kapitel geht es unter anderem um die Faszination, die Notwendigkeit, aber auch um die Grenzen der Erkenntnisgewinnung. Wissenschaftliches Arbeiten wird stets auch den Zweifel als Methode akzeptieren müssen. Werden wir jemals die im Universum ablaufenden magnetischen Prozesse zufriedenstellend verstanden haben, oder genießen wir einfach nur die wachsenden Erkenntnisse über die Wunder des Lebens in einem magnetischen Kosmos? Am Ende der einzelnen Kapitel dieses Buches findet der Leser jeweils Verzeichnisse mit weiterführender Literatur. Im Text selbst wird immer wieder auch auf farbige Bildtafeln im Anhang hingewiesen. Anspruchsvollere mathematisch-physikalische Grundlagen zum tieferen Verständnis magnetischer Prozesse werden in mehreren den Text begleitenden Einschüben erläutert. Im Glossar werden die Fachbegriffe definiert, die im Zusammenhang mit dem Studium kosmischer Magnetfelder bedeutsam sind.

Inhalt

Kapitel 1

Magnetfelder im Universum

„Magnetische Felder sind für die Astrophysik das, was die Sexualität für die Psychoanalyse ist."

Hendrik C. van de Hulst, 1987

Die Gestalt des Himmels der Fixsterne hat also keine andere Ursache, als eben eine dergleichen systematische Verfassung im Großen, als der planetische Weltbau im Kleinen hat, indem alle Sonnen ein System ausmachen, dessen allgemeine Beziehungsfläche die Milchstraße ist ... Wenn man einestheils erwäget: daß 6 Planeten mit 10 Begleitern, die um die Sonne, als ihren Mittelpunkt, Kreise beschreiben ... welche ihrer alle Umläufe durch die Kraft der Anziehung regieret ... so wird man bewogen, zu glauben ... daß die Einträchtigkeit in der Richtung und Stellung der planetischen Kreise eine Folge der Übereinstimmung sei, die sie alle mit derjenigen materialischen Ursache gehabt haben müssen, dadurch sie in Bewegung gesetzt worden. Wenn wir anderntheils den Raum erwägen, in dem die Planeten unsers System herumlaufen, so ist er vollkommen leer und aller Materie beraubt ... Newton ... behauptete, die unmittelbare Hand Gottes habe diese Anordnung ohne die Anwendung der Kräfte der Natur ausgerichtet (Kant 1755).

Immanuel Kant (1724–1804) hat in seinen Abhandlungen über die „Allgemeine Naturgeschichte und Theorie des Himmels" die Rolle der Fixsterne in unserer Milchstraße, den Aufbau unseres Sonnensystems sowie die Bewegungsverhältnisse der Planeten und Monde bereits vor mehr als 250 Jahren in bemerkenswerter Klarheit umrissen. Die vor ihm geborenen Naturphilosophen, Mathematiker, Physiker und Astronomen Nikolaus Kopernikus (1473–1543), Johannes Kepler (1571–1630), Galileio Galilei (1564–1642) und vor allem Isaac Newton (1642–1726) waren es wohl, denen der Professor für Philosophie seine tiefen Einsichten zu verdanken hatte. Die Wiederentdeckung des heliozentrischen Weltbildes, die Gesetze der Planetenbewegung, die Benutzung des Teleskops zur Himmelsbeobachtung, die Erforschung der Fallgesetze und der Einsatz mathematischer Methoden zur Erkenntnisgewinnung müssen zu den überragenden, revolutionären Entwicklungen dieser Zeit gerechnet werden. Galilei konnte beobachten, dass die Milchstraße aus „unendlich" vielen Fixsternen besteht, dass dunkle Flecken auf der Sonne sich sogar zeitlich entwickeln, entstehen und vergehen können.

Newton schaffte mit seiner Infinitesimalrechnung die Grundlagen nicht nur der klassischen Mechanik, er entdeckte die Schwerkraft als Verursacher der Planetenbewegung. Er führte eine Teilchentheorie des Lichts ein, erklärte die spektrale Lichtzerlegung mithilfe von Prismen. Das erste funktionierende Spiegelteleskop wurde von ihm angefertigt. Er erstellte einen Sternkatalog mit Sternkarten, machte sich Gedanken über die Entstehung der Fixsterne. Seine Aussagen über die Absolutheit von Raum und Zeit wurden erst fast 200 Jahre später durch die Relativitätstheorien von Albert Einstein (1879–1955) begründet widerlegt. In Abwandlung des Newton'schen Teilchenmodells wurde dieser bekannteste Wissenschaftler unserer Zeit für seine Interpretation des photoelektrischen Effekts, eines der Schlüsselexperimente zur Begründung der Quantenphysik, 1905 mit dem Nobelpreis für Physik ausgezeichnet.

Die Gravitationskraft spielt heute vor dem Hintergrund der Allgemeinen Relativitätstheorie Albert Einsteins eine zentrale Rolle in der modernen Astrophysik. Längst ist aber auch erkannt, welche große Bedeutung Rotationsbewegungen und der Transport von Drehimpuls für Strukturbildungs- und Entwicklungsprozesse überall im nahen und fernen Universum haben. Die vor knapp

100 Jahren entdeckten Kernfusionsprozesse bewirken bekanntlich die Energieerzeugung und dynamische Entwicklung von Sternen. Neben den hierfür verantwortlichen starken Kernkräften bestimmen die sogenannten schwachen Kernkräfte die Zerfälle und Umwandlungen radioaktiver Atomkerne. Diese beiden Grundkräfte der Physik wirken nur auf besonders kurzen Abständen. Die von ihnen ausgeübten Wechselwirkungsprozesse sind für uns im Alltag von daher kaum erfahrbar.

Wie die Gravitations- oder Trägheitskräfte, Zentrifugal- und Corioliskräfte in beschleunigten und rotierenden Systemen sind die Auswirkungen elektromagnetischer Kräfte auf großen Längenskalen spürbar. Die durch sie vermittelten Prozesse bestimmen in modernen Gesellschaften den Ablauf des täglichen Lebens in herausragender Weise. Das aktuelle Ausmaß der Strom-, Licht- und Energieerzeugung, die Anwendung der Elektronik hoch entwickelter technischer Systeme in Bereichen der Produktionstechnik, des Transportwesens, der Telekommunikation und der Nahrungsmittelherstellung wären ohne tiefgreifende Kenntnisse der zugrunde liegenden Physik undenkbar. Dieser Sachverhalt ist vielen Menschen heute mehr oder weniger bewusst. Über die große Bedeutung und den Ablauf elektromagnetisch vermittelter Prozesse im fernen Universum sind sie in der Regel aber sehr viel weniger informiert. Selbst Albert Einstein hielt die häufige Umpolung des Erdmagnetfeldes für eines der ungeklärtesten Phänomene seiner Zeit. Wir wissen heute, dass kosmische Magnetfelder auf die Strukturbildungs- und Entwicklungsprozesse in Stern-, Galaxien- und Planetensystemen Einfluss nehmen können. Neben der Gravitationskraft bestimmen sie den Ablauf hochenergetischer Prozesse überall im Universum. Und ohne sie wäre unser Leben auf der Erde wohl auch gar nicht möglich.

Auch wenn von der Stärke eines Hufeisenmagneten und der beharrlichen Ausrichtung der Kompassnadel im Erdmagnetfeld für viele Menschen eine große Faszination ausgeht, so blieb die besondere

Bedeutung magnetischer Prozesse selbst im frühen und fernen Universum häufig doch im Dunkeln. Das von Planeten und Kometen, der Sonne und anderen Sternen, der Milchstraße, der Andromeda-Galaxie und den Magellan'schen Wolken ausgesandte Licht fällt beim Blick auf den Sternenhimmel unter geeigneten Beobachtungsbedingungen in unser Auge. Diese Objekte können wir sehen, bewundern und „erleben". Wir haben aber kein Sinnesorgan, das die fernen magnetischen Eindrücke registrieren und für uns direkt erfahrbar machen könnte. Welche Magnetfeldstrukturen würde man im Universum erblicken, wenn es eine Brille gäbe, mit der sie sich direkt beobachten ließen?

Im folgenden Abschnitt werden die mit Sonnenfinsternis-, Kometen- und Polarlichterscheinungen verbundenen Phänomene aufgezeigt, anhand derer man bereits durch Beobachtung mit dem „unbewaffneten" Auge auf die Existenz kosmischer Magnetfelder schließen, zumindest indirekt den Verlauf magnetischer Feldstrukturen erkennen könnte. Anschließend sollen die historischen Aspekte der Entdeckung dieser Felder in den unterschiedlichsten Himmelsobjekten betrachtet, ihre weitreichende Bedeutung für die unterschiedlichsten Prozesse im Universum überblickartig erläutert werden. Wie lassen sich die so weit entfernten kosmischen Magnetfeldstrukturen eigentlich vermessen, und wie stark sind sie im Vergleich zum Erdmagnetfeld? Nach Beantwortung dieser Fragen soll noch einmal die Bedeutung und besondere Faszination der Auseinandersetzung mit Prozessen im magnetischen Kosmos für die Wissenschaft, aber auch für den das Universum „erforschenden" Menschen herausgestellt werden. Auf einflussreiche Magnetfelder trifft man fast überall im Kosmos.

1.1   Indizien für ihre Existenz

Der Ablauf einer vollständigen Sonnenfinsternis wird in der Regel von vielen Millionen Menschen mit großer Faszination verfolgt. Neben der besonderen Stimmung am plötzlich dunklen Beobachtungsort

Abb. 1.1 Blick auf die Sonnenkorona während einer Sonnenfinsternis. Die mit hoch entwickelten mathematischen Methoden aufbereitete Abbildung zeigt kontrastverstärkt feinste solare magnetische Feldstrukturen bis in den interplanetaren Raum hinaus. Die Betrachtung des Verlaufs der magnetischen „Polstrahlen" in höheren sowie der „helmförmigen Wimpel" in niedrigeren heliografischen Breiten vermittelt einen Einblick in die komplexe Dynamik des magnetisierten koronalen Plasmas. (© H. Druckmüllerová, M. Druckmüller, BNR0 Univ. of Technology)

beeindruckt vor allem der Blick auf die hell und filigran strukturiert erscheinende Sonnenkorona. Viele Amateurastronomen setzen heute moderne Teleskope und Kameras ein, um die Feinstrukturen der äußeren solaren Atmosphärenschichten möglichst hochaufgelöst sichtbar zu machen. Nach geeigneter Bildbearbeitung erkennen sie auf ihren Aufnahmen rötlich leuchtende Strukturen in der tieferliegenden Chromosphäre sowie feingliedrige, strahlen- oder wimpelförmige Aufhellungen in der Korona der Sonne (Abb. 1.1, BT 01). Jedem interessierten Beobachter müsste sich dabei die Frage stellen, wodurch diese auffallende Strukturierung wohl entstanden sein könnte. So mancher Amateurastronom hat natürlich davon gehört, dass das relativ zum Erdmagnetfeld starke Magnetfeld der Sonne Verursacher dieses beeindruckenden Phänomens ist.

Abb. 1.2   Koma- und Schweifstruktur des Kometen Hyakutake. Auf dieser mehrere Minuten lang belichteten Kometenaufnahme erkennt man vor den Lichtspuren der Sterne besonders lang gestreckte und geradlinige helle Bänder im Kometenschweif. Sie haben sich unter dem Einfluss der am Kometenkopf gefalteten interplanetaren Magnetfeldstrukturen ausgebildet. Im hinteren Teil des Schweifs haben magnetische Instabilitäten einen teilweisen Schweifabriss ausgelöst. (© E. Kolmhofer, H. Raab, Johannes-Kepler-Observatory, Linz, Österreich)

Um das Jahr 1997 konnte der „Große Komet" Hale-Bopp von sehr vielen Menschen über einen Zeitraum von insgesamt 16 Monaten mit bloßem Auge bewundert werden. Für manche Beobachter war der 1996 nur sehr viel kürzer mit „unbewaffnetem" Auge zu verfolgende Komet Hyakutake allerdings eine noch beeindruckendere Erscheinung am Sternenhimmel (BT 02). Die Länge seines besonders schmalen, filamentartig und teilweise fadenförmig strukturierten Schweifs betrug immerhin mehr als 500 Mio. km, und Amateurastronomen konnten schon mit relativ kleinen Teleskopen spektakuläre Kometenschweifabrisse beobachten (Abb. 1.2).

Wie vielen Menschen ist eigentlich bewusst, dass die von der Sonne ausgehenden interplanetaren Magnetfelder generell für die Ausprägung der so charakteristischen und komplexen Erscheinungsbilder von Kometenstrukturen wesentlich mitverantwortlich sind, dass

Abb. 1.3 Polarlichterscheinungen. Komplex strukturierte Leuchterscheinungsmuster der Aurora borealis, der in nördlichen Breiten zu beobachtenden Polarlichter. Durch das Einströmen des Sonnenwindes ausgelöst, werden elektrisch geladene Teilchen aus der Magnetosphäre der Erde in elektrischen Feldern innerhalb der Ionosphäre stark beschleunigt. Sie treffen hier auf Atome und Moleküle, regen diese zum Leuchten an. Zugrundeliegende erdmagnetische Feldstrukturen nehmen deutlichen Einfluss auf die Formgebung der zu beobachtenden charakteristischen Lichtstrukturen. (© A. Hamann, M. Heinrich, Leipzig)

magnetische Instabilität die Ablösungen von Teilen der Kometenschweife bewirken können?

Die sich häufig auch dynamisch entwickelnden farbenprächtigen Polarlichter haben die Menschen schon immer fasziniert (Abb. 1.3, BT 03). Sie haben zu Spekulationen über ihre Herkunft und Bedeutung angeregt. Mehr als 2000 Jahre alte Berichte zeugen davon, dass damals die Bewohner in hohen nördlichen und südlichen geografischen Breiten vorrangig den Einfluss von Göttern und Geistern für diese beeindruckenden Leuchterscheinungen verantwortlich machten. Sie interpretierten diese Erscheinungen oft als Vorboten drohenden Unheils. Auch wenn heute längst nicht alle Hintergründe im Zusammenhang mit ihrem Auftreten im Detail geklärt sind, so gelten die zugrunde liegenden physikalischen Entwicklungsprozesse doch in wesentlichen Teilen als verstanden. Die sich hinsichtlich ihrer Form und Lage mehr oder weniger schnell ändernden, grünlich, rot oder violett gefärbten Leuchterscheinungen werden durch die in der Magnetosphäre und Ionosphäre der Erde ablaufenden Prozesse erzeugt. Anhand des Verlaufs der bänder- oder bogenförmigen, vorhangartigen Polarlichtstrukturen kann der Beobachter indirekt auf die mögliche Ausrichtung magnetosphärischer Feldstrukturen schließen.

Schon vor Christi Geburt waren Menschen von der Kraftwirkung der Magneten tief beeindruckt. Für die beharrliche Ausrichtung einer frei beweglichen magnetisierten Kompassnadel in eine nord-südliche Vorzugsrichtung wurde zunächst entweder ein himmlischer oder aber ein auf der Erdoberfläche befindlicher Anziehungspunkt verantwortlich gemacht. Erst 1600 stellte William Gilbert (1544–1603), Hofarzt der Königin Elisabeth I. von England, in dem ersten wissenschaftlichen Buch über den Magnetismus mit dem Titel „De magnete" die Hypothese auf, dass die Erde als Ganzes ein großer Kugel-Magnet sei. Heute haben viele Menschen schon einmal einen Kompass in der Hand gehalten. Sie gehen wie selbstverständlich davon aus, dass die Erde ein globales Magnetfeld besitzen muss. Welche speziellen Eigenschaften es hat, wie und wo genau es entsteht, wie es sich entwickelt, darüber haben sie in der Regel keine allzu sicheren Vorstellungen. Die bisher aufgezeigten Indizien für die grundsätzliche Existenz von Magnetfeldern im Kosmos sind vielleicht noch nicht überzeugend genug. Auch historisch gesehen hat der Nachweis des Vorhandenseins und der besonderen Bedeutung dieser Kraftfelder lange auf sich warten lassen (Tab. 1.1).

1.2   Historisches über kosmische Magnetfelder

Christoph Columbus (1446–1506) und der Instrumentenmacher Georg Hartmann (1489–1564) entdeckten bis 1510 die Deklination und Inklination, die ortsabhängige, horizontale beziehungsweise vertikale Abweichung der magnetischen Kompassnadeln von der

Tab. 1.1 Sammlung einiger historisch bedeutsamer Entdeckungen und Entwicklungen für die Erforschung der kosmischen Magnetfelder. Aufgelistet sind die Zeitangaben, Namen der mit dem jeweils aufgeführten Ereignis verbundenen Wissenschaftler sowie eine kurze Beschreibung des relevanten Sachverhalts

Jahreszahl	Name	Sachverhalt
1600	Gilbert	Hypothese über die Existenz eines globalen Erdmagnetfeldes
1741	Celsius	Beobachtung des Zusammenhangs zwischen den Kompassnadel-Auslenkungen und Polarlichterscheinungen
1851	Lamont	Bestätigung der Periodizität erdmagnetischer Stürme
1852	Wolf	Erkenntnisse über Zusammenhang zwischen dem Auftreten von Sonnenflecken und erdmagnetischen Stürmen
1900-1908	Birkeland	Durchführung des Terella-Experiments, Erkenntnisse über die Entstehung der Polarlichter durch solare Partikel
1908	Hale	Erste Vermessung der Magnetfelder in Sonnenflecken
1919	Larmor	Entwicklung des Dynamoprinzips für die Erzeugung kosmischer Magnetfelder
1942	Alfvén	Entwicklung der Theorie der Magnetohydrodynamik
1945	Elsasser	Entwicklung einer Dynamo-Theorie für das Erdmagnetfeld
1946/49	Giovanelli/Hoyle	Erste Ideen zur magnetischen Rekonnexion
1949	Teller	Entwicklung einer Theorie des Interstellaren Magnetismus
1953	Chandrasekhar	Entwicklung einer Theorie des Galaktischen Magnetismus

Tab. 1.1 (Fortsetzung)

Jahreszahl	Name	Sachverhalt
1950	Kiepenheuer	Erklärung der galaktischen Radio-strahlung als Synchrotron-Strahlung
1951	Biermann	Hypothese über die Existenz des Sonnenwindes
1953-55	Babcock	Erfindung eines Magnetographen zur Messung solarer und stellarer Magnetfeldstärken
1957/58	Parker/Sweet	Erstes Modell zur magnetischen Rekonnexion
1958	Allen	Entdeckung und Vermessung des Strahlungsgürtels der Erde
1958	Babcock	Entdeckung der Umpolung des solaren Magnetfeldes
1960er-Jahre	Zeldovitch/Parker/Steenbeck/Krause/Rädler	Entwicklung der Dynamotheorie
1961	Price	Bestätigung der Existenz des Magnetfeldes der Milchstraße
1967	Bell/Hewish	Entdeckung der Pulsare
1968	Gerrit, Verschuun	Erste Vermessung des interstellaren Magnetfeldes
1976	Trümper	Messung des Magnetfeldes eines Neutronensterns
1977	Blandford/Znajek	Theorie zur Entwicklung von Jets in der Umgebung Schwarzer Löcher
1978	Beck/Berkhuijsen/Wielebinski	Entdeckung der Synchrotron-Polarisation in der Andromeda-Galaxie
1991	Balbus/Hawley	Theorie zum Drehimpuls-Transport durch Einsetzen der Magneto-Rotationsinstabilität
1996	Feretti, Giovannini	Entdeckung des Radio-Halos im Galaxienhaufen

exakten Ausrichtung zum Nordpol der Erde. Der englische Astronomieprofessor Henry Gellibrand (1597–1636) stellte 1635 in seinem Werk die These auf, dass sich die magnetische Deklination grundsätzlich im Laufe der Zeit ändern würde. Als Ursache dafür wurde später unter anderem die Wanderung der erdmagnetischen Pole verantwortlich gemacht. Immanuel Kant und Alexander von Humboldt (1769–1859) gehörten zu den Naturforschern, die die spontanen Änderungen der Kompassnadelausrichtungen auch nach Erdbeben oder Vulkanausbrüchen nachwiesen. Schon 1761 machte Edmond Halley (1656–1742), der Entdecker des nach ihm benannten berühmten Kometen, der eine erste Deklinationskarte der Welt gezeichnet hatte, auf einen möglichen Zusammenhang magnetosphärischer Prozesse mit dem Auftreten von Polarlichtern aufmerksam.

Die als „Aurora Borelis" bezeichneten Polarlichter gehörten sicherlich zu allen Zeiten der Menschheitsgeschichte zu den faszinierendsten Erscheinungen am nördlichen Sternenhimmel. Erstmals 1561 beschrieb der Schweitzer Konrad Geisner (1516–1565) sogar über Mitteleuropa beobachtbare Polarlichter detaillierter. Dass die dann als „Aurora Australis" bezeichneten Polarlichter auch am Südsternhimmel auftreten, konnte Kapitän James Cook (1728–1779) 1773 auf seiner Südseereise nachweisen. Bereits 1741 wies der schwedische Naturforscher Anders Celsius (1701–1744) nach, dass Magnetnadeln während der dynamischen Entwicklung der Polarlichter Zitterbewegungen durchführen. Bei den beobachteten Schwankungen des Erdmagnetfeldes unterschied man später zwischen den regulären, sich täglich mehr oder weniger periodisch wiederholenden, sowie den irregulären, den in größeren Zeitabständen und während besonders starken Polarlichtererscheinungen auftretenden „erdmagnetischen Störungen". Nach Einführung des Telegrafenbetriebs in der Mitte des 19. Jahrhunderts konnten immer wieder größere Unregelmäßigkeiten bei der Datenübertragung während des Auftretens starker Polarlichter beobachtet werden. Sogenannte „Magnetische Stürme" wurden als Verursacher für die in elektrischen Leitungen gemessenen Spannungsschwankungen angesehen.

Leuchterscheinungen in elektrischen Gasentladungsröhren brachten den norwegischen Polarforscher Kristian Birkeland (1867–1917) auf die Idee, dass die von der Sonne ausgehenden beschleunigten und geladenen Partikel im Erdmagnetfeld die Polarlichter erzeugen könnten. Im sogenannten „Terrella"-Experiment beschoss er eine im Laborvakuum aufgehängte, von einem dipolartigen Magnetfeld durchsetzte Kugel mit einem Elektronenstrahl. Mit diesem Experiment konnte er im Jahre 1900 demonstrieren, dass dabei Polarlichtern ähnelnde Leuchterscheinungen in beiden polnahen Bereichen der magnetisierten Kugel entstehen. Aktuelle Beobachtungen bestätigen, dass die nicht direkt an den Polen im Bereich der beiden Polarlichtovale der Erde auftretenden „Aurora Borealis" und „Aurora Australis" beinahe identische Merkmale aufweisen und sich zeitlich simultan verändern.

Auch der deutsche Physiker und Philosoph Johann Wilhelm Ritter (1776–1810) beschäftigte sich mit den Polarlichtern. Er äußerte 1803 die Vermutung, dass die Stärke dieser „magnetischen Gewitter" mit einer Periode von etwa 10 Jahren schwankt. Der Astronom Heinrich Schwabe (1789–1875) war es, der passend dazu 1843 fast genau diese Schwankungsperiode in der Häufigkeit des Auftretens der schon mit kleineren Teleskopen auf der Sonne zu beobachtenden dunklen Flecken feststellte. 1851 entdeckte der Münchner Astronom und Physiker Johann von Lamont (1805–1879) solche periodischen Schwankungen auch für die erdmagnetischen Störungen. Der norwegische Astronom Christopher Hansteen (1784–1875) postulierte schließlich 1859 einen ursächlichen Zusammenhang zwischen den drei auf der Sonne, im Magnetfeld sowie in der Atmosphäre der Erde auftretenden Phänomene. Rudolf Wolf (1816–1893) erkannte, dass die gemeinsame Periodenlänge in Wirklichkeit etwa 11 Jahre beträgt.

Schon bald nach der Erfindung des Fernrohres waren es Forscher wie Galileo Galilei, die um 1610 „Sonnenverschmutzungen" auf der Sonne entdeckt hatten. Sie hielten diese Sonnenflecken für Planeten oder dunkle Wolken. Während solche Flecken von 1645 bis 1715 kaum noch beobachtet werden konnten, traten sie danach stets mehr oder weniger regelmäßig mit deutlich schwankender Häufigkeit und individueller Größe als Einzelflecken oder in Gruppen auf. Erste in Ansätzen physikalisch begründbare Zusammenhänge zwischen dem Auftreten dieser Sonnenflecken und den in der Erdmagnetosphäre ablaufenden Prozessen konnte Richard Christopher Carrington (1826–1875) im Jahre 1859 aufzeigen. Er beobachtete auf der Sonne erstmals einen sogenannten „Flare", eine an diesem besonderen Tag sogar im sichtbaren Licht beobachtbare blitzartige Aufhellung in der Nähe einer Fleckengruppe. Als die damals bereits eingerichteten magnetischen Beobachtungsstationen in der darauffolgenden Nacht heftige magnetische Stürme vermeldeten, war er von dem nach Durchführung des Birkeland-Experiments vermuteten Zusammenhang zwischen diesen beiden Ereignissen überzeugt.

Nach der von William Gilbert stark beeinflussten, irreführenden „Magnetischen Theorie" von Johannes Kepler mussten Magnetfelder nicht nur für die Bewegung der Planeten verantwortlich sein. Wie selbstverständlich gingen in den folgenden Jahrhunderten viele Gelehrte davon aus, dass es natürlich auch einen Sonnenmagnetismus geben müsste. Nach der Entdeckung der Induktionsgesetze durch Michael Faraday (1791–1867) wurde sogar schon darüber nachgedacht, ob ein solcher solarer Magnetismus möglicherweise über den Induktionsprozess nicht auch Einfluss auf das Erdmagnetfeld nehmen könnte. 1908 machte George Ellery Hale (1868–1938) schließlich einen entscheidenden Schritt nicht nur für Entwicklungsgeschichte der Sonnenforschung. Er wies nach, dass Sonnenflecken stets von magnetischen Feldstrukturen durchsetzt sind. Hierfür nutzte er den nach dem holländischen Physiker Peter Zeeman (1865–1943) benannten Zeeman-Effekt aus. Geeignete Spektrallinien des elektromagnetischen Spektrums spalten sich danach in starken Magnetfeldern in charakteristischer Weise in mehrere Linien auf. Die Stärke der Aufspaltung und die Art der Polarisation der einzelnen Linienkomponenten solcher magnetisch empfindlicher Spektrallinien ermöglicht die genaue Vermessung zugrunde liegender Feldstrukturen. 1951 entwickelte Harold Delos Babcock (1882–1968) den ersten Magnetografen zur Vermessung von Magnetfeldern im Kosmos. 1958 zeigten er und sein Sohn Horace Welcome, dass die Periodenlänge eines magnetischen Aktivitätszyklus der Sonne etwa 22 Jahre betragen müsste. Sie konnten nachweisen, dass sich die magnetischen Polaritäten in den solaren Aktivitätsgebieten periodisch etwa alle 11 Jahre umkehren.

Der deutsche Astronom Ludwig Biermann (1907–1986) stellte 1951 die Hypothese auf, dass der Sonnenwind, ein von der Sonne in alle Richtungen ausgehender Strom teilweise ionisierter Gase, für die Ausbildung der Kometenschweife in Sonnennähe verantwortlich ist. Der schwedische Nobelpreisträger Hannes Olaf Alfvén (1908–1995) erkannte 1957, dass die von der Sonne stammenden, in die Plasmamaterie des Sonnenwindes eingelagerten interplanetaren Magnetfeldstrukturen wichtige Elemente der Kometenphysik darstellen. Diese einströmenden Felder werden am Kometenkopf so gefaltet, dass sie die Ausbildung der lang gestreckten Struktur des mit geladener Plasmamaterie gefüllten Kometenschweifs unterstützen. Erste „magnetische" Theorien über die häufiger zu beobachtenden Kometenschweif-Abrisse und Zerfallsprozesse des Kometenkopfes wurden um 1980 gemacht. Danach strukturiert sich die als magnetische Topologie bezeichnete Geometrie der magnetischen Felder am Kopf oder im Schweif des Kometen in magnetischen Rekonnexionsprozessen kurzschlussartig um.

Können kosmische Magnetfelder durch das große Vakuum des Weltraums hindurch eigentlich auch Einfluss auf entferntere Himmelskörper nehmen? Bereits 1659 bewies dies Robert Boyle (1626–1691) in seinen Experimenten. Er zeigte, dass magnetische Kraftfelder in einem von ihm erzeugten Vakuum tatsächlich den gleichen Einfluss nehmen wie in einem mit normaler Luft gefüllten Raum. Aber gibt es solche Magnetfelder überhaupt im fernen Universum?

Schon 1937 hatte Alfvén die Existenz stellarer Magnetfelder und von Magnetfeldern im Medium zwischen den Sternen anhand theoretischer Überlegungen vorhergesagt. 1946 wies Babcock als Erster ein starkes Magnetfeld in einem Stern mit der Bezeichnung 78 Virginis nach. Mithilfe des Zeeman-Effektes wurden danach weitere magnetische Sterne mit Magnetfeldern deutlich stärker als dem der Sonne entdeckt. 1949 erkannten Forscher die charakteristische Polarisation des von einem Doppelstern kommenden Licht, die durch die Ausrichtung von länglichen Staubpartikeln in einem zwischen den Sternen vermuteten Magnetfeld hätte kommen können. Den experimentellen Nachweis für die tatsächliche Existenz solcher interstellaren Magnetfelder erbrachte aber erst Gerrit L. Verschuur im Jahre 1968. Aus Richtung eines Supernova-Überrestes durch Wasserstoff-Wolken laufende zirkular polarisierte Radiowellen zeigten eine deutliche Aufspaltung. Mithilfe des Zeeman-Effektes konnte so im interstellaren Medium eine im Vergleich zur Erde etwa 100.000-mal schwächere magnetische Flussdichte gemessen werden (siehe Kap. 1.4).

Weiße Zwerge sowie Neutronensterne sind die Endprodukte in der Entwicklung unterschiedlich massereicher Sterne nach der Entstehung eines Planetarischen Nebels beziehungsweise nach einer Supernova-Explosion. Patrick M. S. Blackett (1897–1974) postulierte 1947 die Existenz von Magnetfeldern in Weißen Zwergen mit einer Stärke, die proportional zu deren Drehimpuls sein sollte. Seine niemals anerkannte Theorie wurde später durch die Vorstellung ersetzt, dass eingefrorene Magnetfeldstrukturen bei der Kontraktion eines dabei schneller werdenden Sterns an dessen Lebensende verdichtet und verstärkt werden müssten. 1970 wurde der Stern GJ 742 als Erster von bisher mehr als 100 magnetischen Weißen Zwergen entdeckt. Die Magnetfelder dieser alten Sterne können millionenfach so stark wie das der Sonne sein. Man geht heute davon aus, dass mindestens 10 % der Weißen Zwerge relativ starke Magnetfelder besitzen.

Der italienische Astrophysiker Franco Pacini (1939–2012) entwickelte 1967 die Vorstellung, dass insbesondere junge Neutronensterne extrem starke Magnetfelder haben müssten. 2 Jahre später schlug er nach Entdeckung des ersten Pulsars vor, dass diese schnell rotierenden und wie ein Leuchtturmfeuer pulsartig entlang besonders starker dipolartiger Magnetfelder Radiowellen aussendenden kompakten Objekte solche magnetischen Neutronensterne seien. Heute kennt man mehr als ein Dutzend Röntgenquellen, die als sogenannte Magnetare bezeichnet werden. Darunter stellt man sich Neutronensterne vor, deren inneres Magnetfeld deutlich mehr als 10^{14}-mal so stark wie das Erdmagnetfeld sein sollte. Die Theorie über solche außergewöhnlichen Himmelskörper mit den vermutlich stärksten im Universum anzutreffenden Magnetfeldern wurde 1992 unter anderem von Robert C. Duncan entwickelt.

1783 spekulierte der englische Naturforscher John Michell(1742–1793) über die Existenz von Sternen, deren Gravitationsfelder so stark sind, dass nicht einmal Licht die Sternoberfläche verlassen könne. 1939 bestätigte Robert Oppenheimer (1904–1967) anhand von Modellrechnungen, dass so ein Schwarzes Loch tatsächlich existieren müsste. 1963 fand Roy P. Kerr eine Lösung der Feldgleichungen der Allgemeinen Relativitätstheorie, die die Struktur eines in astronomischen Zusammenhängen notwendigerweise rotierenden Schwarzen Lochs beschreibt. Heute gehen die Wissenschaftler davon aus, dass extrem massereiche Sterne am Ende ihres Lebens tatsächlich als stellare Schwarze Löcher enden können. Es gilt dabei als theoretisch gesichert, dass in diesen unsichtbaren „Dunklen Sternen" selbst keine Magnetfelder entstehen. Sehr wohl kann aber magnetischer Fluss zusammen mit der Materie aus der umgebenden Akkretionsscheibe in ein Schwarzes Loch hineintransportiert werden. Die besondere Topologie und dynamische Entwicklung dieser Felder trägt vermutlich wesentlich zum polseitigen Auswurf der beobachteten jetartig gebündelten Materiestrukturen bei.

Nach 1960 wurde die generelle Existenz kosmischer Magnetfelder nicht nur in unserer Milchstraßen-Galaxie, sondern auch in extragalaktischen Radioquellen mithilfe verschiedener Messmethoden nachgewiesen. Die von Radioquellen in diesen Objekten ausgestrahlten Wellen sind teilweise linear polarisiert. Sie schwingen in Abhängigkeit von der betrachteten Wellenlänge in unterschiedlicher Vorzugsrichtung. Nach diesem von Michael Faraday entdeckten Effekt lässt sich anhand der wellenlängenabhängigen Ausrichtung und dem Drehsinn der Schwingungsebene auf die Stärke und Ausrichtung der Magnetfeldstrukturen zwischen Strahlungsquelle und Beobachter schließen. Eine Abschätzung der Teilchendichte des von der Radiowelle durchlaufenen Mediums ist dafür allerdings erforderlich. Durch Vermessung des Betrags dieser sogenannten Faraday-Rotation an Hunderten ferner Radioquellen ist es heute gelungen, die typische Ausrichtung der Magnetfelder in der Milchstraße und in fernen Galaxien im Wesentlichen entlang der Spiralarme nachzuweisen.

Vermutlich befinden sich sogenannte supermassereiche Schwarze Löcher nicht nur im Zentrum unserer Milchstraße, sondern auch in allen anderen mehr oder weniger aktiven Galaxien. Die riesige elliptische Galaxie M 87 verrät ihren aktiven galaktischen Kern durch Freisetzung gewaltiger Energiemengen in lang gestreckten, jetartigen Strukturen. Bereits 1956 entdeckte Geoffrey R. Burbidge (1925–2010), dass hierbei sogenannte Synchroton-Strahlung erzeugt wird. Diese Strahlung mit stark linear polarisierten Anteilen entsteht immer dann, wenn sich relativistische Elektronen mit hoher Geschwindigkeit auf Spiralbahnen um Magnetfeldstrukturen bewegen, hierbei Beschleunigungskräfte erfahren. Synchroton-Strahlung kann in allen möglichen Wellenlängen des elektromagnetischen Spektrums ausgesandt werden. Ihr Nachweis lässt direkte Rückschlüsse auf die Struktur und Stärke der am Aussendungsort existierenden Magnetfelder zu. Die Analyse der von unterschiedlichen Himmelsobjekten ausgesandten Synchroton-Strahlung gehört heute zu den wichtigen Methoden zur Vermessung kosmischer Magnetfelder.

Die Theorie über galaktische Magnetfelder begründeten bereits 1953 der Physiker Enrico Fermi (1901–1954) sowie der Astrophysiker Subrahmnayan Chandrasekhar (1910–1995). Sie wurden für ihre Arbeiten über die Erzeugung von radioaktiven Elementen und Kernreaktionen beziehungsweise über die Struktur und Entwicklung der Sterne mit Nobelpreisen ausgezeichnet. Hypothesen zur Existenz von Magnetfeldern vor der Entstehung erster Sterne und Galaxien sowie von Magnetfeldern im intergalaktischen Raum formulierte 1958 der englische Astrophysiker Fred Hoyle (1915–2001). Heute können Magnetfeldstrukturen sowohl in Galaxienhaufen als auch in den dazwischenliegenden, fast vollständig materiefreien Leerräumen nachgewiesen werden. Die Kosmologen spekulieren über die Existenz und den möglichen Einfluss früher primordialer, kurz nach dem Urknall entstandener Magnetfelder.

1.3 Bedeutung kosmischer Magnetfelder für die astrophysikalische Forschung

Vier Grundkräfte prägen die im Universum zu beobachtenden Strukturen und ablaufenden Prozesse auf ganz unterschiedlichen Längenskalen. Schwache und starke nukleare Wechselwirkungskräfte wirken im Bereich der Atome begrenzt auf Längenabmessungen kleiner als 10^{-15} m. In der Astrophysik nehmen sie Einfluss auf Teilchenumwandlungen, auf Prozesse in Atomkernen, auf Fusionsprozesse. Theoretisch über unendlich große Entfernungen wirkend, nimmt die abstoßende und anziehende elektrische Kraft Einfluss auf geladene Partikel. Die aus Atomen, Molekülen und Staubpartikeln bestehende Materie setzt sich aus positiv geladenen Atomkernen und negativ geladenen Elektronen zusammen. Die typischen Längenabmessungen neutraler Atome betragen etwa 10^{-9} m. Die „älteste" Naturkraft ist die unbegrenzt weit wirksame, nicht abschirmbare, nur anziehende Gravitationskraft. Aufgrund ihrer im Vergleich zur elektrischen Kraft schwachen Wirkung nimmt sie erst Einfluss, wenn sich genügend große Materiemengen verdichtet haben. Häufig dominierend, bestimmt sie auf Längenskalen von mehr als 10^{+9} m die Prozesse im Sonnensystem, in Sternen, Galaxien und Galaxienhaufen.

Die bisher dargestellten fundamentalen Grundkräfte konzentrieren ihren Einfluss einerseits auf Vorgänge im atomaren Bereich, andererseits auf besonders großräumig wirksame Prozesse im Bereich der Sterne und Galaxien. Dieser als „klassisch" zu bezeichnende Blick auf die Kraftwirkungen im Universum macht dabei einen 18 Größenordnungen umfassenden Sprung in den Längenskalen von 10^{-9} bis 10^{+9} m. Erst der „revolutionäre" Einfluss magnetischer Kräfte füllt die Lücke zwischen der mikroskopischen und der makroskopischen Welt. Im Bereich der Astrophysik erweist sich der Einfluss kosmischer Magnetfelder auf einer Vielzahl unterschiedlicher Längenskalen von zentraler Bedeutung.

Seit Entdeckung des Magnetsteins wurde in den vergangenen Jahrtausenden zwar immer wieder über die Rolle des Magnetismus für das Leben und die Vorgänge im Universum spekuliert. Es gab aber gute Gründe dafür, warum die alten Astronomen und ersten Astrophysiker magnetische Prozesse früher eher selten in ihre Überlegungen über den Ablauf der kosmischen Entwicklungsgeschichte einbezogen haben. Man glaubte nicht an ihre generelle Existenz und besondere Bedeutung. Wie sollten magnetische Felder im extremen Vakuum des Weltalls über so große Entfernungen in Konkurrenz zur übermächtig erscheinenden Gravitationskraft wesentlichen Einfluss nehmen? Wir Menschen haben kein Sinnesorgan, mit dem wir Magnetfeldstrukturen „sehen" können. Wie sollte es dann gelingen, kosmische Magnetfelder nachzuweisen, ihre Stärke, Ausrichtung und Größe des Einflussbereichs zu ermitteln?

Heute sind die bereits in frühen Entwicklungsphasen des Universums entstandenen kosmischen Magnetfelder fast überall nachgewiesen. Zunehmend fundiertere theoretische Überlegungen sowie die Entwicklung hoch entwickelter Messmethoden bilden in der astrophysikalischen Forschung generell die Grundlagen für die Gewinnung immer neue Erkenntnisse. Mithilfe hochauflösender, bodengestützt oder von Satelliten aus arbeitender Teleskope, besonders leistungsfähiger Messinstrumente sowie hoch entwickelter Bildbearbeitungstechniken sammelt heute überall auf der Welt eine große Zahl hoch qualifizierter Wissenschaftler zunehmend umfangreicheres und präziseres Datenmaterial.

Der Vergleich dieser Daten mit den bei Modellrechnungen auf schnellen und speicherintensiven Computern gewonnenen Ergebnissen hat zur Entwicklung zunehmend konsistenterer Vorstellungen über die Struktur und Entwicklung unterschiedlicher kosmischer Phänomene und Prozesse geführt. Die weitreichend große Bedeutung kosmischer Magnetfelder wird jetzt allgemein akzeptiert. Die Erforschung magnetischer Prozesse im Universum stellt jedoch auch heute noch besondere Anforderungen an die Wissenschaftler. Die Datengewinnung mit komplizierten Messinstrumenten erweist sich oft als schwierig. Die Integration magnetischer Feldeinflüsse erschwert die Erstellung der Computer-Codes, lässt die benötigte Rechenzeit in der Regel stark anwachsen.

Noch zu Zeiten des Johann Wolfgang von Goethe (1749–1832) kannten die Menschen eigentlich nur die Eigenschaften von Permanent-Magneten. Dabei hatte Ludwig Wilhelm Gilbert (1769–1824) 1820 bereits den Einfluss galvanischer Ströme auf Magnetnadeln nachgewiesen, André-Marie Ampère (1775–1836) erste Experimente zum Elektromagnetismus durchgeführt. Im Labor entstehen Magnetfelder in der Umgebung stromdurchflossener Leiter aufgrund eines angelegten elektrischen Feldes, einer zwischen den Enden eines elektrisch leitenden metallischen Kabels anliegenden Spannung, einer Potenzial-Differenz. Dieses durch die Messgrößen der elektrischen Feldstärke ($\vec{E}$) und der elektrischen Stromdichte ($\vec{j}$) geprägte Bild als Grundlage der Erzeugung von Magnetfeldern lässt sich auf die Verhältnisse im Universum aber nur in Grenzen und mit großer Vorsicht anwenden. Man kann sich auf der Sonne keinen elektrischen Plus- und Minus-Pol einer Spannungsquelle vorstellen, kein elektrisches Feld, durch das in kabelförmigen elektrischen Leitern Ströme getrieben werden, die magnetische Felder erzeugen. Bei der Erklärung der magnetischen Prozesse im Universum gibt es grundsätzliche Einwände gegen eine sinnvolle Argumentation im Rahmen dieses so bezeichneten „klassischen" $\vec{E}$, $\vec{j}$-Paradigmas.

In einem elektrischen Kabel sind die negativ geladenen Elektronen für den Stromtransport verantwortlich. Die positiv geladenen Ionen schwingen im metallischen Leiter relativ raumfest in einem Ionengitter. Im Plasma des Universums bewegen sich demgegenüber sowohl die positiven Ionen als auch die Elektronen mit häufig unterschiedlichen Geschwindigkeiten frei wie in einem fluiden Medium. Anders als beim elektrischen Leiter im Labor bewegt sich der elektrische Leiter im Plasma-Universum aber selbst mit. Elektrische Felder im Bezugssystem des bewegten und elektrisch besonders gut leitfähigen Plasmas dürften dabei theoretisch nicht existieren. Schon kleine Fluidbereiche können so als quasineutral angesehen werden.

In einem mit der Geschwindigkeit $\vec{v}$ bewegten Plasma können in sogenannten Dynamoprozessen magnetische Felder der Flussdichte $\vec{B}$ erzeugt werden, die ihrerseits auf die Geschwindigkeitsfelder zurückwirken können. Zur Beschreibung solcher nicht linearen Wechselwirkungsprozesse eignet sich das Argumentieren mit den physikalischen Messgrößen $\vec{B}$ und $\vec{v}$ im Rahmen des sogenannten ($\vec{B}$, $\vec{v}$) Paradigmas sehr viel besser als mit den Vektorgrößen $\vec{E}$ und $\vec{j}$. Zum einen lässt sich damit der Ablauf komplexer magnetohydrodynamischer Prozesse anhand modellhafter Veranschaulichungen sehr viel direkter überblicken. Einfache Bildvorstellungen wie das der sich „mit dem Plasma wie eingefroren mitbewegenden" oder der „zerreißenden und instantan sich neu verbindenden" magnetischen Feldlinien erweisen sich schon als aussagekräftig und richtungsweisend. Zum andern ist auch die mathematische Darstellung und numerische Behandlung der dafür relevanten Prozessabläufe oft deutlich vereinfacht. Anstelle von komplizierten Integro-Differenzialgleichungen müssen nur Differenzialgleichungen mit zeitlichen und räumlichen Ableitungen gelöst, keine Integral-Terme berücksichtigt werden.

Die Strukturverteilung und das Verhalten des fast überall, in 99 % des Universum anzutreffenden Plasmas wird durch Gravitationsfelder, thermische Gasdrücke sowie Strahlungs-, Reibungs-, Diffusions- und Kollisionsprozesse, deutlich aber auch durch die Einflussnahme der Magnetfelder bestimmt. Gravitationsfelder und kosmische Magnetfelder organisieren dabei die Materiestrukturen in auffallend unterschiedlicher Art.

Die gravitative Organisationsform hat bei kontinuierlich ablaufenden Prozessen die Tendenz, durch Zusammenziehen der Materie kugel- oder scheibenförmige Systeme (Sterne, Planeten, Monde beziehungsweise Galaxien, Akkretionsscheiben und Planetenringe) zu bilden. Durch sie etablieren sich orbitale, mehr oder weniger geordnete und stabile Bewegungsmuster der Objekte relativ zueinander. Magnetfelder unterstützen expansive Vorgänge, bilden eher hüllen-, tuben- oder schichtenförmige Strukturen (magnetische Flussröhren, Grenzschichten, Diskontinuitäten oder Filamente), induzieren auftreibende Kräfte, turbulente und chaotische Strömungsmuster. Die Energiefreisetzung in magnetisch organisierten Prozessen erfolgt häufig explosionsartig, Teilchen werden auf hohe Energien beschleunigt. Die elektromagnetische Strahlung ist dabei eher nicht thermisch. Die ausgesandten Photonen werden nicht durch den Übergang von Photonen auf einen niedrigeren Atomorbit erzeugt, und die Energieverteilung dieser Strahlung entspricht nicht der eines Schwarzen Strahlers charakteristischer Temperatur.

In der interplanetaren, interstellaren oder intergalaktischen kosmischen Materie, in Staub- und Gaswolken, in Akkretionsscheiben um kompakte Objekte bei jungen Sternen, Neutronensternen, stellaren oder supermassiven Schwarzen Löchern in Galaxienkernen, in Doppelsternsystemen oder bei kollidierenden Galaxien werden Turbulenzen erzeugt, die Reibungs-, Aufheizungs- und Strahlungsprozesse zur Folge haben. Häufig ist die Materie in diesen Systemen aber so dünn verteilt, dass die zur Auslösung solcher Prozesse notwendigen Stöße zwischen beteiligten Partikeln in der Realität extrem unwahrscheinlich sind. Die kosmischen Magnetfelder sind es, die die Vermittlung dieser Stoßprozesse übernehmen. Geladene Teilchen bewegen sich aufgrund der Lorentzkraft auf Spiralbahnen um die im Modellbild visualisierten Magnetfeldlinien. Treffen magnetisierte Plasmastrukturen aufeinander, so lassen die beteiligten Feldstrukturen entsprechend dem Bild der „eingefrorenen Feldlinien" eine „Verschmelzung" der „Kontrahenten" nicht zu, dann stoßen sich diese voneinander ab. Magnetfelder ermöglichen so die Stoßprozesse in dem deshalb als „kollisionsfrei" bezeichneten Plasma.

Die Dichte der in den Feldstrukturen gespeicherten magnetischen Energie ist häufig vergleichbar mit der aufgrund des thermischen Gasdrucks oder der Turbulenzbewegungen gebildeten Energiedichten. Im turbulenten, dünnen Plasma des Universums spielen Magnetfelder ganz offensichtlich eine wichtige Rolle.

In der modernen astrophysikalischen Forschung gibt es eine ganze Reihe grundlegender Aspekte und Fragestellungen, für deren gründliche Klärung beziehungsweise befriedigende Beantwortung die Erkenntnis über den jeweiligen Grad des Einflusses kosmischer Magnetfelder von zentraler Bedeutung ist und von daher gründlich geklärt werden muss. Wie entstehen die Magnetfelder in den unterschiedlichen Himmelsobjekten? Welche Rolle spielen magnetische Prozesse bei den Strukturbildungsvorgängen im frühen oder heutigen Universum, vor oder während der Entstehung der ersten Sterne und Galaxien, der Ausbildung von Planeten in den Akkretionsscheiben um junge Sterne? Welchen Einfluss nehmen sie bei der Kollision von Himmelsobjekten, auf die dynamischen Prozesse bei der Ausbildung kompakter Objekte, von Weißen Zwergen, Neutronensternen oder Schwarzen Löchern? Solare Eruptionen, aufblitzende stellare Flares, Supernova-Explosionen, jetartige Gammastrahlen-Ausbrüche und galaktische Materieauswürfe gehören heute zu den „radikalen Elementen" des Universums, die in hochenergetischen Prozessen bestehende Strukturen dramatisch verändern können. Wie aber erfolgt eigentlich die Freisetzung der gewaltigen Energiemengen und die Beschleunigung der so schnellen Teilchen der kosmischen Strahlung?

In Tab. 1.2 sind die vielfältigen Einflussfaktoren magnetischer Prozesse für die Vorgänge im Universum aufgelistet.

Mit den räumlichen, zeitlich und spektral hochauflösenden, bodengestützt oder aus dem Weltall beobachtenden Teleskopen gelingen den Astronomen heute immer tiefere und anschaulichere Einblicke in die Welt der kosmischen Magnetfelder. Die Entwicklung filigraner Magnetfeldstrukturen in den Atmosphärenschichten der Sonne lässt sich von Bord des im Rahmen des amerikanischen „Living with a Star"-Programms 2010 gestarteten Sonnensatelliten Solar Dynamics Observatory (SDO) der NASA detailliert verfolgen (BT 04). Aufnahmen des Very Large Telescope (VLT) der ESO in Chile oder des Hubble Space Telescope (HST) der NASA zeigen beeindruckende Details magnetisch getriebener protostellarer Jets (BT 11, 12). Mit dem amerikanischen Röntgensatelliten CHANDRA und dem HST gewonnene Abbildungen legen nahe, dass magnetische Prozesse auch am Ende des Sternenlebens von großer Bedeutung sein können (BT 14, 17). Mithilfe des gerade seinen 40. Geburtstag feiernden Effelsberger 100-m-Radioteleskops des Max-Planck-In-

Tab. 1.2   Bedeutung kosmischer Magnetfelder

Kosmische Magnetfelder …
… Bestimmen die dynamische Entwicklung von **Polarlichter**scheinungen
… Prägen die Struktur von **Kometen**, lösen in ihnen Abrissprozesse aus
… Bewirken die **Aufheizung** der Sonnenkorona, die **Beschleunigung** des Sonnenwindes, die Auslösung solarer **Eruptionen** und koronaler Masseauswürfe
… Bestimmen das **Weltraumwetter** und lösen erdmagnetische **Stürme** aus
… Beeinflussen turbulente **Strömung**sstrukturen und den **Energietransport** im interstellaren und intergalaktischen Medium
… Beeinflussen **Sternentstehung**sprozesse (Kontraktion, Fragmentation, **Drehimpulstransport,** Sternmasse und Rotationsgeschwindigkeit …)
… Nehmen Einfluss auf die Entwicklung von **Planeten**systemen in Akkretionsscheiben um junge Sterne
… Prägen die Vorgänge in den planetaren **Magnetosphären**
… Bewirken den **Schutz der Planetenatmosphären** vor schnellen geladenen Teilchen
… Beeinflussen die Entwicklung des **Klimas,** von möglichem **Leben** auf Planeten
… Steuern dynamische Prozesse in **kompakten Objekten** (Weiße Zwerge, Neutronensterne, Schwarze Löcher), unterstützen Supernova-**Explosionen** und Gammastrahlen-Ausbrüche
… Nehmen Einfluss auf Gasströmungen in **Galaxien,** zum Beispiel bei der Bildung von Spiralarmen und der „Fütterung" zentraler **Schwarzer Löcher**
… Bestimmen den Ablauf zentraler Prozesse in **Scheiben-Jet-Strukturen** um unterschiedlich massereiche kompakte Himmelsobjekte
… Können große **Energie**mengen **speichern**
… Beschleunigen und lenken die besonders **hoch energetische** kosmische **Teilchenstrahlung**
… Nahmen bereits Einfluss auf die **frühe Entwicklung des Universums**

stituts für Radioastronomie in Bonn oder des amerikanischen Very Large Array (VLA) lassen sich Stärke und Ausrichtung selbst galaktischer Magnetfelder ermitteln (BT 23–25).

Die Gewinnung verlässlicher Beobachtungsdaten über die in den unterschiedlichen Himmelsobjekten wirkenden Magnetfeldern bilden die Grundlage für die Arbeit der Theoretiker. Ohne ein solches Datenmaterial lassen sich die ablaufenden physikalischen Prozesse nicht realistisch modellieren, die Ergebnisse der Simulationsrechnungen nicht mit der Wirklichkeit vergleichen. Andererseits sind es die Erkenntnisse der Modellierer, die den Beobachtern Ideen vermitteln, wonach sie suchen sollen, um ein zu erforschendes Phänomen besser verstehen zu können. Welche Beobachtungsmöglichkeiten und Techniken stehen den Forschern zur Verfügung? Wie messen sie die Flussdichte der kosmischen Magnetfelder? Wie können sie die Ausrichtung und typischen Größenskalen der Magnetfelder im interplanetaren, interstellaren und intergalaktischen Raum, in Kometen, Planeten, Sternen, Galaxien, in und zwischen den Galaxienhaufen ermitteln?

1.4 Vermessung kosmischer Magnetfelder

Um die Einflussmöglichkeiten kosmischer Magnetfelder auf die unterschiedlichen Prozesse im Universum besser zu verstehen, müssen die klein- und großskaligen Magnetfelder möglichst genau vermessen werden. Dabei geht es nicht allein um die Ermittlung der Stärke der Felder. Gründliche Analysen magnetisch beeinflusster Prozesse erfordern genaue Kenntnisse über die Ausrichtung und typische Längenabmessungen dieser Felder sowie über mögliche Verbindungszusammenhänge mit benachbarten Feldstrukturen. Die Wissenschaftler möchten etwas über die Kohärenzlängen der Felder und die zugrunde liegenden magnetischen Topologien erfahren.

Für dynamisch ablaufende Prozesse müssen verlässliche, hochaufgelöste Daten in kurzen Zeitabständen, möglichst zeitgleich auch in unterschiedlichen Wellenlängenbereichen gewonnen werden.

Im Labor kann die Stärke und Ausrichtung des magnetischen Flussdichten-Vektors mit einem **Hall-Sensor** ermittelt werden. In diesem Instrument wird der nach E. H. Hall (1855–1939) benannte Hall-Effekt ausgenutzt. In dem zu vermessenden Magnetfeld bewirken auftretende Lorentzkräfte eine seitliche Ablenkung der in einem Leiterkreis durch den Hall-Detektor fließenden Elektronen. In einem quer dazu verlaufenden zweiten Leiterkreis erzeugen die abgelenkten Elektronen dadurch eine Hall-Spannung. Da diese Spannung proportional zur magnetischen Flussdichte des zu analysierenden Feldes ist, kann durch ihre Messung auch die Stärke des Magnetfeldes ermittelt werden. Wiederholte Messungen mit veränderter Ausrichtung des Hall-Sensors zusätzlich auch die Bestimmung der Ausrichtung des Feldes.

Von Satelliten aus können magnetosphärische oder interplanetare Magnetfeldstrukturen „in situ", direkt vor Ort, mithilfe sogenannter **Fluxgate-Magnetometer** vermessen werden. Zur Vermeidung störender Eigenfelder werden diese Instrumente in größerem Abstand vom Satelliten am Ende eines langen Auslegers installiert. In den nach ihrem Erfinder F. Förster (1908–1999) auch als Förster-Sonden bezeichneten Instrumenten werden in zwei gegensinnig orientierten Empfängerspulen gelagerte Weicheisenkerne durch anliegenden Wechselstrom in die Sättigung getrieben. In einem kosmischen Magnetfeld mit bestimmter Vorzugsrichtung heben sich die in den beiden Spulen induzierten Spannungen nach außen hin nicht auf. In der beide Weicheisenkerne umschließenden Empfängerspule lässt sich dann die dem äußeren Magnetfeld proportionale Spannungsdifferenz messen.

Qualitative Aussagen über magnetische Feldtopologien lassen sich im Fall der Sonne anhand hochaufgelöster **Bilder** und **Filtergram-**

me gewinnen, die in unterschiedlichen Wellenlängenbereichen erstellt werden. So veranschaulichen Weißlicht-Aufnahmen einer totalen Sonnenfinsternis beispielsweise die typischen Strukturen koronaler Feldverläufe (Abb. 1.1). Selbst Amateuren gelingen heute fantastische Aufnahmen der magnetisch unterstützten Feinstrukturen solarer Gaswolken im Licht der H -Linie des Wasserstoffs (Abb. 2.4, *oben*). Und mit Teleskopen von Bord des SDO-Satelliten in kurzen Zeitabständen erstellte UV-Aufnahmen demonstrieren die beeindruckende Entwicklung kosmischer Magnetfeldstrukturen in der Sonnenatmosphäre (BT 04).

Die Eigenschaften der Magnetfelder weit entfernter Himmelsobjekte lassen sich im Wesentlichen nur durch Analyse der von diesen Objekten im elektromagnetischen Spektrum ausgesandten, oft nur verschlüsselt enthaltenen Informationen ermitteln. Untersuchungsergebnisse über die Polarisationseigenschaften dieser Strahlung stellen dabei in der Regel die ergiebigste Informationsquelle dar. Erste qualitative Aussagen über die Geometrie und Stärke erdmagnetischer Felder können zwar schon anhand hochaufgelöster Satellitenbilder gewonnenen werden. Die präzise Vermessung zugrunde liegender Feldstrukturen erfordert aber die Datengewinnung von Bord künstlicher Trabanten mit empfindlichen Magnetometern. H-alpha-Aufnahmen von Amateuren oder UV-Aufnahmen der Sonnensatelliten zeichnen zwar den ungefähren Verlauf der solaren Magnetfelder schon überdeutlich nach. Erst die Vermessung der Polarisationseigenschaften des Lichts ermöglichen aber die Gewinnung verlässlicher Aussagen über Ausrichtung und Stärke des räumlich und zeitlich variierenden magnetischen Flussdichten-Vektors. Mit solchen Daten gefütterte, teilweise noch etwas idealisierte Modellrechnungen ermöglichen heute im Fall der Sonne schon recht realistische dreidimensionale Darstellungen ihrer Magnetfelder.

Die Gewinnung verlässlicher Daten über Stärke und Ausrichtung magnetischer Felder in Sternentstehungsgebieten, in kompakten Objekten, Jets oder galaktischen Strukturen erweist sich in der

Regel als recht schwierig. Forscher verwenden bei ihren Untersuchungen gerne unterschiedliche Messmethoden, um verlässlichere Aussagen zu gewinnen. Mit den im Folgenden beschriebenen üblichen Messmethoden (Tab. 1.3, Abb. 1.4) können teilweise nur grobe Abschätzungen der Stärke kosmischer Magnetfelder erzielt werden. Oft lassen sich speziell auch nur die zum Beobachter oder quer dazu ausgerichteten Feldkomponenten ermitteln. Auf mögliche Stärken und Topologien der Magnetfelder beispielsweise im Inneren oder in der Magnetosphäre von schnell rotierenden Neutronensternen kann nur mithilfe indirekter physikalischer Argumente geschlossen werden.

Zeeman-Effekt und Stokes-Parameter Externe Magnetfelder wechselwirken mit den durch Bahndrehimpuls und Spin der Elektronen vermittelten magnetischen Momenten eines Atoms. Dies führt zu der als (normaler oder anomaler) Zeeman-Effekt bezeichneten charakteristischen Aufspaltung magnetisch sensitiver Spektrallinien in Abhängigkeit von der Stärke des Magnetfeldes. Die zwischen den einzelnen Linienkomponenten auftretenden Wellenlängendifferenzen $\Delta\lambda$ sind dabei in Abhängigkeit von Naturkonstanten und einem für jede Linie quantenmechanisch bestimmbaren sogenannten Landé-Faktor jeweils proportional zur Stärke der magnetischen Flussdichte B und zum Quadrat der Wellenlänge λ ohne einwirkendes Magnetfeld (Tab. 1.3, Abb. 1.4 a).

Beim selteneren Fall des normalen Zeeman-Effekts findet eine Aufspaltung in nur drei Komponenten statt. Ein in Richtung des Magnetfeldes blickender Beobachter sieht dabei nur die zwei verschobenen, mit unterschiedlicher Drehrichtung zirkular polarisierten Komponenten (longitudinaler Zeeman-Effekt). Der senkrecht zum Magnetfeld blickende Beobachter beobachtet dagegen sowohl die unverschobene, senkrecht zum Flussdichtenvektor als auch die beiden verschobenen, parallel zu $\vec{B}$ linear polarisierten Komponenten (transversaler Zeeman-Effekt). Durch Vermessung des Ausmaßes $\Delta\lambda$ der Linienaufspaltungen lässt sich so die Stärke der magneti-

Tab. 1.3 Messmethoden zur Ermittlung von Stärke und Strukturverlauf kosmischer Magnetfelder. Aufgelistet sind jeweils kurze Charakterisierungen der unterschiedlichen Messmethoden

Messmethode	Charakterisierung des physikalischen Messprinzips
Zeeman-Effekt	$\Delta\lambda \propto \lambda^2\,B$ Bestimmung der Stärke der magnetischen Flussdichte B anhand der zu ihr und dem Quadrat der Wellenlänge λ proportionalen Aufspaltung $\Delta\lambda$ magnetisch sensitiver Spektrallinien. Anhand des longitudinalen und transversalen Zeeman-Effekts lassen sich die Feldstrukturen parallel beziehungsweise senkrecht zur Beobachtungsrichtung vermessen
Streupolarisation und Hanle-Effekt	Ermittlung magnetischer Flussdichten anhand messbarer Intensitätsabnahmen linear polarisierten Streulichts sowie der Drehungen der Polarisationsebene
Vermessung der Synchrotron-Strahlung	$v_{max} \propto E^2\,B$ Bestimmung der Stärke der magnetischen Flussdichte B durch Ermittlung der zu ihr und dem Quadrat der Gesamtenergie E proportionalen Frequenz v_{max}, bei der die Strahlungsintensität maximal ist. Ermittlung der Ausrichtung des Magnetfeldes anhand der Ausrichtung der Schwingungsebene der linear polarisierten Synchrotron-Strahlung
Faraday-Effekt und Rotationsmaß, Faraday-Rotation	$\Delta\varphi = RM\,(d,\,n_e,\,B_{\parallel})\lambda^2$ Polarisationsebenen linear polarisierter Wellen, die von entfernten Quellen durch Medien der Ausdehnung d, Elektronendichte n_e und der Magnetfeldstärke $B_{\parallel}$ parallel zur Blickrichtung ausgesandt werden, verdrehen sich proportional zum Quadrat ihrer Wellenlänge l um den Winkel $\Delta\varphi$. Nach Bestimmung der als Rotationsmaß bezeichneten Proportionalitätskonstante RM lässt sich die Stärke von $B_{\parallel}$ abschätzen. RM ist eine Funktion von d, n_e und $B_{\parallel}$. Die Ermittlung des Feldverlaufs erfolgt durch Vermessung der Faraday-Rotation der von weiteren, im Raum verteilten Quellen ausgesandten Wellen

Tab. 1.3 (Fortsetzung)

Messmethode	Charakterisierung des physikalischen Messprinzips
Polarisation durch magnetisch ausgerichteten Staub	Ermittlung der Ausrichtung von Magnetfeldstrukturen in Richtung linearer Lichtpolarisation durch selektive Absorption an magnetisch ausgerichteten Staubkörnern
Polarisation des vom Staub emittierten Lichts	Im fernen Infrarot und in Submm-Bereichen emittieren Staubteilchen selbst polarisierte Strahlung. Die Polarisationsebene verläuft senkrecht zu den Magnetfeldstrukturen

schen Flussdichte am Entstehungsort der betrachteten Spektrallinie ermitteln. Die vollständige Beschreibung des Polarisationszustandes der beteiligten elektromagnetischen Wellen erfolgt heute mithilfe der vier vom Mathematiker und Physiker G. G. Stokes (1819–1903) eingeführten Stokes-Parameter. Die genaue Vermessung dieser im Stokes-Vektor zusammengefassten Größen mittels sogenannter Polarisatoren ermöglicht nicht nur die Erstellung von Magnetogrammen, Überblickskarten, in denen die zweidimensionale räumliche Verteilung der magnetischen Polaritäten dargestellt wird. Mit ihrer Hilfe gelingt auch die Rekonstruktion des dreidimensionalen Verlaufs komplexer Magnetfeldtopologien in der Sonnenatmosphäre.

Streupolarisation und der Hanle-Effekt Für die Vermessung besonders kleinskaliger, turbulenter und schwacher Magnetfelder erweist sich der Zeeman-Effekt aufgrund allzu geringer Aufspaltung der Spektrallinien als unzureichend. Mit dem nach W. Hanle (1901–1993) benannten Effekt lassen sich deutlich schwächere Felder anhand der Veränderung polarisierter Streulicht-Spektren im Magnetfeld nachweisen (Tab. 1.3, Abb. 1.4 b).

Die Polarisation elektromagnetischer Wellen erfolgt bekanntlich nicht nur unter Magnetfeldeinfluss. Auch bei richtungsabhängiger, anisotroper Bestrahlung lichtstreuender Partikel beispielsweise an

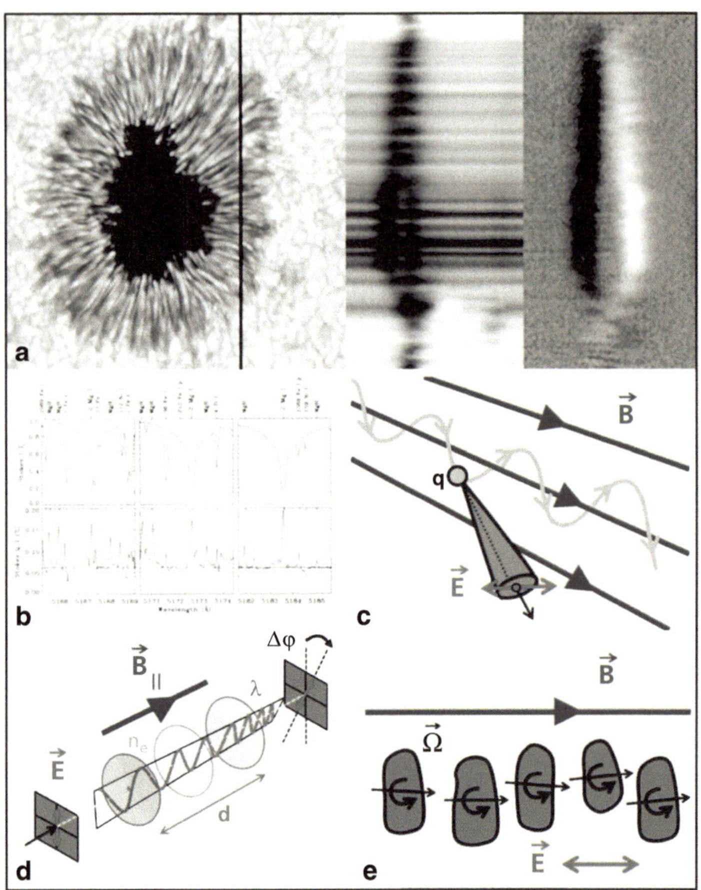

Abb. 1.4 Methoden zur Messung magnetischer Flussdichten im Kosmos. a Zeeman-Effekt, b Streupolarisation und Hanle-Effekt, c Vermessung der Synchroton-Strahlung, d Faraday-Rotation, e Polarisation magnetisch ausgerichteten Staubs. (© H. Balthasar/E. Wiehr/USG Göttingen, J. O. Stenflo/ETH Zürich, U. v. Kusserow u.a.)

Atomen (Rayleigh-Streuung) oder Elektronen (Thomson-Streuung) wird eine wellenlängenabhängige lineare Streupolarisation des Lichts bewirkt. Der Hanle-Effekt nutzt die Tatsache aus, dass schon bei Existenz relativ schwacher Magnetfelder am Ort der Streulichtentstehung sowohl eine messbare Intensitätsabnahme also auch eine Drehung der Polarisationsebene des linear polarisierten Lichts erfolgt. Die im magnetischen Feld einsetzende Depolarisierung atomarer Zustände bietet eine quantenmechanische Erklärung für diesen Effekt. Der praktische Einsatz dieser Messmethode erfordert eine subtile Interpretation der erhaltenen Daten.

Synchroton-Strahlung hochenergetischer Teilchen Im optischen Bereich sind heute schwache Magnetfelder in der Sonnenatmosphäre mit dem Hanle-Effekt nachweisbar. Mithilfe technisch besonders aufwendiger Messungen von Radiodaten anhand besonders schmaler, sogenannter Maser-Linien (Mikrowellenverstärkung durch stimulierte Emission von Strahlung) beispielsweise des Wassers konnte der Nachweis für die Wirkung des Zeeman-Effektes, für die Existenz besonders schwacher Magnetfelder sogar im interstellaren Raum nachgewiesen werden.

Eine der wichtigsten Informationsquellen für die Erkenntnisgewinnung über die in unserer Milchstraße, in anderen Galaxien, in intergalaktischen Medien, Galaxienhaufen, im fernen und frühen Universum anzutreffenden Magnetfelder ist die nicht thermische Radiostrahlung. Hochenergetische Partikel der kosmischen Strahlung werden hier auf Spiralbahnen um Magnetfeldlinien gezwungen. In homogenen Feldern senden diese dabei beschleunigten Teilchen bis zu 75 % linear polarisierte Radiowellen in charakteristischen Frequenzbereichen aus.

Die kohärente, durch eine feste Phasenbeziehung der Photonen gekennzeichnete Ausstrahlung der sogenannten Synchroton-Strahlung erfolgt innerhalb eines tangential zur Bewegungsrichtung der Teilchen ausgerichteten schmalen Strahlenkegels (Tab. 1.3, Abb. 1.4 c). Relativistische Elektronen sowie die wesentlich selteneren Positronen senden dabei eine kontinuierliche Strahlung aus, deren Intensitätsmaximum bei einer Frequenz liegt, die proportional zum Quadrat der Gesamtenergie E (Ruhe- plus Bewegungsenergie) des Teilchens und zur Stärke des Magnetfeldes B ist. Anhand der Strahlungsintensität kann die Stärke, aus der Lage der Polarisationsebene die Ausrichtung der zugrunde liegenden Magnetfeldstrukturen ermittelt werden.

Faraday-Effekt und das Rotationsmaß Die präzise Ermittlung der Ausrichtung der Polarisationsebene beispielsweise der am Entstehungsort ausgesandten Synchroton-Strahlung ist nur schwer möglich, wenn diese linear polarisierte Strahlung auf ihrem Weg zum Beobachter durch ionisierte und magnetisierte Plasmawolken läuft. Geregelt durch ein sogenanntes Rotationsmaß RM, einer von der Länge des durchlaufenen Mediums sowie der dort anzutreffenden Verteilung der Elektronendichte n_e und des Magnetfelds $B_{\parallel}$ in Beobachtungsrichtung abhängenden Größe, dreht sich zusätzlich die Polarisationsebene um einen charakteristischen Winkel $\Delta\varphi$.

Theoretische Überlegungen zeigen, dass diese als Faraday-Rotation bezeichnete Drehung der Schwingungsebene der Welle proportional mit dem Quadrat der Wellenlänge λ zunimmt (Tab. 1.3, Abb. 1.4 d). Aus der Vermessung von $\Delta\varphi$ für verschiedene Radiowellenlängen λ lässt sich so das sogenannte Rotationsmaß RM bestimmen. Grobe Abschätzungen der Längendimension d sowie der typischen Elektronendichte in der durchlaufenen Plasmawolke ermöglichen dann eine Aussage über die mittlere Stärke der Magnetfeldkomponente entlang der Sichtlinie zur aussendenden Radioquelle. Benutzt man eine Vielzahl aus unterschiedlichen Richtungen und Entfernungen linear polarisierte Strahlung aussendender Quellen, so lässt sich im Prinzip ein dreidimensionales Abbild der untersuchten Magnetfeldstrukturen im interstellaren oder intergalaktischen Medium erzeugen.

Polarisierte Staubemission Messungen polarisierten Sternenlichts erbrachten die ersten Hinweise über die mögliche Existenz kosmischer Magnetfelder selbst zwischen den Sternen. Auf ihrem Weg zum Beobachter treffen die vom Stern ausgesandten Photonen in interstellaren Staub- und Molekülwolken auf mehr oder weniger länglich geformte Staubkörner. In Längsrichtung dieser Teilchen findet eine selektive Absorption des Lichts statt. Die Ausrichtung einer Vielzahl von Staubpartikeln in eine spezielle Vorzugsrichtung sollte dabei als Folge der Durchlaufbeschränkung des elektrischen Feldvektors in Längsachsenrichtung der Körner eine lineare Polarisation des beim Beobachter eintreffenden Lichts bewirken.

Die systematische Ausrichtung von Staubkörnern im interstellaren Medium erfolgt unter dem ordnenden Einfluss interstellarer Magnetfelder. Die als Rotationsachsen fungierenden kurzen Achsen der Staubkörner richten sich entlang des Verlaufs der magnetischen Feldstrukturen aus. Die Längsrichtung der Körner, in welche der elektrische Feldvektor des Sternlichts am stärksten absorbiert wird, verläuft damit senkrecht zum Magnetfeld-Vektor. Daraus resultieren Anteile einer merklich linearen Polarisation entlang der bestehenden Magnetfeldstrukturen. Diese qualitative Messmethode ermöglicht zumindest eine grobe Bestimmung der Ausrichtung interstellarer Magnetfelder (Tab. 1.3, Abb. 1.4 e).

Im fernen infraroten Bereich und in Submm-Bereichen emittieren Staubteilchen darüber hinaus selbst polarisierte Strahlung. Deren Polarisationsebene liegt allerdings senkrecht zu der im optischen Bereich. Sie markiert die Ausrichtung der Längsachse der Staubteilchen, verläuft damit senkrecht zu den Magnetfeldstrukturen.

Messungen und Abschätzungen magnetischer Flussdichten Im Internationalen SI-Einheitensystem für physikalische Messgrößen wird die magnetische Flussdichte $\vec{B}$ in der nach dem serbischen Physiker und Erfinder Nikola Tesla (1856–1943) benannten Einheit Tesla ($1\,\mathrm{T}=1\,\mathrm{kg/As^2}$) gemessen. Im Labor lassen sich heute magnetische Flussdichten zwischen etwa $10^{-10}\,\mathrm{T}$ und $10^{+2}\,\mathrm{T}$ erzeugen. Im menschlichen Gehirn oder Herz findet man typische Flussdichten der Stärke 10^{-12} beziehungsweise 10^{-10} T. Bei Fernsehgeräten, Computern oder Kühlschränken liegen sie bei etwa 10^{-6} T beziehungsweise 10^{-2} T. Ein handelsüblicher Hufeisenmagnet hat eine Stärke von etwa 0,1 T.

In der theoretischen Physik, speziell auch in der astrophysikalischen Forschung, benutzt man heute noch die nach dem bekannten deutschen Mathematiker, Physiker und Astronomen Johann Carl Friedrich Gauß (1777–1855) benannte Einheit des Gauß. In diesem Gauß'sche Einheitensystem ist das Coulomb'sche Kraftgesetz Ausgangspunkt für die Definition der elektromagnetischen Größen. Beim SI-System sind es die Maxwell'sche Gleichungen. Für theoretische Astrophysiker ist die Benutzung des Gauß'sche Systems vor allem deshalb von Vorteil, weil hierbei die elektrischen und magnetischen Felder als Komponenten des Feldstärkentensors identische Einheiten erhalten. Für schwächere kosmische Magnetfelder erweist sich die Einheit G als etwas handlicher als das Tesla. Es gilt der Zusammenhang $1\,G = 10^{-4}$ T. Typische Stärken der in den unterschiedlichen Himmelsobjekten nachgewiesenen magnetischen Flussdichten werden im Folgenden vorgestellt (siehe auch Tab. 1.4).

Das zeitlich veränderliche Magnetfeld der Erde weist heute vom Äquator- zum Polbereich anwachsend magnetische Flussdichten zwischen 0,3 und 1,0 G auf. Das globale, an den Polen messbare Magnetfeld der Sonne hat eine Stärke von etwa 10 G. Typische Feldstärken in den prominenten Gaswolken liegen bei 100 G. Bei besonders starker Sonnenaktivität wurden in Sonnenflecken Flussdichten um 3500 G nachgewiesen. Im Inneren der Sonne vermutet man magnetische Flussdichten von etwa 10^5 G. Die zwischen 1 und 100 G starken interplanetaren Magnetfeldstrukturen des Sonnenwindes könnten sich nach Verdichtungen in Kometenschweifen lokal deutlich verstärken. Während die auf der Mond- oder Marsoberfläche anzutreffenden magnetischen Restfelder etwa 1000-mal schwächer als das Erdmagnetfeld sind, können auf der Oberfläche

Tab. 1.4   Übersicht über charakteristische Größen der Flussdichte kosmischer Magnetfelder in den unterschiedlichen Himmelsobjekten. Die groben Abschätzungen basieren auf direkten oder indirekten Messungen sowie auf mehr oder weniger zuverlässigen theoretischen Überlegungen

Himmelsobjekt	Magnetische Flussdichte B in G
Erdmagnetfeld	
Äquator	0,3
Polgebiet	1,0
Zentrum	10^3
Solares Magnetfeld	
Global	10
Sonnenfleck	$< 4 \cdot 10^3$
Tachocline	10^5
Sonnenwind	$1 - 10^2$
Mond-, Marsoberfläche	$< 10^{-3}$
Saturn-, Jupiteroberfläche	5,20
Interstellares Medium	$10^{-6} - 10^{-4}$
Intergalaktisches Medium	10^{-9}
Primordiale Magnetfelder	$10^{-30} - 10^{-20}$
Protogalaktische Magnetfelder	$10^{-18} - 10^{-15}$
Oberfläche sonnenähnlicher Protosterne	10^4
Akkretionsscheibe; Jets um junge Sterne	$< 10;\ < 10^{-3}$
Ap-Sterne	$< 4 \cdot 10^4$
Weiße Zwerge	$< 10^9$
Neutronensterne	$< 10^{14}$
Magnetare	$10^{15} - 10^{18}$
Gammastrahlen-Ausbrüche	10^{16}
Galaktisches Zentrum	10^{-3}
Galaxien	10^{-5}
Aktive Galaxienkerne, Blazare	$< 10^4$

der großen Gasplaneten wie dem Jupiter bis zu 20-mal stärkere Felder gemessen werden.

Typische magnetische Flussdichten betragen im interstellaren Medium 10^{-6} G oder mehr. Zum galaktischen Zentrum unserer Milchstraße hin steigen diese Werte auf bis zu etwa 10^{-3} G an. Typische Oberflächenfelder junger sonnenähnlicher Sterne können bei etwa 10^{4} G liegen. Heiße massereichere, insbesondere durch chemische Anomalien auffallende sogenannte Ap-Sterne haben deutlich stärkere Magnetfelder als die Sonne. Beim Hauptreihenstern HD 215441 wurde ein Feld von 34 kG gemessen. Bei einem Teil der Weißen Zwerge findet man Feldstärken von bis zu 10^{9} G. Für die Oberflächenfelder besonders schnell rotierender Neutronensterne und Pulsare werden Abschätzungen von bis zu 10^{14} G angegeben. Es wurde ein Magnetar mit $B = 10^{16}$ G gefunden. Theoretische Überlegungen lassen bei diesen „supermagnetischen" Objekten Flussdichten von bis zu etwa 10^{18} G möglich erscheinen.

In fast allen Galaxien findet man wie in der Milchstraße typische Feldstärken von der Größenordnung 10^{-6} G. Überraschenderweise ist auch das intergalaktische Medium zwischen den Galaxien von kosmischen Magnetfeldern durchsetzt, deren Stärke allerdings um den Faktor 100 oder 1000 reduziert ausfällt. Verschiedene Modellvorstellungen über den Ablauf der frühen kosmologischen Entwicklung in unserem Universum gehen von einem bereits vor Entstehung der ersten Sterne und Galaxien existierenden schwachen primordialen Magnetfeld von 10^{-30} bis 10^{-20} G aus. Solche in exotischen Prozessen erzeugten Felder könnten dann vor etwa 12 Mrd. Jahren bei frühen Supernova-Explosionen oder auf kleinen Längenskalen durch sogenannte Biermann-Batterie-Prozesse im Verlauf der Bildung erster junger Protogalaxien auf etwa 10^{-18} bis 10^{-15} G verstärkt worden sein. Galaktische und stellare Dynamos sowie andere, durch Instabilitäten ausgelöste Prozesse erzeugten danach die heute auf unterschiedlichen Längenskalen zu beobachtenden, mehr oder weniger komplexen kosmischen Magnetfeldstrukturen.

1.5 Bedeutung kosmischer Magnetfelder für den Menschen

Von den neuesten Erkenntnissen der astronomischen und astrophysikalischen Forschung geht für viele Menschen eine große Faszination aus. Es sind die in den Medien veröffentlichten farbenprächtigen Darstellungen besonders spektakulärer kosmischer Phänomene und Entwicklungsabläufe sowie populärwissenschaftliche Vorträge engagierter Wissenschaftler, die sie sehr beeindrucken. Es werden besonders faszinierende Realaufnahmen und Filmsequenzen von der aktiven Sonne, Aufnahmen aus Sternentstehungsgebieten, von den Überresten kosmischer Explosionen oder von Galaxienhaufen gezeigt. Parallel dazu beleuchten Theoretiker die vermuteten Hintergründe der zu beobachtenden Prozesse anhand animierter Ergebnisse ihrer Simulationsrechnungen.

Neueste Erkenntnisse im Zusammenhang mit dem Urknall, der ominösen Dunklen Energie oder Materie, mit Schwarzen Löchern und Gammastrahlen-Ausbrüchen werden erläutert. Stern- und Galaxienentstehungsprozesse schon im frühen Universum, die Bildung extrasolarer Planeten um sonnenähnliche Sterne sowie die Auswirkung des Weltraumwetters auch auf das Leben der Menschen gehören zu den aktuell spannenden Themenbereichen.

Die Menschen fühlen sich am meisten immer dann angesprochen, wenn sie das Dargestellte als auffallend ästhetisch, phantastisch oder neuartig empfinden, wenn sie einen Beitrag als besonders informativ, als sie persönlich betreffend erleben. Wir alle möchten mehr über die Hintergründe unserer Existenz erfahren, auch wenn sie im fernen Universum verborgen liegen. Vorgänge, die das Leben auf unserem Planeten bedrohen könnten, erscheinen uns in diesem Zusammenhang natürlich von besonderer Bedeutung.

Früher waren es Sonnenfinsternisse, Kometenerscheinungen oder die gespenstisch erscheinenden Bewegungen der Polarlichter, die die Menschen als besondere Gefahren aus dem Weltall erlebten. Heute wird der jederzeit mögliche Sturz eines besonders zerstörerischen Asteroiden auf die Erde als realistische Bedrohung eingeschätzt. Auch eine Supernova-Explosion in der Nähe unseres Sonnensystems könnte aufgrund der freigesetzten hochenergetischen kosmischen Strahlung verheerende Auswirkungen für das Leben in der Biosphäre unseres Planeten haben. In Zeiten starker Sonnenaktivität wird in vielen Medien vor den befürchteten Folgen koronaler Masseauswürfe gewarnt. Zum Glück bietet uns die Atmosphäre und Magnetosphäre unseres Planeten heute einen zuverlässigen Schutz vor schlimmeren Auswirkungen. Aber welche Folgen könnte eine zukünftige Umpolung und einhergehende Schwächung des Erdmagnetfeldes für unsere hoch technisierte Gesellschaft haben?

Von den magischen Kräften der Permanentmagnete geht insbesondere für Kinder eine große Faszination aus. Viele Menschen kennen den Kompass noch als Navigationshilfe, als einfaches Gerät, mit dem die Existenz und Ausrichtung des Erdmagnetfeldes nachgewiesen werden kann. Ohne die technischen Errungenschaften unserer Freizeit- und Berufswelt, die durch elektromagnetische Prozesse ermöglicht werden, würde das Leben auf unserem Planeten gänzlich anders aussehen. Viele Menschen sind jedoch nicht darüber informiert, wie vielfältig die Einflüsse von Magnetfeldern auch auf die Vorgänge im fernen Universum sind, wie stark diese Felder auch das Leben auf der Erde beeinflussen können.

Die magnetische Sonne ist die zentrale Energiequelle für fast alle Prozesse in unserem Sonnensystem. Sie ist der treibende „Motor" für das Erdklima, für das Leben auf unserem Planeten. Die vielfältigen Lebensformen haben sich unter Einstrahlung solarer elektromagnetischer und Partikelstrahlung entwickeln können. Unser Leben wird durch die magnetisierte Heliosphäre und die Erdmagnetosphäre vor der hochenergetischen kosmischen Strahlung geschützt.

Durch Einfluss der Sonnenstrahlung wurde die Oberfläche unseres Planeten mit fossilen Energieträgern wie Kohle, Erdöl und Erdgas über Milliarden Jahren hinweg angereichert. Die heute von uns genutzten regenerativen Energiequellen in Sonnen-, Wind- und Gezeitenkraftwerken werden von ihr in den kommenden Millionen Jahren zuverlässig und nachhaltig beliefert werden. In Fusionskraftwerken sollen in einigen Jahrzehnten die in der Sonne ablaufenden Energieerzeugungsprozesse durch Verschmelzung von Atomkernen nachvollzogen werden. Die Bündelung der darin enthaltenen 100 Mio. Grad heißen Plasmatori gelingt dabei durch Einsatz extrem starker Magnetfelder. Dafür erforderliche Kenntnisse über die zugrunde liegenden komplexen Wechselwirkungsprozesse zwischen den magnetischen Feldern und dem eingeschlossenen Plasma konnten und können heute im Plasmalabor der Sonne sowie im Magnetfeld der Erde studiert werden.

Ohne die Vermittlung magnetischer Prozesse wäre der „Stern unseres Lebens" vermutlich gar nicht erst entstanden. Nach neuesten Erkenntnissen haben kosmische Magnetfelder vermutlich bereits Einfluss auf die Entwicklung früher Strukturen im Universum genommen. Durch effektiven Abtransport des Drehimpulses ermöglichen solche Felder die Ausbildung junger Sterne sowie die Entstehung der Planeten. Die kosmische Teilchenstrahlung wird durch Magnetfelder beschleunigt. Diese hochenergetischen Partikel können die Entwicklung von Leben im Universum bedrohen. Sie lösen aber auch Mutationen im Erbmaterial aus, was wesentlich zur beobachteten Vielfalt der Lebensformen auf der Erde beigetragen haben könnte. Zum Glück wird unser Leben andererseits unter anderem durch das heliosphärische Magnetfeld der Sonne und das Erdmagnetfeld vor der kosmischen Strahlung geschützt.

Im Rahmen der aktuellen Klimadebatte wird heute besonders kontrovers über den Einfluss der Sonne auf das Erdklima in engem Zusammenhang mit dem der kosmischen Teilchenstrahlung diskutiert. Nach einem Erklärungsansatz könnten geladene, durch die kosmische Strahlung erzeugte sekundäre Partikel in die Troposphäre der Erde vordringen und hier das Wetter- und Klimageschehen durch Einfluss auf die Wolkenbildungsprozesse mitbestimmen. Bei starker (schwacher) Sonnenaktivität nimmt der Einstrom ionisierter Partikel in die Erdatmosphäre aufgrund des stärkeren (schwächeren) heliosphärischen Magnetfeldes ab (zu). Wenn geladene Teilchen als Ionisationskeime tatsächlich die Tendenz zur Wolkenbildung verstärken, dann könnte die magnetische Sonnenaktivität durch Steuerung des Einstroms hochenergetischer kosmischer Partikel auch wesentlichen Einfluss auf die Entwicklung des Erdklimas nehmen.

Weiterführende Literatur

Alfvén H (1950) Cosmical Electrodynamics. Clarendon Press, Oxford

Kant I (1755) Allgemeine Naturgeschichte und Theorie des Himmels. In: Krafft F (Hrsg) Naturwissenschaftliche Texte bei Kindler. Kindler Verlag gmbh, München 1971

Kloss A (1994) Geschichte des Magnetismus. VDE-Verlag GmbH, Berlin

Parker EN (1979) Cosmical magnetic fields. Oxford University Press, New York

Strassmeier KG, Kosovichev AG, Beckman JE (Hrsg) (2009) Cosmic magnetic fields: from planets to stars and galaxies – IAU Symposium 259. Cambridge University Press, Cambridge

Verschuur GL (1993) Hidden attraction – the mystery and history of magnetism. Oxford University Press, New York

Voigt H-H (2012) Abriss der Astronomie. Wiley-VCH Verlag & Co, Weinheim

von Kusserow U (2010) Kosmische Magnetfelder und das Leben im Universum. Astronomie + Raumfahrt im Unterricht 120

Zeldovich YB, Ruzmaikin AA, Sokoloff DD (1990) Magnetic fields in astrophysics. Gordon & Breach Science Publishers Ltd., New York

Zirker JB (2009) The magnetic universe – the elusive traces of an invisible force. The John Hopkins University Press, Baltimore

Kapitel 2

Das Sonnensystem als Plasmalabor

„Wenn die Sonne kein Magnetfeld hätte, dann wäre sie so langweilig, wie die meisten Nacht-Astronomen glauben, dass sie es ist."

Robert B. Leighton, um 1965

Historisch gesehen waren es die Erkenntnisse über die Hintergründe der Vorgänge in unserem „eigenen" Sonnensystem, die in den vergangenen Jahrzehnten ein tieferes Verständnis auch der im entfernteren und frühen Universum ablaufenden physikalischen Prozesse möglich gemacht haben. Astrophysiker erforschen heute die Struktur und Entwicklung extrasolarer Planetensysteme, von Sternen mit ganz unterschiedlicher Masse in verschiedenen Entwicklungsstadien, von wechselwirkenden Galaxien in riesigen Galaxienhaufen sowie die Dynamik der damit häufig verbundenen hochenergetischen Prozessabläufe.

In unserem fast vollständig von Plasmamaterie durchsetzten Universum spielen Magnetfelder neben der Gravitation eine zentrale Rolle. Im Sonnensystem können die im magnetisierten Plasma ablaufenden Wechselwirkungsprozesse teilweise von Satelliten aus vor Ort „in situ" untersucht werden. Die relativ große Nähe der zu beobachtenden Phänomene in Bezug auf die Erde ermöglicht die Gewinnung besonders hochaufgelöster Beobachtungsdaten mithilfe bodengestützt oder vom nahen Weltraum aus arbeitender Observatorien. Die Sonne sowie die Magnetosphären der Planeten und kleinerer Himmelsobjekte unseres Sternsystems sind heute ein besonders wichtiges Plasmalabor für die Plasma- und Astrophysiker. Natürlich zählen die in Institutslaboratorien durchgeführten Experimente sowie komplexe Simulationsrechnungen auf besonders leistungsfähigen Rechnern ebenso zu den ergiebigen Methoden für die Gewinnung tiefer Erkenntnisse über die relevanten Vorgänge in unserem Plasmauniversum.

2.1 Materie im Plasmazustand

Auf der „neutralen" Erde befindet sich die „normale" Materie in der Regel in einem der drei klassischen Zustände. Je nach Stärke der Bindungskräfte im Verhältnis zur thermischen Energie der sie bildenden Partikel manifestiert sie sich entweder in fester, flüssiger oder gasförmiger Form. Phasenübergänge zwischen diesen Zuständen werden durch Energiezufuhr oder Abnahme möglich. Bei zunehmender Temperatur können Moleküle in ihre einzelnen Atome dissoziieren. Bei verstärkter Aufheizung der Materie, durch Einstrahlung von Photonen und bei Kollisionen mit anderen Partikeln können Atome oder auch Moleküle ionisiert werden. Sie verlieren Elektronen aus ihrer Hülle, sind elektrisch geladen und nicht mehr neutral. Das resultierende sogenannte Plasma besteht danach im Wesentlichen aus einer Mischung von neutralen Partikeln, Atomen, Molekülen oder Staubteilchen, aus positiven, sehr viel seltener negativen Ionen sowie aus negativ geladenen Elektronen. Auf der Erde kann man die von Materie im Plasmazustand ausgehenden Leuchterscheinungen beispielsweise in Gasentladungsröhren oder bei den Polarlichtern beobachten.

Der amerikanische Nobelpreisträger Irving Langmuir (1881–1957) prägte den Plasmabegriff im Rahmen seiner Experimente zur Gasentladung. Er bezeichnete damit Gebiete mit extrem geringer resultierender Raumladungsdichte, in denen sich, getrennt voneinander, elektrisch positiv beziehungsweise negativ geladene Ionen und Elektronen frei bewegen. Das Wort Plasma kommt aus dem Griechischen und kann als „Gebilde" oder „Bildungsfähigkeit" übersetzt werden. Wie beim Zustand der Protoplasmen in organischen Zellen bleiben auch die Elektronen und Ionen bei Schwingungen in ionisierten Gasen in gewisser Weise gallertartig miteinander verbunden. Sie bewegen sich dabei so, dass sie aufgrund der zwischen den geladenen Partikeln wirkenden elektrischen Kräfte, nach außen hin quasineutral erscheinend, aneinandergebunden bleiben. Bei Temperaturen über 10.000 Grad befindet sich die Materie generell im Plasmazustand.

Eigenschaften des Plasmas im Universum Die in Teilbereichen des Universums zusätzlich mit Staubpartikeln durchsetzte Plasmamaterie besteht aus teilweise oder vollständig ionisierten Gasen. Die in ihr enthaltenen Teilchen sind frei beweglich. Atome sowie die negativ beziehungsweise positiv geladenen Elektronen und die unterschiedlichen Ionen-Arten können sich dabei aufgrund ihrer unterschiedlichen Trägheit mit voneinander sehr abweichenden mittleren Geschwindigkeiten bewegen. Bei lokaler Ausbildung von Überschussladungen würden spontan elektrische Felder erzeugt werden, die das Fließen elektrischer Ströme sowie die Bildung von Magnetfeldstrukturen zur Folge hätten. Die durch die Vermittlung dieser Felder bewirkten komplexen und nicht linearen Prozessabläufe auch auf großräumigen Skalen ermöglichen kollektive Wechselwirkungsprozesse. Anders als bei neutralen Gasen oder Flüssigkeiten wechselwirken geladene Teilchen im extrem dünnen, „stoßfreien" Plasma auch ohne dass sie sich berühren, ohne direkte Stoßprozesse auszuführen. Die Existenz ausgedehnter Magnetfelder spielt hierbei eine zentrale Rolle.

Die Plasmamaterie hat aufgrund der freien Ladungsträger eine mit Metallen vergleichbare hohe elektrische und thermische Leitfähigkeit. Wie ein normales Gas ist diese Materie bei geringer Teilchendichte leicht komprimierbar. Bei auftretenden Dichtegradienten diffundieren die Plasmateilchen von einem Gebiet größerer in ein Gebiet geringerer Dichte. Wegen ihrer im Ruhezustand um den Faktor 1/1836 geringeren Masse haben die Elektronen dabei die Tendenz, sich sehr viel schneller als die trägeren Ionen zu zerstreuen. Eine damit einhergehende Ladungstrennung erzeugt aber ein elektrisches Feld, welches den Diffusionsprozess der positiv geladenen Ionen beschleunigt.

Die „ambipolare" Diffusion beschreibt in diesem Zusammenhang die Tatsache, dass alle geladenen Partikel des Plasmas letztlich mit ähnlich großer Geschwindigkeit diffundieren. In Gegenwart großskaligerer Magnetfeldstrukturen wird der Diffusionsprozess geladener Partikel quer zum Magnetfeld mit zunehmender magnetischer Flussdichte deutlich behindert. Stoßprozesse mit den im Magnetfeld gyrierenden Ionen oder Elektronen können dabei allerdings auch die Diffusion neutraler Partikel durch das Magnetfeld hindurch erschweren. Eine Verdichtung des Plasmas entlang des Magnetfeldes fällt daher in der Regel deutlich effektiver aus als quer dazu.

Wie bei Flüssigkeiten treten im Plasma unterschiedlichste Wellenphänomene auf. Sich ausbreitende Schallwellen, rein magnetische Alfvén-Wellen oder die gleichzeitig durch Gas- und Magnetfelddruck beeinflussten magnetosonischen Wellen können miteinander wechselwirken. Reflexionen an Schockfronten ändern deren Ausbreitungsrichtung. Dissipative Prozesse führen zur Dämpfung der Wellenamplituden.

Wenn die Plasmamaterie unter dem Einfluss magnetischer Prozesse keine Gleichgewichtskonfiguration einnehmen kann, werden unterschiedliche Instabilitäten ausgelöst. Die Plasmamaterie kann in Magnetfeldstrukturen zwar vorübergehend relativ stabil eingelagert werden. Wechselseitig bestimmen andererseits aber auch Plasma und das Magnetfeld wesentlich die turbulenten Eigenschaften des betrachteten Mediums. Widerstandsinstabilitäten wie die magnetische Rekonnexion setzen im Plasma gewaltige Mengen magnetischer Energien frei. Diese Störung führt in der Regel zur Anregung und Ausbreitung von Wellen. Sie bewirkt eine Aufheizung der lokalen Materieumgebung, setzt dabei Strahlungsprozesse in Gang. Sie löst Materieströmungen aus und kann einzelne Partikel auf besonders hohe Energien beschleunigen. Welle-Teilchen-Wechselwirkungen unterstützen diesen Prozess. Elektromagnetische Felder, Gravitationsfelder und gekrümmte, mit Feldgradienten versehene Magnetfelder lösen zusätzliche Driftbewegungen geladener Teilchen im Magnetfeld aus.

Aufgrund ihrer im Vergleich zu den Elektronen meist mehrere tausendfach größeren Masse bestimmen die Ionen, neutralen Atome, Moleküle und Staubpartikel den im Weltraum-Plasma ablaufenden Materietransportes fast ausschließlich. Wegen ihrer geringen Trägheit sind die massearmen Elektronen andererseits wesentlich für den Stromtransport verantwortlich. Bei schnell ablaufenden Vorgängen im Plasma bilden die trägen Ionen, vergleichbar mit dem Ionengitter eines Metalls, ein eher starres Netzwerk, durch das sich die negativ geladenen Elektronen hindurch bewegen können und so den elektrischen Stromfluss dominierend bestimmen.

Nur auf den ersten Blick scheint dieser Sachverhalt im Widerspruch dazu zu stehen, dass das Plasma makroskopisch als quasineutral anzusehen ist. In der Ionosphäre der Erde oder im riesig ausgedehnten, dünnen interstellaren Raum sollte dies ja schon außerhalb der nach dem niederländischen Physiker Peter Debye (1884–1966) benannten Debye-Länge bei etwa 10^{-3} m beziehungsweise 10 m der Fall sein. Müssten da aber die positiv geladenen Ionen nicht ebenfalls einen Stromtransport, allerdings in umgekehrter Richtung, bewerkstelligen? Man bedenke jedoch, dass es auch nur die Elektronen sind, die in einem entlang eines Kabels geführten technischen Stromkreis den Ladungstransport bewerkstelligen.

Die Stabilität der makroskopischen Ladungsneutralität im Kosmos ist eine zentrale Eigenschaft der Plasmamaterie. Wenn das Plasma durch einen Prozess gestört wird, werden die Partikel bewegt. Anders als die leichten Elektronen reagieren die schweren Ionen nur sehr träge. Dabei entstehende interne Ladungskonzentrationen lösen aufgrund der Coulomb'schen Anziehungskräfte kollektive Bewegungen insbesondere der Elektronen aus, die den ursprünglich neutralen Ladungszustand wieder herstellen wollen. Dabei schießen die negativ geladenen Partikel wiederholt über den angestrebten Ausgleichszustand hinaus. Sie bewirken so eine kollektive Oszillation des Plasmas mit einer charakteristischen Frequenz.

Theorien zur Plasmaphysik Die im turbulenten, magnetisierten Plasma des Weltalls ablaufenden physikalischen Prozesse können im Rahmen unterschiedlicher Theorien analysiert werden, die auf unterschiedlichen Abstraktionsebenen arbeiten. Variablen beschreiben dabei den Zustand eines Systems, Gleichungen seine zeitliche Entwicklung in Abhängigkeit vom betrachteten Ort.

In der Teilchen-Orbit-Theorie studiert man die Bewegung einzelner geladener Teilchen in Gegenwart spezieller elektrischer und magnetischer Felder, ihre Spiralbahnen um Magnetfelder und ihre Driftbewegungen. Jegliche Rückwirkungen von Ansammlungen oder gerichteten Bewegungen dieser Partikel auf die äußeren, räumlich oder zeitlich variablen Felder sowie Stoßprozesse bleiben dabei unberücksichtigt.

Die kinetische Plasmatheorie basiert auf einem statistischen Ansatz, bei dem die Eigenschaften einer großen Vielzahl von miteinander und mit den Feldern wechselwirkender Partikel durch eine Verteilungsfunktion beschrieben werden. Stoßprozesse können in der die Entwicklung eines solchen physikalischen Systems beschreibenden Differenzialgleichungen berücksichtigt werden.

In der makroskopischen Theorie wird das Plasma als quasineutrales Fluid betrachtet, dessen Entwicklung zu verschiedenen Zeiten und an allen Orten allein durch seine lokale Temperatur, Dichte, durch die vorherrschenden Geschwindigkeits- und Magnetfelder beschrieben werden kann. Die Rolle des elektrischen Felds kann aufgrund der vorherrschenden Ladungsneutralität im Bezugssystem des bewegten Plasmafluids vernachlässigt werden. Im 2-Komponenten-Modell wird die Plasmadynamik anhand von Gleichungen für die positiven Ionen und die negativen Elektronen getrennt beschrieben. Hierbei finden noch die auf kleinen Längen- und Zeitskalen wie beispielsweise der Debye-Länge beziehungsweise der Plasmafrequenz ablaufenden Prozesse Berücksichtigung. In letzter Zeit wird verstärkt auch der mögliche Einfluss der Staub-Komponente im Plasma berücksichtigt.

Der entscheidende Schritt hin zu der erfolgreichen, als Magnetohydrodynamik (MHD) bezeichneten makroskopischen Theorie gelingt schließlich durch weitere Mittelung über die mikroskopische Dynamik, durch Beschreibung relevanter Vorgänge nur auf größeren Längen- und Zeitskalen. Unter dem Einfluss der Magnetfelder betrachtet der Fluid-Charakter dieser Theorie die Bewegung des leitfähigen Plasmas wie die einer Flüssigkeit als Ganzes, ohne die spezielle Rolle einzelner Elektronen oder Ionen zu berücksichtigen. Die Verlässlichkeit der mithilfe der MHD-Theorie ermittelten Aussagen wächst dabei mit der Stärke der involvierten Magnetfelder. Die im Plasma unseres Sonnensystems anzutreffenden Geschwindigkeitsgrößen v werden in der Regel als sehr klein im Vergleich zur Lichtgeschwindigkeit c angenommen. Für die Erforschung extrem hochenergetischer Prozesse müssen aber anstelle der für $v \ll c$ relativ einfachen MHD-Gleichungen die wesentlich komplizierteren Gleichungen der relativistischen MHD-Theorie für Geschwindigkeiten nahe der Lichtgeschwindigkeit gelöst werden.

In stark nicht linearen Rückkopplungsprozessen können charakteristische Magnetfeldstrukturen ihrerseits selbst durch die Bewegungen des leitfähigen Mediums erzeugt werden. Turbulenzen, Auftriebs-, Konvektions- oder Advektionsströmungen der Materie sowie andere Instabilitäten produzieren geeignet geformte Bewegungsmuster im Plasma, die in Dynamoprozessen, ausgehend von einem schwachen Saatfeld, stationäre oder zeitlich variierende oszillierende magnetische Feldstrukturen generieren helfen. Anders als bei einem selbsterregten Generator in einem Kraftwerk, bei dem elektrische Spannung zwar ebenfalls nach dem Faraday'schen Induktionsgesetz induziert wird, fließen die Ströme bei einem solchen kosmischen Dynamo aber nicht in raumfesten oder rotierenden metallischen Kabeln. Der Prozess der Umwandlung von kinetischer Energie in elektromagnetische Energie läuft hierbei in einem nahezu homogenen Medium ab.

Aufgrund der in der Realität nicht unendlich hohen elektrischen Leitfähigkeit der Plasmamaterie bauen sich Magnetfelder im Laufe der Zeit ab. Sie dissipieren in der Regel allerdings auf relativ langen Zeitskalen. Im Rahmen der Modellvorstellungen der sogenannten „idealen" MHD betrachtet man vereinfachend nur Entwicklungsprozesse, die in Zeiträumen ablaufen, die relativ kurz zu der des resistiven Zerfalls der Magnetfelder aufgrund des endlichen elektrischen Widerstand des Plasmamediums sind.

In besonderen, beispielsweise durch Stromschichten in charakteristischen Magnetfeldstrukturen geprägten Grenzlagen kann von solchen idealisierten Bedingungen zeitweise nicht mehr ausgegangen werden. Der spezifische Widerstand nimmt hier grenzüberschreitend zu. Magnetische Feldstrukturen verschmelzen plötzlich an charakteristischen Punkten lokal miteinander. Materiekomponenten können durch die Magnetfelder hindurch diffundieren. Es breiten sich magnetisch geprägte Wellen aus. Instantan bilden sich global veränderte großräumige Topologien, neue Anordungen und Verknüpfungen der Magnetfeldstrukturen aus. Erzeugte starke elektrische Felder beschleunigen Teilchen und Materieansammlungen auf hohe Geschwindigkeiten. Die Plasmamaterie der Umgebung wird aufgeheizt. Der Prozess der magnetischen Rekonnexion hat im lokal resistiven Plasma eingesetzt. Die „ideale" MHD-Betrachtungsweise findet hier ihre Grenze. Unter Umständen muss jetzt das

Elektronen und positiv geladene Ionen getrennt betrachtende 2-Komponenten-Modell angewandt werden. Vielleicht ist aber hierbei generell die Betrachtung des Plasmas als ein Fluid schon ungeeignet, müssen ablaufende Prozesse im Rahmen der kinetischen Plasmatheorie analysiert werden.

Modellvorstellungen über Magnetfelder Die magnetische Flussdichte $\vec{B}$ $(\vec{x}, t)$ mit $\vec{x} = (x_1, x_2, x_3)$ stellt eine von den drei Ortskoordinaten x_1, x_2, x_3 und der Zeit t abhängige gerichtete physikalische Messgröße dar, die die variablen Eigenschaften des Magnetfeldes beschreibt. Die drei räumlichen Komponenten dieser Vektorgröße beschreiben am jeweiligen Ort und zum Zeitpunkt der Messung sowohl die Stärke (den Betrag) als auch die Ausrichtung und Orientierung dieser Messgröße. Man stelle sich vor, dass es einen punktförmigen, masselosen und getrennt von einem Südpol isoliert existierenden magnetischen Elementar-Nordpol gäbe, der sich in einem Magnetfeld frei schwebend bewegen ließe. Dann würde der Betrag $|\vec{B}|$ der magnetischen Flussdichte für den jeweiligen Ort anschaulich ein Maß für die Stärke der magnetischen Kraftwirkung darstellen, mit der das Magnetfeld auf diesen idealisierten Probekörper einwirkt. Die Ausrichtung von $\vec{B}$ gibt dann die Richtung an, in die eine Kraftwirkung erfolgt.

Die Anordnung dipolartig magnetisierter Eisenpfeilspäne im Magnetfeld eines Permanent- oder Elektromagneten veranschaulicht besonders eindrucksvoll die generell linienförmige Ausrichtung magnetischer Feldvektoren. Der Begriff der magnetischen Feldlinie wurde deshalb als ein Hilfsmittel eingeführt, um schnell einen ersten anschaulichen Überblick über den typischen Verlauf interessierender Feldstrukturen zu gewinnen. Dieser außerordentlich nützliche Begriff hat allein eine Bedeutung als Modellvorstellung.

Anders als der real vermessbaren magnetischen Flussdichte $\vec{B}$ kommt der magnetischen Feldlinie keinerlei physikalische Realität zu. Magnetische Feldlinien sind gedachte oder gezeichnete, mit einem in Richtung vom Nord- zum Südpol weisenden Pfeil versehene Linien, die in zwei- oder dreidimensionalen Räumen den qualitativen Verlauf des magnetischen Feldvektors repräsentieren. Es werden dabei stets nur einige der theoretisch unendlich vielen Feldlinien gezeichnet. Anschaulich naiv im Feldlinienmodellbild ist die Stärke der magnetischen Flussdichte ein Maß dafür, wie orts- und zeitabhängig dicht gepackt die (in Wirklichkeit natürlich stets unendlich vielen) magnetischen Feldlinien eine Fläche „durchfließen".

Die Tatsache, dass die magnetische Flussdichte nach dem sogenannten Gauß'sche Gesetz (Näheres dazu siehe Einschub 2) stets quellen- und senkenfrei, also der gesamte Magnetfluss durch jede geschlossene Oberfläche eines Raumvolumens gemäß

$$\vec{\nabla} \cdot \vec{B} = 0 \quad \Leftrightarrow \quad \oiint_O \vec{B} \cdot d\vec{A} = 0$$

stets gleich null sein muss, drückt sich im anschaulichen Modellbild dadurch aus, dass die die topologische Struktur der magnetischen Flussdichte veranschaulichenden magnetischen Feldlinien stets geschlossen sein müssen.

Aufnahmen der koronalen Feldstrukturen der Sonne vermitteln den Eindruck, dass zumindest solare Magnetfelder immer wieder röhrenförmig gebündelt aus der Sonnenoberfläche austreten. Das extrem idealisierte Feldlinienbild sollte von daher zu dem realeren Modellbild einer Flussröhre erweitert werden. Ein ganzes Büschel von Feldlinien durchläuft in diesem Bild eine von einer geschlossenen Kurve umgebene Fläche. Eine äußere Hülle von Feldlinien hält diese mehr oder weniger dünne Flussröhre schlauchartig zusammen. Unterschiedliche magnetische Feldlinien können sich nicht schneiden, denn in ihren Schnittpunkten wäre die Richtung des magnetischen Vektors dann nicht eindeutig festgelegt. Alle Feldlinien, die einen Punkt im Inneren einer Flussröhre haben, müssen deshalb auch durchgängig in ihr verbleiben. Es können von außen keine Feldlinien neu eintreten.

Das Faraday'sche Induktionsgesetz Das Produkt des Inhalts der Querschnittsfläche A einer magnetischen Flussröhre mit dem Betrag der Stärke der Komponente des magnetischen Flussdichtenvektors $\vec{B}$, die diese Fläche senkrecht durchstößt, wird als der durch die betrachtete Fläche tretende magnetische Fluss Φ bezeichnet. Bei ortsabhängiger magnetischer Flussdichte lässt sich Φ in Abhängigkeit von der Zeit t gemäß

$$\Phi(t) = \int_A \vec{B}(\vec{x}, t) \cdot d\vec{A}$$

durch das über die gesamte Fläche integrierte Skalarprodukt des magnetischen Flussdichtenvektors mit dem ortsabhängig gerichteten differenziellen Flächenelement $d\vec{A}$ ermitteln. Der magnetische Fluss nimmt zu, wenn ein Feld mit zunehmender Flussdichte eine größere Fläche durchsetzt. Unterstellt man die zeitliche Konstanz von Φ, so müsste sich die magnetische Flussdichte $\vec{B}$ in einer Flussröhre verstärken, wenn sie zusammengedrückt wird.

Nach dem Faraday'schen Induktionsgesetz, das sich mathematisch gemäß

$$U_{ind} = -\frac{d\Phi(t)}{dt}$$

darstellen lässt, wird in einer die Fläche A umgebenden Leiterschleife eine Spannung U_{ind} induziert, solange sich der Fluss Φ durch diese Fläche zeitlich (d…/dt) ändert. Das negative Vorzeichen des rechten Terms in dieser Gleichung berücksichtigt dabei die Gültigkeit der nach Emil Lenz (1804–1865) benannten Regel, wonach die durch

Flussänderung induzierte Spannung bei Stromfluss ein Magnetfeld erzeugen würde, welches der Änderung des magnetischen Flusses entgegenwirkt.

Spannungen in einem elektrischen Leiter können induziert werden, wenn sich die magnetische Flussdichte stetig oder periodisch schwankend ändert, wenn die vom Magnetfluss durchsetzte Fläche verformt wird oder wenn die relative Lage der Fläche zur Ausrichtung des Magnetfeldes zeitlich variiert. Im Rahmen des einfachen Feldlinien-Modellbilds könnte man eine Flussdichtenänderung mit einhergehender Induzierung einer elektrischen Spannung beispielsweise anschaulich damit begründen, dass sich die Anzahl der eine Fläche durchsetzenden Feldlinien zeitlich verändert hat.

Die magnetische Lorentzkraft   Vergisst man alle möglichen Kollisions-, Drift- und Diffusionsprozesse, so würden sich die geladenen Partikel nach der Interpretation im Rahmen der Teilchen-Orbit-Theorie stets auf Spiralbahnen um die Magnetfeldlinien bewegen. Teilchen mit einer elektrischen Ladung q und der Geschwindigkeit $\vec{v}$ erfahren nämlich im Magnetfeld der Flussdichte $\vec{B}$ eine nach Hendrik Antoon Lorentz (1853–1928) benannte Kraft

$$\vec{F}_L = q(\vec{v} \times \vec{B})$$

Diese Lorentzkraft ist proportional zur Ladung und steht sowohl senkrecht zum Geschwindigkeitsvektor $\vec{v}$ als auch senkrecht zum Vektor der magnetischen Flussdichte $\vec{B}$.

Für die Behandlung der wirkenden magnetischen Kraftdichte $\vec{f}_L$ im Rahmen der Plasmaphysik werden die Ladungsdichte ρ und der durch $\vec{j} = \rho \cdot \vec{v}$ definierte Vektor der Stromdichte eingeführt. Dann gilt

$$\vec{f}_L = \rho(\vec{v} \times \vec{B}) = \vec{j} \times \vec{B}.$$

Die Einführung dieser neuen Begriffe ermöglicht die Behandlung des Plasmas als Fluid, berücksichtigt dabei eine mehr oder weniger gleichmäßige, als „verschmiert" anzusehende Verteilung der Ladungsträger auf angemessen großen Längenskalen.

Die „Eingefrorenheit" magnetischer Feldlinien Schon aufgrund der Wirkung der Lorentzkraft kann davon ausgegangen werden, dass die Strömungsprozesse im Plasma unter idealen Bedingungen besonders eng an die Entwicklung der in ihnen existierenden Magnetfelder gekoppelt sein müssten. Der zeitlichen Veränderung der im Feldlinienbild veranschaulichten Magnetfeldstrukturen werden nämlich auch die an das Magnetfeld gebundenen Partikel als Teile großskaligerer Plasmaelemente folgen. Wenn umgekehrt auch die durch Feldlinien darstellbaren Magnetfeldstrukturen stets den Bewegungsmustern der Plasmamaterie folgen würden, dann erhielte man ein besonders einprägsames und wirkungsvolles Modellbild von der „Eingefrorenheit" magnetischer Feldlinien.

Magnetfelder und Plasmamaterie würden sich dann stets miteinander verbunden bewegen, zusammengepresst, auseinandergezogen, verformt und verwirbelt werden. Entwicklungen magnetohydrodynamischer Prozesse im magnetisierten Plasma wären dadurch relativ leicht im Voraus abzuschätzen. Der Nachweis, dass sich Magnetfeldlinien bei idealisiert unendlich hoher elektrischer Leitfähigkeit tatsächlich wie in die Plasmamaterie „eingefroren" verhalten, gelingt durch einen einfachen Widerspruchsbeweis.

In Abb. 2.1 wird fälschlicherweise unterstellt, dass es sehr leicht fallen könnte, Plasmamaterie aus dem Magnetfeld herauszuziehen.

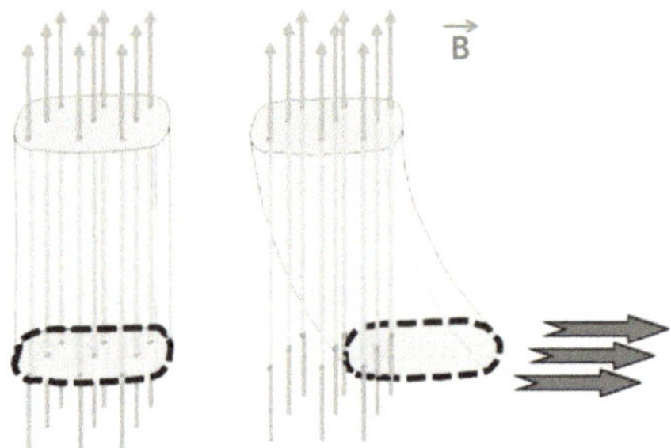

Abb. 2.1 Eingefrorenheit magnetischer Feldlinien (Widerspruchsbeweis). Die Annahme, dass sich Plasma mit unendlich hoher elektrischer Leitfähigkeit aus einem Magnetfeld ziehen lässt, führt zu einem Widerspruch. Bei einem solchen Vorgang würde sich der magnetische Fluss durch die von einer gestrichelten Linie umgebenen Fläche ändern. In dem diese Fläche umschließenden Leiterkreis würde dann eine Spannung induziert, die aufgrund des fehlenden Widerstandes einen Strom mit unendlich hoher Stärke treibt. Es kann nicht möglich sein, dass sich durch „einfaches" Herausziehen des Plasmas daraus ein Magnetfeld mit unendlich hoher Energiedichte erzeugen ließe. Magnetische Feldstrukturen verhalten sich stattdessen unter idealen Bedingungen wie in das Plasma eingefroren (© U. v. Kusserow)

Betrachtet man im Bild des einfachen Feldlinienmodells die durch eine geschlossene gestrichelte Linie umrandete Fläche, so hat sich die Anzahl der sie durchsetzenden magnetischen Feldlinien danach deutlich verringert. Nach dem Induktionsgesetz müsste dann in dem die Fläche umrandenden Leiterkreis eine Spannung induziert werden. Bei unendlich hoher elektrischer Leitfähigkeit wäre der Widerstand R in diesem Medium unendlich klein. Nach dem von Georg Simon Ohm (1789–1854) benannten Gesetz

$$R = \frac{U_{ind}}{I_{ind}} \Leftrightarrow I_{ind} = \frac{U_{ind}}{R}$$

sollte dann selbst bei kleinem U_{ind} die induzierte Stromstärke I_{ind} unendlich groß sein. Ein solcher elektrischer Strom würde dann ein Magnetfeld mit unendlich hoher magnetischer Energiedichte erzeugen können.

Dies steht ganz offensichtlich im Widerspruch dazu, dass es ohne großen Energieaufwand möglich gewesen sein soll, das Plasma aus dem Magnetfeld herauszuziehen. Die einleitende Annahme hat sich also als falsch erwiesen. Es muss das Gegenteil gelten. Die Feldlinien bleiben vollständig in der magnetischen Flussröhre enthalten. Sie bewegen sich wie „eingefroren" mit ihr mit. Durch die Bewegung des Plasmas relativ zum Magnetfeld werden Ströme induziert, die neue Feldkomponenten generieren. Diese addieren sich zum ursprünglichen Magnetfeld geeignet so, dass der Magnetfluss in der Flussröhre tatsächlich erhalten bleibt.

Durch einen analog geführten Widerspruchsbeweis lässt sich ergänzend zeigen, dass von außen auf eine magnetische Flussröhre zu strömende Plasmamaterie mit unendlich hoher elektrischer Leitfähigkeit nicht in diese Feldstruktur eindringen kann. Dieser Sachverhalt gilt, selbst wenn das von außen Druck ausübende Plasma seinerseits mit Feldlinien durchsetzt ist, deren Orientierungen nicht von der der Feldlinien innerhalb der magnetischen Flussröhre abweichen. Die Flussröhre verformt sich bei diesem Prozess. Ihre Feldlinien weichen der Störung zusammen mit dem Plasma aus und verdichten sich. Der dadurch im Magnetfeld verstärkt erzeugte magnetische Druck wirkt ortsabhängig jeweils entgegengesetzt zur Richtung des größten Feldstärkenanstiegs. Hierdurch sowie durch die in Richtung der Feldstrukturen wirkende magnetische Spannung erfährt das einströmende Plasma einen Widerstand.

Magnetischer Druck und magnetische Spannung Schon im Bild der von Michael Faraday entwickelten Nahwirkungstheorie erfährt ein Medium, das magnetischen Einwirkungen unterworfen ist, einen Druck quer zur Ausrichtung gleichorientierter Feldlinien sowie eine Zugspannung in Richtung der Feldlinien. So verlaufen beispielsweise die magnetischen Feldlinien im homogenen Feldbereich eines Hufeisenmagneten nahezu geradlinig und parallel zueinander. Sie „möchten" aufgrund des dem Feld innewohnenden starken Spannungszustandes möglichst „kurz sein". Im inhomogenen Feldbereich des Hufeisenmagneten dominieren mehr und mehr die Druckkräfte zwischen den hier zunehmend bogenförmiger verlaufenden Feldlinien. Diese dem Feld innewohnenden Druckkräfte werden besonders deutlich, wenn man sich den Feldlinienverlauf zwischen gleichartigen, sich einander abstoßenden Polen zweier Stabmagneten anschaut.

Nach dem im Rahmen der Magnetohydrodynamik angewandten Ampère'schen Gesetz erzeugt ein elektrischer Stromfluss der Stromdichte $\vec{j} = \rho\vec{v}$ in einem Medium mit der magnetischen Feldkonstanten μ gemäß

$$\vec{\nabla} \times \vec{B} = \mu\vec{j}$$

(Näheres dazu siehe Einschub 2) ein ortsabhängiges magnetisches Feld $\vec{B}(\vec{x})$ in der Umgebung eines elektrischen Leiters. Setzt man die nach $\vec{j}$ aufgelöste Gleichung für die Kraftdichte f_L (siehe oben unter Magnetische Lorentzkraft) ein, so lässt sich nach umfangreicheren Rechnungen zeigen, dass die Kraftwirkung im Plasma tatsächlich durch einen Druckterm $\vec{B}^2/2\mu_0$ sowie einen in Richtung des Vektors der magnetischen Flussdichte wirkenden Spannungsterm der Stärke $\vec{B}^2/\mu_0$ beschrieben werden kann (Siehe auch Einschub 6).

In seinem populärwissenschaftlich gestalteten Buch mit dem Titel „Der Stern, von dem wir leben" ist der bekannte deutsche Astrophysiker Rudolf Kippenhahn „Den Geheimnissen der Sonne auf der Spur". Zur anschaulichen Erläuterung der charakteristischen Vorgänge im Sonnenplasma erzählt der Wissenschaftler lehrreiche Geschichten über einen Herrn Meyer, der in einem „Plasmazirkus" wundersame Dinge beobachtet und erlebt (Abb. 2.2). In einer Zir-

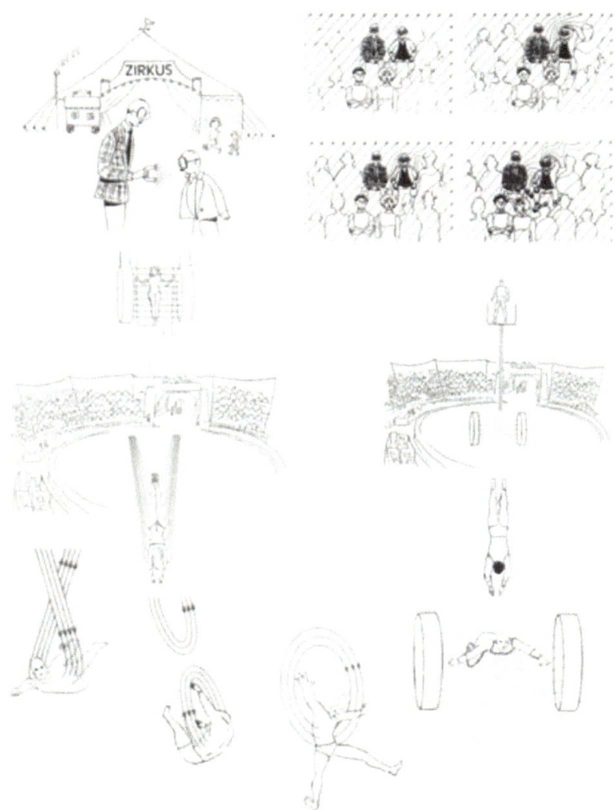

Abb. 2.2 „Herr Meyer im Zirkus Plasmaland". In diesem fiktiven Zirkus kann die Materie in den Plasmazustand versetzt werden. Die Besucher tragen eine Brille, mit der sie die magnetischen Feldlinien starker Magneten direkt sehen können. In diesem Zirkus lassen sich manche der im Universum ablaufenden physikalischen Wechselwirkungsprozesse zwischen den kosmischen Magnetfeldern und der Materie im Plasmazustand anschaulich verfolgen. Aufgrund der „Eingefrorenheit" der Feldlinien könnte ein „liebenswerter Kontakt" zwischen Besuchern des Zirkus unbeabsichtigt durch magnetische Wellenausbreitung vermittelt werden. Durch die Wirkung des magnetischen Drucks und der magnetischen Spannung sollte beim „Todessprung" der Artisten in die tieferliegende Arena in der Regel eigentlich nichts passieren. Nur wenn sich die „magnetischen Seile" einmal zu sehr verdrehen, dann könnte ein folgenreiches Unglück durch magnetische Rekonnexion passieren. (© E. Kippenhahn)

kusarena versetzen Generatoren die Materie überall in den Plasmazustand. Stromdurchflossene Spulen erzeugen an verschiedenen Stellen im Zirkus gewaltige Magnetfelder, deren Feldlinienverlauf die Besucher mit einer „magischen" Brille gespannt verfolgen können.

Das Prinzip der „Eingefrorenheit" magnetischer Feldlinien ausnutzend, führen die Artisten „Todessprünge" aus der Zirkuskuppel durch. Einer der Artisten springt von oben in den homogenen Bereich eines in der Arena erzeugten Magnetfeldes. Wie ein zusammengedrückter Gummiball verformt sich dieses dabei elastisch, verhindert aufgrund der Wirkung des magnetischen Drucks die Verletzung des mutigen Springers. Eine von magnetischen Feldstrukturen durchsetzte Artistin lässt sich wie eine Bungee-Springerin hinunter in die Arena fallen. Wegen der „gummiartigen Wirkung" der magnetischen Spannung bleibt auch sie unverletzt und genießt den Beifall der Zirkusbesucher.

Einer der älteren Zirkusbesucher kratzt sich am Kopf. Dies hat eine seitliche Auslenkung lokaler magnetischer Feldstrukturen zur Folge. Eine solche Störung breitet sich im Raum in Form magnetischer Wellen entlang der Feldlinien aus. Die Wirkung dieser Störung spürt auch das Mädchen in der vorderen Sitzreihe. Irrtümlich geht sie davon aus, dass es der neben ihr sitzende Junge gewesen sein müsste, der sie liebevoll berührt.

Charakteristische Eigenschaften magnetischer Felder lassen sich gewinnbringend in einem einfachen Analogmodell anhand des Verhaltens gummiartiger Objekte veranschaulichen. Magnetfeldstrukturen können wegen ihres magnetischen Drucks nicht wie Flummibälle beliebig zusammengepresst werden. Und sie bleiben aufgrund ihrer magnetischen Spannung wie Gummibänder möglichst kurz, lassen sich ohne Kraftaufwand nicht einfach verformen.

2.2   Solare Magnetfelder

Beobachtbare Sonnenphänomene Bei alltäglicher Betrachtung erscheint uns die Sonne am Himmel als eher „langweilige" kreisrunde Scheibe. Wir erkennen keine kontrastreichen Strukturen wie beispielsweise auf der Mondoberfläche. Technische Hilfsmittel wie leistungsfähige Teleskope, Kameras, Filter und Bildbearbeitungstechniken ermöglichen aber den Wissenschaftlern, Amateurastronomen und inzwischen auch der interessierten Öffentlichkeit einen sehr viel spannenderen Blick auf die Sonne. Die heute in allen möglichen Wellenlängenbereichen des elektromagnetischen Spektrums gewonnenen räumlich und zeitlich hochaufgelösten Bilder sowie bewegten Filmsequenzen lassen uns auf sehr beeindruckende und sich rasch entwickelnde Phänomene in der Sonnenatmosphäre blicken. Die relativ nahe Sonne ist heute zu einem der faszinierendsten Objekte unserer „astronomischen Begierde" geworden.

Im optischen Bereich des Spektrums blicken wir in die Photosphäre der Sonne. Auf der in granularen Mustern brodelnder Sonnenoberfläche lassen sich die Strukturen und Entwicklungen riesiger dunkler Sonnenfleckengruppen sowie punktförmig aufgehellter Fackelgebiete beobachten und analysieren (siehe Abb. 2.3). Einzelne Sonnenflecken bestehen aus einer dunklen Umbra und der sie umgebenden, wechselweise hell und dunkel, länglich filamentartig strukturierten Penumbra. Lokale umbrale Aufhellungen sowie hellere Lichtbrücken können den etwa 4000 Grad heißen „Kernschatten" dieser Flecken durchsetzen. Im penumbralen „Halbschatten" liegen die Temperaturen mit mehr als 5000 Grad deutlich höher. Sonnenflecken erscheinen aufgrund ihrer, im Vergleich zur etwa 5700 Grad heißen Umgebung, niedrigeren Temperaturen dunkel.

Diese Flecken bilden sich innerhalb einiger Stunden aus plötzlich auf der Sonnenoberfläche erscheinenden dunklen Poren ohne anfängliche penumbrale Strukturen. Sie haben eine typische Lebensdauer von einer Woche bis zu wenigen Monaten. Ihre Durchmesser können den der Erde deutlich übersteigen.

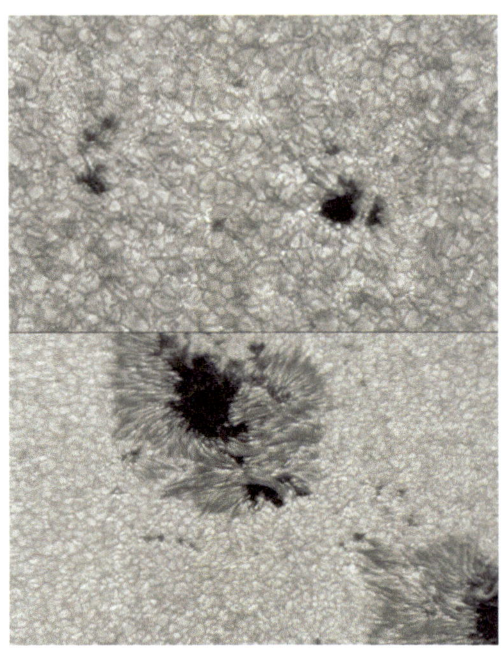

Abb. 2.3 Granulen, Fackeln, Poren und Sonnenflecken. Die beiden Aufnahmen vom „First Light" des deutschen 1,5-m-Sonnenteleskops GREGOR auf Teneriffa veranschaulichen die im sichtbaren Wellenlängenbereich beobachtbaren solaren Phänomene. Das *obere Bild* zeigt vergrößert die typischen Elemente des granularen Netzwerks. Im hellen Inneren der Granulen, die einen typischen Durchmesser von etwa 1000 km haben, steigt die heiße Materie auf. In den dunklen intergranularen Gassen sinkt sie abgekühlt zurück. Die hellen Punkte der Fackelgebiete in den Knotenpunkten des Netzwerks kennzeichnen die Stellen, an denen schmale magnetische Flussröhren durch die Sonnenoberfläche treten. Durch die Sonnenoberfläche aufsteigende breitere Flussröhren bilden die größeren, dunkel erscheinenden Poren aus, in deren Umgebung die Abmessungen der granularen Zellen deutlich kleiner ausfallen. Die *untere Abbildung* zeigt zwei größere Sonnenflecken mit jeweils zentraler, von hellen Punkten durchsetzter dunkler Umbra und umgebender filamentartig strukturierter Penumbra. (© GREGOR/KIS Freiburg)

Durchschnittlich beträgt der Flächeninhalt aller gleichzeitig auf der Sonnenoberfläche zu beobachtenden Flecken nur den Bruchteil von 1 % der gesamten Sonnenscheibenfläche.

In der Regel treten Sonnenflecken in Gruppen und in beiden Hemisphären in heliografischen Breiten zeitabhängig zwischen etwa 35 und 5 Grad auf. Die Häufigkeit ihres Auftretens verändert sich in einem etwa 11-jährigen Aktivitätszyklus periodisch, ausgehend von einem Sonnenflecken-Minimum über ein Maximum zum folgenden Minimum. Die jeweilige Stärke der Sonnenaktivität wird durch die sogenannte Sonnenflecken-Relativzahl charakterisiert. Sie lässt sich zu jedem Zeitpunkt durch eine gewichtete Zählung der Sonnenflecken und Fleckengruppen ermitteln. Sie stellt ein recht gutes Maß für den Gesamtflächeninhalt der gerade anzutreffenden Fleckenstrukturen dar.

Die Photosphäre der Sonne ist außerhalb der Sonnenflecken durch ein körniges Granulationsmuster gekennzeichnet, das durch die Konvektionsströmungen im Außenbereich des Sonneninneren ausgebildet wird. Heiße Materie aus dem Sonneninneren steigt in den hellen Granulen auf und sinkt abgekühlt in den als intergranulare Gassen bezeichneten, dunkel erscheinenden Rändern der Konvektionszellen wieder ab. Verstärkt in Fleckennähe lassen sich in diesem honigwabenartig strukturierten Gewebe in den Verzweigungspunkten der Konvektionszellen punktförmige Aufhellungen beobachten. Die Temperaturen dieser Fackelgebiete liegen typischerweise um etwa 1000 Grad über denen der ruhigen Photosphäre.

Bei einer totalen Sonnenfinsternis blickt der Beobachter auf rötliche Leuchterscheinungen der sogenannten Chromosphäre. In dieser über der Photosphäre liegenden Atmosphärenschicht mit einer um den Faktor 10^4 geringeren Gasdichte und einer auf etwa 10.000 K ansteigenden Temperatur entstehen viele der dunklen Absorptionslinien des auf der Erde zu beobachtenden Sonnenspektrums. Schon auf Amateur-Aufnahmen im Licht der Hα-Linie des Wasserstoffs lassen sich ausgedehnte solare Plasmawolken über dem Sonnenrand deutlich erkennen (Abb. 2.4). Solche filigran strukturierten Bogen-

Abb. 2.4 Hecken-und Bogenprotuberanzen auf der Sonne. Charakteristische Magnetfeldstrukturen prägen die typischen Erscheinungsformen unterschiedlicher Gaswolken in der Sonnenatmosphäre. Die von einem Amateurastronomen im Licht der Hα-Wasserstofflinie gemachte *obere Aufnahme* veranschaulicht die filigranen, faserförmigen Strukturen einer riesigen Heckenprotuberanz über dem Sonnenrand. Die *untere Abbildung* wurde mit einem Teleskop von Bord des Sonnensatelliten Solar Dynamics Observatory (SDO) aus erstellt. Im UV-Licht des achtfach ionisierten Eisens zeigt sie typische Bogenprotuberanzen in der hier etwa 1 Mio. Grad heißen Sonnenkorona. (© H. Pietsch, Strausberg, SDO/AIA NASA/GSFC)

und riesigen Heckenprotuberanzen können instabil werden und in den interplanetaren Raum entweichen.

Beim Blick von oben auf die Sonnenscheibe erscheinen heckenförmige Plasmawolken als besonders lang gestreckte, wurmförmige und dunkle Filamente. Faserförmige, helle und dunkle FibrillenStrukturen durchmustern in dieser chromosphärischen Schicht die gesamte Atmosphäre. In Zeiten der aktiven Sonne beobachtet man in der Nähe komplex strukturierter Sonnenflecken-Gruppen oder

Protuberanzen häufiger auch großflächigere oder bänderförmige, sich teilweise blitzschnell oder auch langsamer entwickelnde Aufhellungen, sogenannte Flares.

Über der Chromosphäre liegt eine als Transitregion bezeichnete schmale Übergangszone, in der sich die atmosphärischen Eigenschaften der Sonnenatmosphäre drastisch verändern. Die Temperaturen steigen plötzlich auf bis zu etwa 1 Mio. Grad an. Die Gasdichte fällt dabei am oberen Rand dieser Schicht auf so kleine Werte ab, dass Stoßprozesse im Plasma unwahrscheinlich werden, ein Energietransport durch Wärmeleitung der Materie kaum möglich ist. Bei einer totalen Sonnenfinsternis erkennt man schon mit bloßem Auge wimpel- oder helmförmig strukturierte Lichterkränze in der über dieser Transitregion liegenden Korona (siehe Abb. 1.1).

Von modernen Satelliten in kurzen Zeitabständen im UV- oder Röntgen-Licht gemachte Aufnahmen veranschaulichen besonders eindrucksvoll die dynamischen Entwicklungen in der hier bis zu mehrere Millionen Grad aufgeheizten Atmosphäre. Protuberanzen werden instabil. Blitzartig werden in Flares gewaltige Mengen an Energien freigesetzt. Einzelne Teilchen des Plasmas werden auf fast Lichtgeschwindigkeit beschleunigt. Heftige solare Teilchenwinde strömen von der Sonne weg. Koronale Masseauswürfe transportieren große Materiemengen in den durch Bildung von Schockfronten geprägten interplanetaren Raum (BT 04).

In der Sonnenatmosphäre gibt es offensichtlich eine Fülle beeindruckender Phänomene zu bewundern, deren Struktur und Entwicklung es zu erklären gilt. Wodurch entstehen die dunklen Flecken auf der Oberfläche der Sonne? Weshalb ist die Penumbra dieser Sonnenflecken filamentartig strukturiert? Und warum blickt man in den hellen Fackelgebieten der Sonne in besonders heiße Bereiche der Photosphäre? Wie können die im Vergleich zur Umgebung 100-mal dichteren Plasmawolken trotz Wirkung starker Gravitationskräfte teilweise über viele Monate relativ stabil existieren? Weshalb heizt sich die in ihr gelagerte 10.000 K Materie in der Millionen Grad heißen Koronaumgebung nicht gewaltig auf? Und vor allem: Wie lässt sich die starke Aufheizung der Sonnenatmosphäre sowie die Beschleunigung des aus der Korona abströmenden Sonnenwindes und der hochenergetischen solaren Partikel überhaupt erklären? Wodurch werden die großen Energiemengen von der nur knapp 6000 Grad warmen Photosphäre in die höheren, extrem heißen Atmosphärenschichten transportiert? Wie werden sie dort gespeichert? Und warum werden die Protuberanzen-Strukturen plötzlich instabil? Welche Verbindung besteht schließlich zwischen dem Auftreten eruptiver Protuberanzen, den Flares und den koronalen Masseauswürfen? So viele Fragen, die einer gründlichen Klärung bedürfen!

Dominanz magnetischer Einflussfaktoren Die in den vergangenen Jahrzehnten mit Filtern für unterschiedliche Wellenlängenbereichen gewonnenen Abbildungen veranschaulichen überdeutlich die Existenz komplexer solarer Magnetfeldstrukturen fast überall in der Sonnenatmosphäre. Anders als für die Phänomene im entfernten Universum kann heute die Stärke und Struktur dieser Felder sowie deren zeitliche Entwicklung mit hoch entwickelten Beobachtungsmethoden vergleichsweise sehr genau ermittelt werden. Es hat sich dabei gezeigt, dass die im vorigen Abschnitt beschriebenen Phänomene unter starkem Einfluss der solaren Magnetfelder stehen und dass die dort gestellten Fragen ohne „magnetische Erklärungen" gar nicht zu beantworten sind.

Die in der Photosphäre der Sonne zu beobachtenden Sonnenflecken erscheinen dunkel. Die Temperaturen an diesen Stellen der Oberfläche sind deutlich erniedrigt, weil die mehr oder weniger gebündelt austretenden magnetischen Feldstrukturen den Zustrom heißer Materie aus dem Sonneninneren stark behindern. Wie im Zusammenhang mit der „Eingefrorenheit" magnetischer Feldlinien in Kap. 2.1 erläutert wurde, kann heißes Plasma mit hoher elektrischer Leitfähigkeit von außen nur schwer in magnetische Flussröhren eindringen. Die Struktur der magnetischen Feldlinien in den Sonnenflecken ähnelt ein wenig der Struktur der Haarbüschel in einem alten, ausgefransten Rasierpinsel (Abb. 2.5).

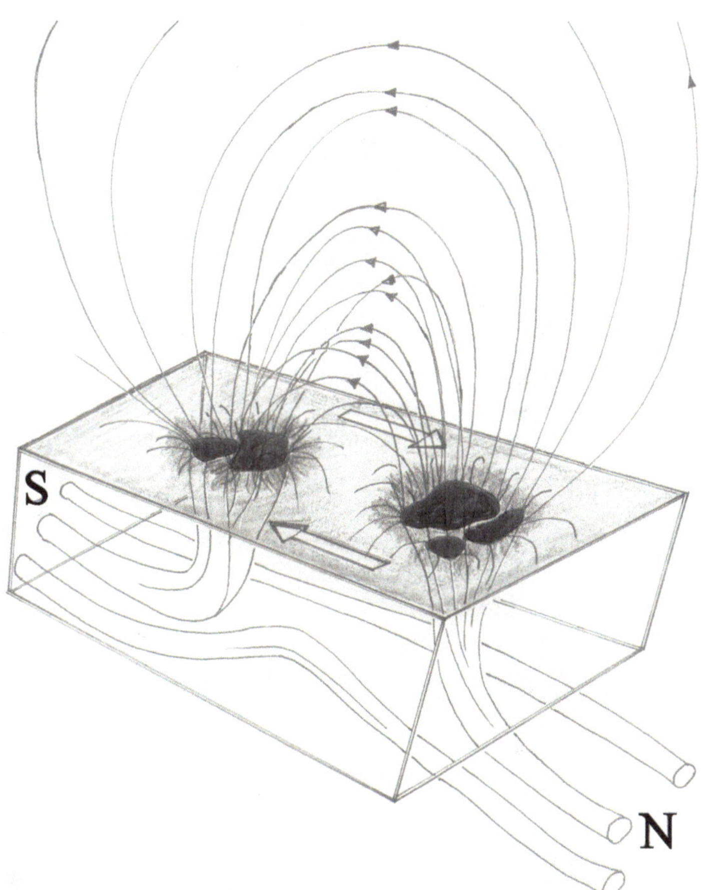

Abb. 2.5   Verlauf magnetischer Feldstrukturen in bipolaren Fleckengruppen. Aus der Konvektionszone der Sonne gebündelt aufsteigende und in der Photosphäre die Sonnenoberfläche durchstoßende magnetische Flussröhren breiten sich in den darüber liegenden, zunehmend dünner werdenden Atmosphärenschichten der Sonne aus. Durch differenzielle Rotation wirksame Scherströmungen (durch Pfeile gekennzeichnet) beeinflussen neben den Konvektionsströmungen, magnetischen Diffusionsprozessen sowie dem Aufstieg zusätzlichen magnetischen Flusses die zeitliche Entwicklung der Fleckenstrukturen wesentlich. (© U. v. Kusserow)

Wie die Haare im Außenbereich eines solchen, bereits in häufigem Gebrauch befindlichen Utensils verlaufen auch die filamentartigen Magnetfeldstrukturen am Rand der Penumbra eines Sonnenflecks nicht mehr aufrecht. Sie sind eher abgeflacht und nähern sich der Horizontalen. Wenn die Feldstrukturen in einem Fleck nicht allzu stark gebündelt sind, dann gelingt der Aufstieg heißerer Materie zumindest in den Räumen zwischen den einzelnen Flussröhren. Es können sich sogenannte umbrale Punkte oder Lichtbrücken ausbilden.

Durch die in dunkel erscheinenden Flecken anzutreffenden niedrigeren Temperaturen können die von hier ausgesandten Lichtphotonen wegen der geringeren Geschwindigkeit störender Plasmateilchen die Photosphäre der Sonne ungehinderter aus größeren Tiefen durchdringen. Der Beobachter blickt so im Fleckenbereich etwas tiefer in die Photosphäre hinein. Sonnenflecken erscheinen dem Beobachter deshalb insbesondere in Sonnenrandgebieten wie schwarze Löcher.

Während Poren und vor allem Flecken durch besonders ausgedehnte magnetische Feldstrukturen gebildet werden, entstehen solare Fackeln in der Sonnenatmosphäre an den Durchstoßpunkten besonders dünner magnetischer Flussröhren. Wenn der Beobachter bei ihrem Auftreten insbesondere am Sonnenrand schräg von der Seite in diese Feldstrukturen schaut, dann beobachtet er an diesen Stellen helle Fackelpunkte (Abb. 2.3). Wegen des tieferen Einblicks aufgrund der niedrigeren Temperaturen blickt er seitlich durch die Flussröhre hindurch in angrenzend tiefer liegende, heißere Gebiete. Solche photosphärischen Fackelgebiete findet man häufig in der Umgebung von Fleckengruppen.

In den lang gestreckten, beim Blick von oben auf die Sonnenscheibe wurmförmig erscheinenden Protuberanzenfilamenten, in den bogen-, arkaden- oder heckenförmig aussehenden solaren Gaswolken über dem Sonnenrand sind es die stützenden Magnetfeldstrukturen, in die sich die Plasmamaterie wie in einer Hängematte eingelagert hat. Aufgrund der Gravitationskräfte strömt von dort aus zwar immer wieder auch Materie auf die Sonnenoberfläche zurück. Durch

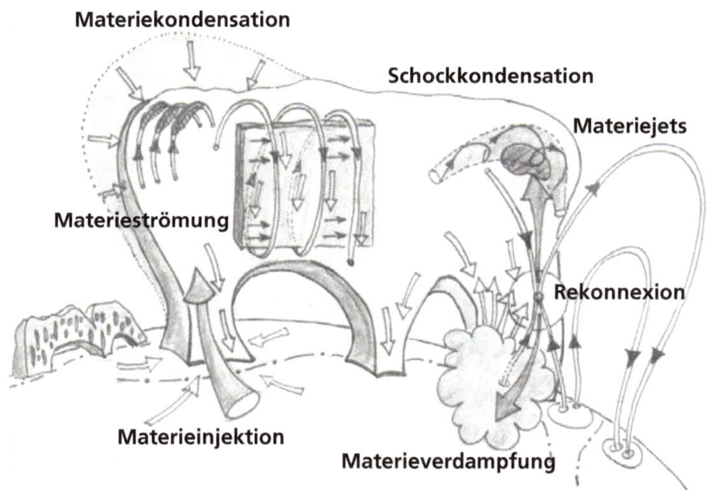

Abb. 2.6   Entwicklungsprozesse in Heckenprotuberanzen. Die Plasmamaterie in den durch komplexe Magnetfeldstrukturen gestützten solaren Gaswolken wird ständig, innerhalb von Tagen vollständig ausgetauscht. Ausgelöst durch turbulente Strömungen, Sonnenoszillationen und verschiedenartige Wellenausbreitungsprozesse findet eine kontinuierliche Materieinjektion aus der Photosphäre und Chromosphäre statt. Ein großer Teil der Materie strömt aber auch wieder durch die Fußpunkte der Gaswolken in tieferen Atmosphärenschichten zurück. Heiße Koronamaterie aus den höheren Schichten unterstützt den Zustrom der Materie in den Protuberanzenkörper durch Kondensation in den kühleren Magnetfeldstrukturen. Durch Wechselwirkung mit angrenzenden, neu aufsteigenden bogenförmigen magnetischen Flussröhren werden in magnetischen Rekonnexionsprozessen jetförmige Materieströme erzeugt. Diese können eine zusätzliche Materiefüllung der Heckenprotuberanz durch Aufheizung und Verdampfung des Plasmas in den tieferen Schichten sowie durch Schockkondensation in den höheren Schichten unterstützen. (© U. v. Kusserow)

magnetische Prozesse vermittelt, ermöglichen Materiekondensationen im relativ kühlen Medium, Materieinjektionen aus tieferen Schichten, Aufstiege neuer, mit Plasma gefüllter -Feldstrukturen sowie Rekonnexionsprozesse eine regelmäßige Auffüllung des Protuberanzen-Körpers (Abb. 2.6). Die besonders heiße Koronamaterie kann nach den Überlegungen zum Modellbild „eingefrorener" Feldlinien nur sehr schwer von außen in die magnetisch gestützten, im Vergleich zur Umgebung nur etwa 10.000 Grad „kühlen" solaren Gaswolken eindringen und sie aufheizen.

Oberhalb der heißen Kochplatte eines Küchenherdes muss es erfahrungsgemäß zunehmend kühler werden. Wie ist es dann aber möglich, dass es in der weit über der Sonnenoberfläche gelegenen Korona so viel heißer werden kann als in der Photosphäre? Diese auf den ersten Blick sehr begründet und sinnvoll erscheinende Frage erweist sich bei näherer Betrachtung als wenig ergiebig und weiterführend. Der uns vertraute Temperaturbegriff geht davon aus, dass wir die Zimmertemperatur in einem Raum mit einer Teilchendichte von fast 10^{20} Gasmolekülen pro cm^3 genau dann als höher erleben, wenn die mittlere Geschwindigkeit dieser Teilchen entsprechend angestiegen ist. Wir erleben etwas persönlich als besonders warm, wenn viele Teilchen mit hohem Impuls auf unsere Haut treffen.

In der Atmosphäre der Korona beträgt die Teilchendichte aber etwa nur ein Billionstel dieses Wertes. Es herrscht dort kein thermodynamisches Gleichgewicht. Die Bewegungsenergie der relativ wenigen, dafür aber häufig besonders schnellen Teilchen ist sehr unterschiedlich. Die Astrophysiker haben für ein derart dünnes Plasma sinnvollerweise einen neuen Temperaturbegriff vereinbart. Er wird als Maß für die durchschnittliche Geschwindigkeit der Partikel einer Teilchensorte, beispielsweise der Elektronen, definiert. Er bestimmt die Anregungsbedingungen für Atome und Ionen, die zur Aussendung auch besonders kurzwelliger elektromagnetischer Strahlung führen. Statt sich über die hohen Temperaturen in der Sonnenkorona zu wundern, sollte man sinnvollerweise eher die Frage beantworten, wodurch die Teilchen in der Sonnenkorona eigentlich auf so hohe Geschwindigkeiten beschleunigt werden können. Welche physikalischen Prozesse sind es, die die über die Geschwindigkeit der Teilchen definierten hohen Temperaturen der äußeren Atmosphärenschichten erzeugen?

Die in der Konvektionszone der Sonne ablaufenden dynamischen Prozesse stellen sehr viel mehr Energie zur Verfügung, als für die beobachtete atmosphärische Aufheizung und Beschleunigung der Teilchen auf so hohe Geschwindigkeiten überhaupt erforderlich ist. Konvektive und durch Sonnenoszillationen ausgelöste kleinskaligere turbulente Strömungen bewirken die Verformung magnetischer Feldstrukturen fast überall auf der Sonne. Vor allem in solaren Aktivitätsgebieten werden große Energiebeträge in den sich verdrehenden und verwirbelnden Magnetfeldern gespeichert. Die Anregung und Ausbreitung magnetohydrodynamischer Wellen wird heute als einer der wichtigen Mechanismen angesehen, die den effektiven Energietransport zur Aufheizung höherer Atmosphärenschichten möglich machen.

Während der magnetische Druck unterhalb der Transitregion noch vom Gasdruck dominiert wird, bestimmen die Magnetfelder die Entwicklungsprozesse in der darüberliegenden Sonnenkorona. Magnetische Rekonnexion ist ein wichtiger physikalischer Prozess, durch den die magnetische Energie, die in Feldstrukturen der Flecken, Protuberanzen sowie kleinskaligerer Strukturen gespeichert ist, mehr oder weniger explosiv freigesetzt werden kann. Dies bewirkt die Beschleunigung von Teilchen, die Aufheizung der Atmosphärenschichten, die Aussendung elektromagnetischer Strahlung, das Ingangsetzen großskaliger Materieströmungen sowie den Ausstoß des Sonnenwindes.

Die eruptiven Protuberanzen, energiereichen Flares, koronalen Masseauswürfe und interplanetaren Plasmawolken als typische Erscheinungsformen der Explosionen auf der Sonne werden wesentlich durch magnetische Prozesse ausgelöst und in ihrer Entwicklung gesteuert. Protuberanzen können instabil werden, wenn magnetische Rekonnexion bei einem Flare thermische Explosionen durch eine plötzliche Erhöhung des Gasdruckes auslöst, nachdem ein Aufstieg magnetischer Feldstrukturen aus der Konvektionszone der Sonne besonders abrupt erfolgte.

Heckenprotuberanzen werden durch die magnetische Spannung der über ihnen liegenden wimpelförmigen magnetischen Feldstrukturen vor einem Aufstieg in den interplanetaren Raum bewahrt. Diese „Haltevorrichtungen" können durch magnetische Rekonnexionsprozesse gekappt werden. Wenn dabei die Verwindung magnetischer Feldstrukturen in der Protuberanz einen Grenzwert überschreitet, setzt ein koronaler Masseauswurf ein. Dieses in den interplanetaren Raum aufsteigende dreigliedrige System besteht aus der hellen eruptiven Protuberanz im Kern, einem darüberliegenden, mit Magnetfeldstrukturen durchsetzten, dunkel erscheinenden Hohlraum sowie einer vorauslaufenden, hell leuchtenden und breiteren Stoßfront aus verdichtetem koronalen Material.

Bei verdeckter Sonnenscheibe kann dieses sich mit Geschwindigkeiten von bis zu mehr als 2000 km/s ausbreitende spektakuläre Phänomen im sichtbaren Licht beobachtet werden (BT 04). Die in koronale Masseauswürfe eingelagerten Magnetfeldstrukturen bleiben häufig mit der Sonne verbunden. Plasmoide bezeichnen demgegenüber Plasmawolken mit in sich geschlossenen, von der Sonne vollständig getrennten Magnetfeldstrukturen. Koronale Transiente wechselwirken mit den unterschiedlichen Sonnenwindstrukturen unter Ausbildung magnetisierter Stoßfronten. Hierbei können Teilchen in einem als Fermi-I-Prozess bezeichneten Vorgang (siehe Einschub 4) auf fast Lichtgeschwindigkeit beschleunigt werden können.

Aufgrund der Sonnenrotation werden die durch den Sonnenwind weit in den interplanetaren Raum hinausgetragenen Magnetfelder in Form einer nach E. N. Parker benannten Spirale aufgewickelt. Dem Kleid einer tanzenden Ballerina ähnelnd, bilden sich zwischen unterschiedlich orientierten, benachbarten interplanetaren Magnetfeldstrukturen heliosphärische Stromschichten aus. Sie zählen zu den größten Strukturen in unserem Sonnensystem und nehmen deutlichen Einfluss auf die Prozesse im Zusammenhang mit der Entwicklung des Weltraumwetters.

Der magnetische Aktivitätszyklus der Sonne Die Anzahl der zu einem bestimmten Zeitpunkt auf der Sonnenoberfläche zu beobachtenden Sonnenflecken ist ein geeignetes Maß zur Charakterisierung der Stärke der zeitlich variierenden Sonnenaktivität. Zur Ermittlung der sogenannten Sonnenflecken-Relativzahl gemäß $R = f + 10\,g$ wird die Summe aus der Anzahl der auf der Sonnenscheibe registrierbaren Einzelflecken f und der mit dem Faktor 10 verstärkend gewichtenden Anzahl der Fleckengruppen g gebildet. Auch isolierte Einzelflecken ohne deutlich erkennbaren Partnerfleck werden dabei als eine Gruppe gewertet.

Diese für die Sonnenaktivität recht gut mit der Gesamtfläche der auf der Sonnenoberfläche auftretenden Flecken korrelierende Indikatorgröße schwankt im Mittel auffallend periodisch mit einer typischen Zykluslänge von etwa 11,2 Jahren (Abb. 2.7 *oben*). In guter Näherung stellt R so auch ein Maß für den aus der Sonnenoberfläche austretenden magnetischen Fluss dar. Neben dem 11-jährigen, sogenannten Schwabe-Zyklus der Sonnenaktivität werden weitere Amplituden-Modulationen der Relativzahl R mit sehr viel größeren Zykluslängen, beispielsweise von etwa 90 Jahren (sogenannter Gleißberg-Zyklus), vermutet.

Unregelmäßig auf beide Hemisphären verteilt, entstehen die in magnetisch bipolaren Gruppen auftretenden Flecken zu Beginn des 11-jährigen Zyklus in höheren heliografischen Breiten φ bei etwa 35 Grad. In den auf ein Aktivitätsminimum folgenden Jahren steigt die zeitlich stark schwankende Fleckenrelativzahl im Mittel bis zum Aktivitätsmaximum an. Neu entstehende Fleckengruppen liegen zunehmend näher am Sonnenäquator. Während des folgenden Fleckenminimums beobachtet man sowohl Flecken des endenden Zyklus beidseitig des Äquator bei etwa $\varphi = 5$ Grad als auch erste Flecken des neuen Zyklus erneut in den höheren heliografischen Breiten. Trägt man die typischen Positionen der im Laufe der Aktivitätszyklen auf der Sonnenoberfläche zu beobachtenden Sonnenfleckengruppe gegen die Zeit auf, so erhält man ein sogenanntes

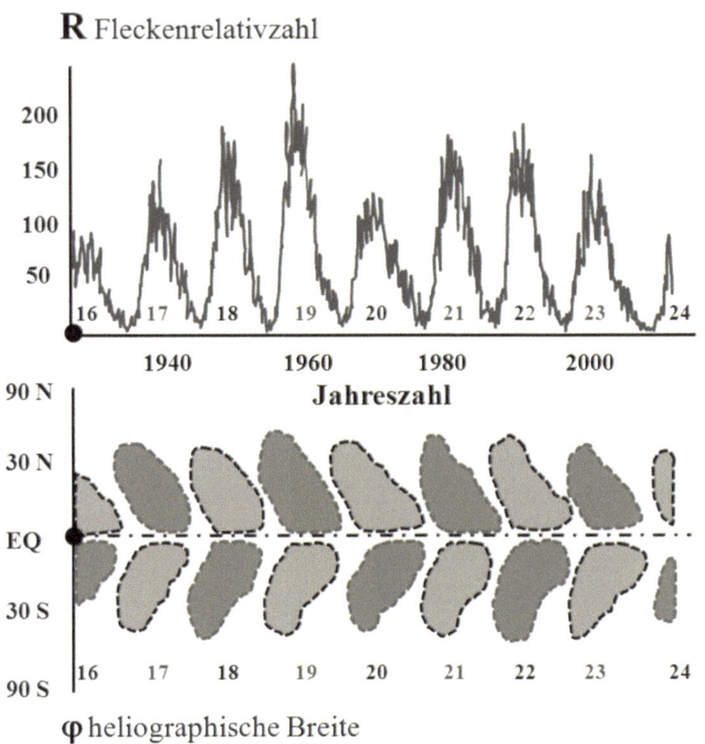

Abb. 2.7   Entwicklung der Fleckenrelativzahl im solaren magnetischen Aktivitätszyklus. Im Verlauf des etwa 11-jährigen Zyklus schwankt die Größe der die Entwicklung des solaren Aktivitätszyklus charakterisierenden Fleckenrelativzahl R periodisch (*obere Abbildung*). R kann in starken Zyklen Werte größer als 200 annehmen. Der aktuelle, seit Beginn der Aufzeichnungen 24. Zyklus erweist sich als zeitlich besonders ausgedehnt und relativ schwach. Im sogenannten „Schmetterlings-Diagramm" sind die beobachteten heliographischen Breiten der auftretenden Sonnenflecken gegen die Zeit aufgetragen (*untere Abbildung*). Üblicherweise treten in höheren Breiten bereits erste Flecken des neuen Zyklus auf, während gleichzeitig noch letzte Flecken des alten Zyklus in der Nähe des Äquators zu beobachten sind. Die die Lage der Fleckenaktivitäten charakterisierenden Schmetterlingsflügel sind entsprechend der in den beiden Hemisphären und in den aufeinanderfolgenden Zyklen anzutreffenden magnetischen Polaritätsverhältnisse jeweils abwechselnd mit unterschiedlichen Grauwerten dargestellt. (© U. v. Kusserow u. a.)

Schmetterlingsdiagramm (Abb. 2.7, *unten*). Die grafische Darstellung der zeitlich variierenden, breitenabhängigen Fleckenpositionen erinnert an die Form der Flügel eines Schmetterlings.

Die bezogen auf die Rotationsrichtung der Sonne vorangehenden (v-)Flecken einer Fleckengruppe liegen in der Regel etwas näher zum Äquator als die nachfolgenden (n-)Flecken. Die v- und n-Flecken unterscheiden sich unter anderem durch ihre magnetische Polarität. Wenn der vorangehende Fleck auf der einen Halbkugel eine Nordpolarität aufweist, so besitzt der vorangehende Fleck in der anderen Sonnenhemisphäre die entgegengesetzte Südpolarität. Überraschenderweise kehren sich die Polaritätsverhältnisse dabei im folgenden Zyklus vollständig um (siehe Abb. 2.7, *unten*). Aus „Sicht der Magnetfelder" ist der Sonnenzyklus daher ein magnetischer Aktivitätszyklus mit einer mittleren Periodenlänge von etwa 22,4 Jahren. Er wird als Hale-Zyklus bezeichnet.

Im Jahre 1755 begann die regelmäßige Notierung der Größe der Fleckenrelativzahl für den mit der Nr. 1 bezeichneten solaren Aktivitätszyklus. Wie bei allen mit gerader Zahl versehenen Zyklen gilt auch für den aktuellen 24. Sonnenzyklus, dass die magnetische Polarität des vorangehenden Flecks in der Nordhemisphäre die eines Südpols ist. Bei Zyklen mit ungerader Nummerierung trifft man hier auf einen magnetischen Nordpol.

Zu Beginn eines Aktivitätszyklus entspricht die magnetische Polarität des in hohen heliografischen Breiten anzutreffenden Feldes jeweils der des v-Flecks auf der jeweiligen Hemisphäre. Durch sogenannte meridionale Zirkulation wandern im Laufe der Zeit mehr und mehr abgebaute Feldstrukturen der weiter polwärts entstandenen n-Flecken mit magnetischem Fluss umgekehrter Polarität in Richtung zum Pol. Im Laufe des Aktivitätszyklus, etwa wenn die Fleckenzahl **R** ihr Maximum erreicht, polt sich dadurch das globale Magnetfeld der Sonne um. In der jeweiligen Hemisphäre entspricht deren Polarität am Ende des jeweiligen Zyklus der der n-Flecken einer Gruppe.

Das magnetisch geprägte Erscheinungsbild der Sonnenkorona wechselt im Laufe eines Sonnenzyklus deutlich. Im Aktivitätsminimum treten die bei einer Sonnenfinsternis gut zu beobachtenden helmförmigen Strukturen, aus denen die langsame Komponente des Sonnenwinds ausgesandt wird, vorwiegend in Äquatornähe auf. Im Aktivitätsmaximum erheben sich diese wimpelförmigen Feldstrukturen nahezu gleichverteilt über dem Sonnenrand. In solchen Zeiten können mehrfach am Tag energiereiche Flares und koronale Masseauswürfe das Weltraumwetter stürmisch gestalten. Der schnelle Sonnenwind strömt stets entlang offen erscheinender magnetischer Feldstrukturen aus sogenannten koronalen Löchern. So werden die oft großräumigen Gebiete bezeichnet, die auf UV- und Röntgenlicht-Aufnahmen der Sonne besonders dunkel erscheinen.

Die Sonne besitzt nicht nur starke Feldstrukturen mit Flussdichten bis zu 3500 G in den parallel und nahe zum Äquator orientierten Aktivitätsgebieten. In den Feldstrukturen der Protuberanzen, die im Laufe des Zyklus polwärts wandern und hier die Sonne umrundende „Polarkronen" bilden können, werden magnetische Flussdichten von bis zu etwa 100 G gemessen. Das globale Sonnenmagnetfeld besitzt Stärken von maximal nur etwa 10 G. Ihre geöffnet erscheinenden Feldstrukturen gehen strahlenförmig von den Polgebieten der Sonne aus (Abb. 2.8).

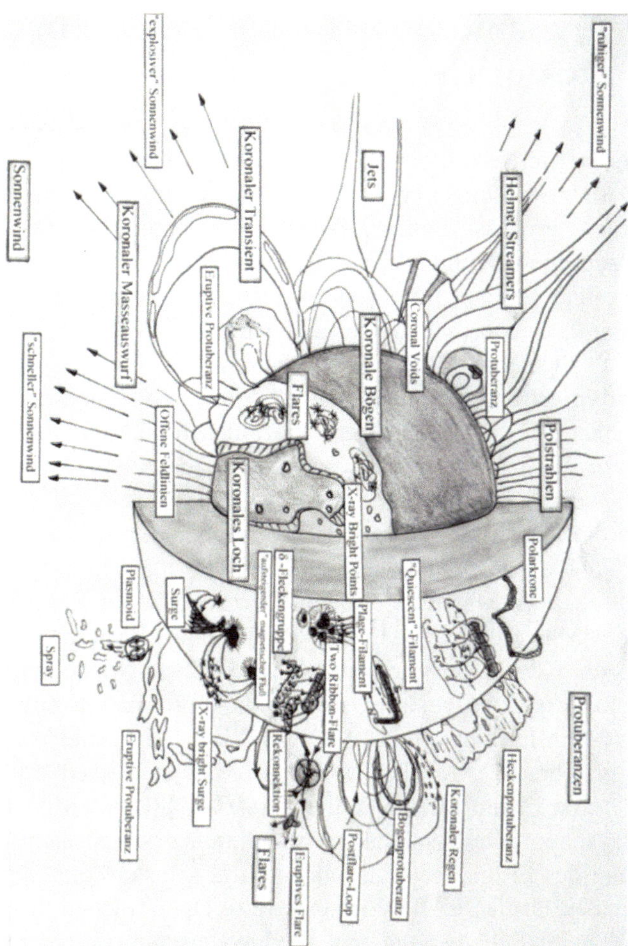

Abb. 2.8 Blick in den Zoo der „magnetischen" Phänomene in der Sonnenatmosphäre. Bogen-, Hecken- und eruptive Protuberanzen, Flares und koronale Masseauswürfe prägen die dynamischen Prozesse der aktiven Sonne in besonderer Weise. Die in Schockfronten wechselwirkenden unterschiedlichen Formen des Sonnenwindes strömen regelmäßig in den interplanetaren Raum hinaus. Die Abbildung veranschaulicht die in der Sonnenatmosphäre in diesem Zusammenhang zu beobachtenden vielfältigen Phänomene und verdeutlicht die herausragende Bedeutung des Einflusses magnetischer Prozesse. (© U. v. Kusserow)

2.3   Dynamotheorien zur Erzeugung kosmischer Magnetfelder

Für den Betrieb technischer Geräte werden elektrische Ströme durch die in Batterien durch chemische, in Generatoren durch magnetisch vermittelte Prozesse erzeugte elektrische Spannung (Potenzialdifferenz) getrieben. Während beim Fahrrad-„Dynamo" ein rotierender mehrpoliger Permanentmagnet entscheidend für die Spannungserzeugung verantwortlich ist, sollte der Induktionsprozess bei einem „echten" Dynamo selbsterregt verlaufen. Bei einem solchen Generatortyp erfolgt die Spannungsinduktion, ausgehend von einem schwächeren Saatfeld, in einem speziellen Rückkopplungsprozess ohne erforderliches Vorhandensein eines Dauermagneten.

Durch die Konstruktion eines Scheibendynamos verwirklichte Michael Faraday bereits 1831 seine Idee, dass man mithilfe einer in einem ruhenden Magnetfeld rotierenden Scheibe aus elektrisch leitfähigem Material Spannung erzeugen könnte. Basierend auf dem 1867 von Werner von Siemens (1816–1892) entwickelten Prinzip des selbsterregten Dynamos, veröffentlichte in diesem Zusammenhang Joseph Larmor (1857–1942) im Jahre 1919 seine Vorstellungen zum Thema: „Wie die Sonne zum Magneten werden könnte". 1955 stellte Edward Crisp Bullard (1907–1980) das Modell eines Faradayschen Scheibendynamos vor, durch das sich auch die Erzeugung des Erdmagnetfeldes anhand des selbsterregten Dynamoprinzips erklärt lässt. Die Wirkungsweise eines solchen theoretisch realisierbaren Scheibendynamos wird in Einschub 1 erläutert.

> **?** **Einschub 1. Modell eines Scheibendynamos**
>
> Nach dem modellhaften Design eines Scheibendynamos rotiert eine elektrisch leitfähige metallische Scheibe mit der Winkelge- ▶

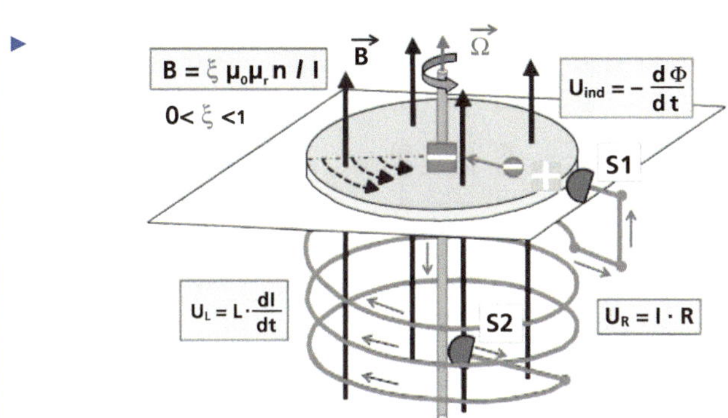

Abb. 2.9 Modellvorstellung zur Magnetfelderzeugung in einem Scheibendynamo. (© U. v. Kusserow)

schwindigkeit $\vec{\Omega}$ in einem homogenen Magnetfeld der Flussdichte $\vec{B}$ (Abb. 2.9). Ein spulenförmig in geeigneter Richtung das Magnetfeld umschließendes raumfestes Leiterkabel verbindet den Scheibenrand über die Schleifkontakte S1 und S2 mit der Rotationsachse. Mit der Scheibe in Rotationsrichtung bewegte Elektronen erfahren als freie Ladungsträger Lorentzkräfte im Magnetfeld, die sie zur Rotationsachse treiben. Über die beiden Schleifkontakte durchlaufen die Elektronen den spulenförmig aufgewickelten elektrischen Leiter in Pfeilrichtung geeignet so, dass das durch sie erzeugte Magnetfeld ein ursprünglich nur schwaches Saatfeld in einem Rückkopplungsprozess zunehmend bis zu einem Sättigungswert verstärken kann.

Zur Herleitung der Bedingungen für die Anregung, das heißt die Ingangsetzung eines solchen Scheibendynamos, lässt sich eine der bekannten Kirchhoff'schen Regeln anwenden. Die Summe der Spannungen in einem Leiterkreis muss danach stets null sein.

$$U_R + U_L + U_{ind} = 0 \qquad (1.1)$$

Aufgrund der Stromstärke I ergibt sich nach dem Ohm'schen Gesetz ein Spannungsabfall $U_R = IR$ an den Widerständen des Stromkreises der Gesamtstärke R. Der induktive Spannungsabfall an der Spule mit einer Induktivität L hängt gemäß $U_L = L\,dI/dt$ von der zeitlichen ▶

▶ Änderungsrate der Stromstärke ab. Die in der Scheibe nach dem Induktionsgesetz erzeugte, der Stromstärke proportionalen Spannung U_{ind} lässt sich gemäß

$$U_{ind} = -\frac{d\Phi}{dt} \approx -\frac{\Phi}{T} = -f\Phi = -fkI \tag{1.2}$$

abschätzen. In der Zeit T rotiert die Scheibe einmal herum. Der magnetische Fluss ändert sich dabei etwa um den Wert Φ. $f = 1/T$ beschreibt die Umlauffrequenz der Scheibe. Bei diesem Modellexperiment lässt sich der Fluss gemäß $\Phi = BA$ als Produkt aus dem Betrag der magnetischen Flussdichte B und der senkrecht von den Feldlinien durchstoßenen Fläche mit dem Inhalt A ermitteln. Bei konstantem A und der direkten Proportionalität der Flussdichte B zur Stromstärke I gilt folglich die Beziehung $\Phi = kI$ mit einer Proportionalitätskonstanten k.

Setzt man die einzelnen Terme für U_R, U_L und U_{ind} in (1.1) ein, so ergibt sich eine Differenzialgleichung, mit der sich die zeitliche Entwicklung der Stromstärke I ermitteln lässt.

$$L\frac{dI}{dt} + (R - fk)I = 0 \tag{1.3}$$

Für den Lösungsansatz

$$I(t) = I_0 e^{pt} \Rightarrow \frac{dI(t)}{dt} = pI_0 e^{pt} \tag{1.4}$$

kann es eine Zunahme oder Konstanz der Stromstärke I und damit auch der magnetischen Flussdichte B nur für $p \geq 0$ geben. Setzt man die beiden unter (1.4) notierten Gleichungen in (1.3) ein, so ergibt sich die zeitunabhängig geltende Beziehung $p = (fk - R)/L$. Ab einer kritischen Frequenz

$$f_{krit} = R/k \tag{1.5}$$

wird der Wachstumskoeffizient p positiv. Der Scheibendynamo ist dann für die Erzeugung magnetischer Felder aus einem anfänglich schwachen Saatfeld angeregt.

Aufgrund der für dieses Modell des Scheibendynamos geltenden Beziehungen $\Phi = BA = \xi\mu n\ell I\pi r^2 = kI$ lässt sich der Wert für k zu ▶

$$k = \xi \mu n \ell \pi r^2 \tag{1.6}$$

berechnen. Die konstanten Größen n, ℓ, r und μ geben die Windungszahl und Länge der Spule, den Radius der vom Magnetfeld durchsetzten Fläche beziehungsweise die magnetische Permeabilität des Spulenmaterials an. Die Größe ξ stellt ein Maß für die durch technische Unzulänglichkeiten des Modellexperiments zu erwartenden Einschränkungen der Effektivität der Magnetfelderzeugung dar. Diese Größe sollte Werte zwischen 0 und 1, im Idealfall den Wert 1 annehmen.

Die praktische Realisierung eines Scheibendynamo-Modells in einem realen Experiment stößt auf große Schwierigkeiten und ist bisher nicht gelungen. Um eine Zerstörung der Versuchsapparatur zu vermeiden, darf die für die Anregung des Dynamoprozesses mithilfe der Gl. (1.5) und (1.6) zu berechnende kritische Umlauffrequenz der Scheibe nicht allzu hohe Werte annehmen. Entsprechend große Werte für n, ℓ, r und μ in einem dadurch besonders groß dimensionierten Experiment würden dies ermöglichen. Ein zentrales Problem für die Realisierung eines Scheibendynamos stellt der allzu starke elektrische Widerstand R im Bereich der beiden Schleifkontakte dar. Es gibt Überlegungen für ein Experiment, bei dem diese Kontakte durch Rotation der Scheibe in einer metallischen Flüssigkeit wesentlich verbessert werden könnten.

In einer relativ homogen strukturierten, im Zentrum bis zu etwa 15 Mio. Grad heißen Plasmakugel wie der Sonne können natürlich keine in metallischen Kabeln fließenden elektrischen Ströme die beobachteten magnetischen Feldstrukturen erzeugen. Bei technischen Generatoren sind die elektrischen Leiterbahnen gegeneinander isoliert, um Eisenkerne herum teilweise auf starr rotierenden Vorrichtungen stabil installiert. Demgegenüber stellt das aus frei beweglichen geladenen und neutralen Teilchen zusammengesetzte, relativ gleichmäßig verteilte Plasma als Ganzes einen sich ständig in Bewegung befindlichen elektrischen Leiter dar. Die vorwiegend für den Ladungstransport im Sonneninneren verantwortlichen negativ geladenen Elektronen bewegen sich im Sonneninneren aufgrund ihrer geringeren Masse wesentlich flexibler als die trägeren Ionen. Die positiv geladenen Teilchen bestimmen wegen ihrer großen Masse den Transport der Materie. Zur Anregung eines erfolgreichen kosmischen Dynamoprozesses muss die leitfähige Materie mit den in sie eingefrorenen Magnetfelderstrukturen in geeignete Bahnen gelenkt werden.

Im Zentrum der Sonne wird die Energie durch Kernfusion erzeugt. Während der Energietransport im inneren Bereich der Sonne (Strahlungszone) durch Strahlung erfolgt, wird die Wärme im äußeren Bereich der Sonne (Konvektionszone) in Form von Konvektionsströmungen transportiert. In den durch turbulente Strömungsmuster gekennzeichneten äußeren Hüllen rotierender sonnenähnlicher Sterne findet ein notwendiger Transport von Drehimpuls statt. Er erfolgt in Form von Scherströmungen (sogenannte differenzielle Rotation) sowie durch eine einem Fließband ähnelnde Umlaufströmung zwischen den Äquator- und Polregionen (meridionale Zirkulation).

Ausgehend von einem bereits vor der Sternentstehung existenten magnetischen Saatfeld, können kosmische Magnetfelder durch geeignet gelenkte Plasmaströme in Dynamoprozessen erzeugt werden. Die mögliche Wirkungsweise eines Sonnendynamos lässt sich in einem einfachen bildhaften Entwicklungsszenario erläutern. Das Prinzip der „Eingefrorenheit" magnetischer Feldlinien stellt dabei ein zentrales Element in dem verwendeten anschaulichen Modellbild dar.

Differenzielle Rotation und der ω-Effekt Mit Methoden der Helioseismologie kann gezeigt werden, dass die Winkelgeschwindigkeit in der solaren Konvektionszone in Abhängigkeit von der heliografischen Breite und dem Abstand vom Sonnenzentrum mehr oder weniger stark variiert. Die Existenz der differenziellen Rotation lässt sich anhand des Studiums der Bewegungen von Sonnenflecken und anderer markanter solarer Phänomene bestätigen. So rotiert beispielsweise der solare Äquator mit einer Umlaufszeit von etwa 25 Tagen deutlich schneller als die polnahen Gebiete mit einer Umlaufzeit von bis zu 32 Tagen.

Geht man im Folgenden davon aus, dass zu einem bestimmten Zeitpunkt eine in der Meridionalebene gelegene, als poloidal bezeichnete magnetische Feldstruktur, eingefroren in die Plasmamaterie, im Sonneninneren existieren möge. Unter dem Einfluss differenzieller Rotation würde sie mehr und mehr azimutal aufgewickelt werden. Es würden sich nahezu parallele, in Rotationsrichtung leicht zum Äquator geneigte, sogenannte toroidale Feldstrukturen ausbilden (Abb. 2.10). Dieser aufgrund von Scherströmungen, also Differenzen in der Winkelgeschwindigkeit, wirksame magnetische Induktionsprozess wird in Fachkreisen naheliegend als ω-Effekt bezeichnet. Nach neuesten Erkenntnissen tritt er besonders wirkungsvoll in einer als Tachocline-Zone bezeichneten, etwa 300.000 km unterhalb der Sonnenoberfläche liegenden Grenzschicht auf. Sie trennt die tiefer im Sonneninneren gelegene, stabil geschichtete, relativ starr rotierende Strahlungszone, in der der Wärmetransport durch Strahlung erfolgt, von der darüberliegenden turbulenten Konvektionszone.

Die Tatsache, dass die Polaritätsverhältnisse in den Fleckengruppen auf der Nord- und Süd-Hemisphäre in der Regel unterschiedlich sind, lässt sich anhand dieser Modellbetrachtungen leicht bestätigen (Abb. 2.10 *unten*). Die Ausrichtung der toroidalen Feldlinien ist auf der Nordhalbkugel entgegengesetzt zu der auf der Südhalbkugel. Könnte es nicht sein, dass diese in der Tachocline-Region erzeugten Feldkomponenten im Laufe der Zeit durch die Konvektionszone aufsteigen und danach das charakteristische magnetische Erscheinungsbild der Sonnenfleckengruppe auf der Sonnenoberfläche prägen?

Magnetischer Auftrieb Wenn starke toroidale magnetische Flussröhren durch die Aufwicklung poloidaler Feldstrukturen im Inneren der Sonne entstanden sind, dann können magnetisch ausgelöste Instabilitäten ihren Aufstieg durch die Konvektionszone tatsächlich bewirken (Abb. 2.11, BT 06 *oben*). Der Gasdruck p_i der Plasmamaterie wird innerhalb einer Flussröhre durch einen magnetischen Druck p_m verstärkt. Im Druckgleichgewicht

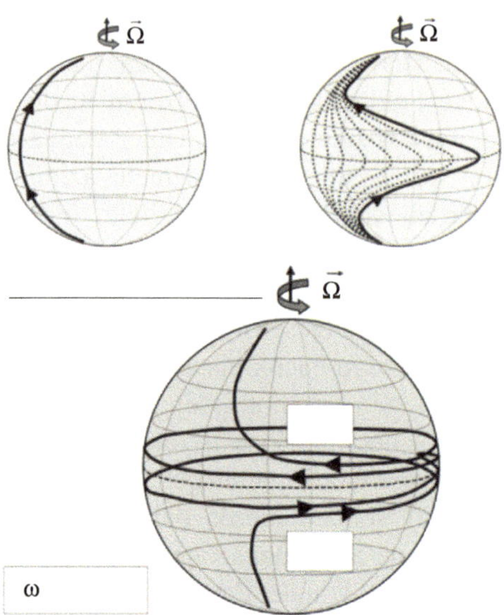

Abb. 2.10 Differenzielle Rotation und der ω-Effekt. Das aufgrund eines Gradienten in der Winkelgeschwindigkeit $\vec{\Omega}$ entstandene Strömungsprofil wird als differenzielle Rotation bezeichnet. Steigt in einer differenziell rotierenden Plasmakugel der Wert von $\vec{\Omega}$ mit zunehmender Äquatornähe an, so werden ursprünglich in meridionaler Richtung verlaufende „poloidale" magnetische Feldlinien aufgrund ihrer Eingefrorenheit in die Materie in azimutaler Richtung aufgewickelt. Es entstehen in beiden Kugelhemisphären fast parallel, in Rotationsrichtung ein wenig in Richtung zum Äquator geneigt, ausgerichtete, verdichtet aufgewickelte „toroidale" Feldlinien. Die Orientierung der magnetischen Feldstrukturen ist in den beiden Hemisphären unterschiedlich. Die Umformung von poloidalen in toroidale Feldstrukturen unter Einfluss von Scherströmungen wird im Rahmen der Dynamotheorie als ω-Effekt bezeichnet. (© U. v. Kusserow)

muss der Gesamtinnendruck mit dem äußeren Gasdruck p_a übereinstimmen. Dies ist nur möglich, wenn p_i kleiner als p_a ist. Unter idealen Gasbedingungen unter zusätzlicher Annahme eines Temperaturgleichgewichts ($T_i = T_a$) zwischen dem Innen- und Außenbereich der Flussröhre muss die Gasdichte ρ_a im

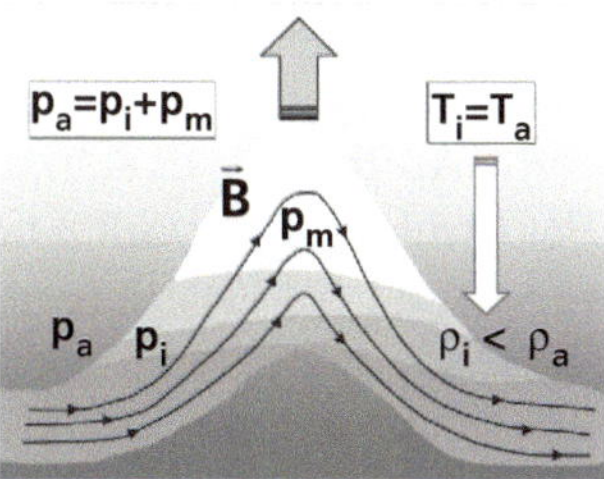

Abb. 2.11 Magnetischer Auftrieb Stimmt bei Druckgleichgewicht der aus Gasdruck p_i und magnetischem Druck p_m zusammengesetzte Gesamtinnendruck innerhalb einer magnetischen Flussröhre mit dem äußeren Gasdruck p_a überein, so kann die magnetische Flussröhre durch das sie umgebende Medium aufsteigen. Wenn nämlich bei Isothermie Innentemperatur und Außentemperatur übereinstimmen und ideale Gasbedingungen vorausgesetzt sind, dann muss die Innendichte ρ_i kleiner als die Außendichte ρ_a sein, sodass die Flussröhre magnetisch vermittelt einen Auftrieb erfährt. Magnetische Spannungskräfte behindern allerdings die Verformung und damit auch diesen Aufstieg magnetischer Flussröhren. Die Plasmamaterie rutscht beim Aufsteigen der mit Plasma gefüllten Flussröhre entlang der Magnetfeldstrukturen nach unten ab. Durch zunehmende Materieverdichtung kann die Lagerung der lokal instabil gewordenen Flussröhre in den Randbereichen stabilisiert und ein großräumiger, globaler Aufstieg der Feldstrukturen verhindert werden. (© U. v. Kusserow)

äußeren Medium größer sein als die Dichte ρ_i im Inneren der Magnetfeldstruktur. Die innerhalb der Flussröhre deshalb leichtere Materie erfährt so einen durch Wirkung des Magnetfeldes vermittelten Auftrieb. Aufgrund der Eingefrorenheit der Feldlinien steigt die Flussröhre mit auf. Die in ihr enthaltene geladene Materie sinkt seitlich entlang der Feldstrukturen ab und stabilisiert deren Randbereiche (siehe Abb. 2.11).

Bei diesem durch magnetischen Auftrieb bewirkten Aufstieg der mit Plasma gefüllten Flussröhren erfahren die in sie eingefrorenen magnetischen Feldstrukturen starke Verformungen. Im einfachen Modellbild betrachtet, müsste die erzwungene Verlängerung der Feldlinien dabei den Widerstand der magnetischen Spannung überwinden, deren Bestreben ja die Verkürzung der Feldlinien ist. Ein Aufstieg kann nur dann erfolgreich sein, wenn die durch den magnetischen Druck bewirkte Auftriebskraft stärker als die rückhaltende Spannungskraft der Feldstrukturen ausfällt. Die starke Abnahme der Materiedichte im oberen Teil der Flussröhre unterstützt den Prozess des magnetischen Auftriebs positiv.

Konvektion, Corioliskraft und der α-Effekt Damit der Dynamoprozess die nachhaltige Verstärkung der Magnetfelder bewirkt, müsste ein zweiter Induktionseffekt die anfangs als poloidal verlaufend angenommenen Feldstrukturen aus den toroidalen Feldkomponenten immer wieder regenerieren. Konvektive, turbulente Strömungsmuster, die in rotierenden Himmelsobjekten unter Einfluss der Corioliskraft stehen, ermöglichen einen solchen Prozess. Die im einfachen Modellbild wie eingefroren mit der heißen Plasmamaterie aufsteigenden toroidalen Feldlinien dehnen sich in den nach oben hin zunehmend dünneren Materieschichten seitlich aus und werden durch die Wirkung der Corioliskraft helikal verformt (Abb. 2.12). Es entstehen, wie gewünscht, meridional ausgerichtete Magnetfelder.

Die überall mit gleicher magnetischer Orientierung erzeugten kleinskaligen poloidalen Feldlinienkomponenten können sich anschließend überlagern. Durch den als magnetische Rekonnexion bezeichneten Prozess verschmelzen sie wieder zu großskaligeren poloidalen Feldstrukturen. Unter Wissenschaftlern wird der die Regeneration der poloidalen aus den toroidalen Feldern bewirkende Induktionsprozess allgemein als α-Effekt bezeichnet. Der Buchstabe α steht dabei für eine mathematische Größe, die die speziellen Eigenschaften dieses Prozesses in mathematischen Modellrechnungen repräsentiert. E. N. Parker gehörte zu den Wissenschaftler, die die grundlegende Idee zur Wirkung dieses α-Effektes entwickelten.

Modellbild eines solaren $\alpha\omega$-Dynamos Der Dynamoprozess kennzeichnet einen Vorgang, bei dem kinetische Energie in elekt-

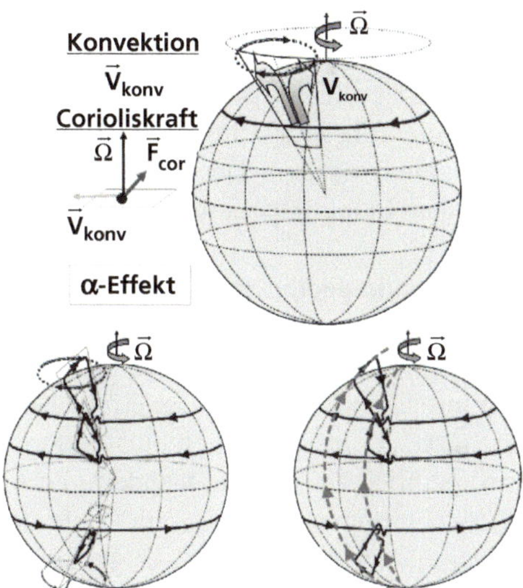

Abb. 2.12 Konvektion, Corioliskraft und der α-Effekt. Ursprünglich toroidale Feldstrukturen können in einer Plasmakugel unter dem Einfluss von Konvektionsströmungen von Corioliskräften in poloidale Feldstrukturen verformt werden. Mit der Geschwindigkeit $\vec{V}_{konv}$ aufsteigende und sich seitlich ausdehnende Materiestrukturen erfahren in einem mit der Winkelgeschwindigkeit $\vec{\Omega}$ rotierenden Systemen die Trägheitskraft $\vec{F}_{cor}$. Ihre Stärke ist proportional zum Betrag des Kreuzprodukts $\vec{\Omega} \times \vec{V}_{konv}$. Die in eine Richtung jeweils senkrecht zu den beiden Vektoren $\vec{V}_{konv}$ und $\vec{\Omega}$ wirkende Corioliskraft erzeugt ein helikales Strömungsprofil. Im einfachen Modellbild überlagern sich die in die Plasmamaterie eingefrorenen und mit ihr verdrillt aufsteigenden Feldstrukturen zu resultierend großskaligeren, poloidalen Magnetfeldstrukturen. Der unter Einfluss von Konvektionsströmungen und Corioliskräften wirksame Induktionsmechanismus wird im Rahmen der Dynamotheorie zur Erzeugung kosmischer Magnetfelder als α-Effekt bezeichnet. (© U. v. Kusserow)

romagnetische Energie umgewandelt wird. In der rotierenden und durch Fusionsprozesse geheizten Sonne bewirken geeignet verlaufende Strömungen im elektrisch leitfähigen Plasma die selbsterregte Erzeugung solarer Magnetfelder aus einem ursprünglichen magnetischen Saatfeld. Ein solches fossiles Feld hat es in der interstellaren Materie vor der Sterngeburt am Entstehungsort der Sonne mit Sicherheit gegeben. Jede poloidale Komponente dieses Magnetfeldes könnte durch den ω-Effekt in azimutal verlaufende toroidale Feldstrukturen umgewandelt werden. Der α-Effekt würde die Regenerierung der poloidalen Feldkomponenten bewirken (Abb. 2.13).

Wenn also in der Sonne geeignete Strömungsstrukturen zur Realisierung dieser beiden wechselseitig wirksamen Induktionseffekte existieren, dann könnte ein solches $\alpha\omega$-Dynamomodell die zeitliche und räumliche Entwicklung solarer Magnetfelder erklären. Warum aber nimmt die Stärke der magnetischen Flussdichte zum Aktivitätsmaximum hin so deutlich zu? Warum wandern die Aktivitätszonen, in denen die Fleckengruppen entstehen, im Laufe des Zyklus mehr und mehr auf den Sonnenäquator zu? Ungeklärt bleibt zunächst auch die Frage, warum sich die solaren Magnetfeldstrukturen im Laufe des Sonnenzyklus immer wieder so regelmäßig umpolen.

Modellbild eines Flusstransport-Dynamos Mithilfe von Magnetogrammen kann heute die zeitliche Entwicklung der Stärke und räumlichen Verteilung der Magnetfeldstrukturen auf der Sonnenoberfläche hochaufgelöst verfolgt werden. Es lässt sich dabei zeigen, dass Protuberanzen und die nach Zerfall der Aktivitätsgebiete übrig gebliebenen, durch Diffusionsprozesse zusätzlich geschwächten magnetischen Felder, im Gegensatz zu den Sonnenfleckengruppen, systematisch polwärts driften. Sie bewirken hier offensichtlich die nach Durchlaufen des Aktivitätsmaximums erfolgende Umpolung des globalen solaren Magnetfeldes. Tatsächlich konnte inzwischen gezeigt werden, dass die einem Fließband ähnelnde meridionale Strömung für den advektiven und stetigen Transport des oberflächlicheren magnetischen Flusses in die jeweiligen Polgebiete der Sonne wesentlich verantwortlich ist.

Die mit dem sogenannten Flusstransport-Dynamomodell arbeitenden Wissenschaftler bauen deshalb neben den α- und ω-Effekten

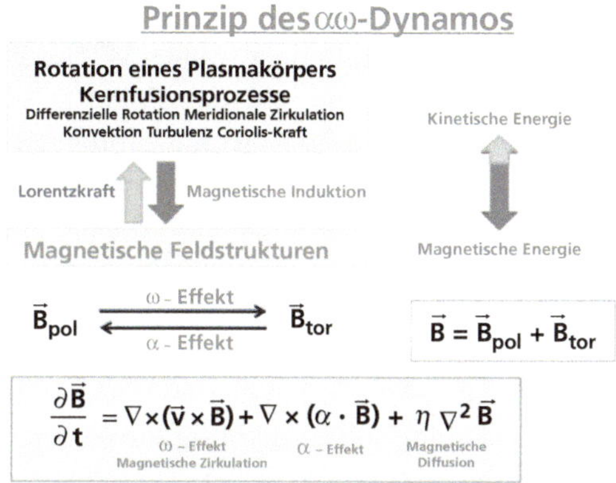

$$\vec{B}_{pol} \quad \underset{\alpha-\text{Effekt}}{\overset{\omega-\text{Effekt}}{\rightleftarrows}} \quad \vec{B}_{tor} \qquad \vec{B} = \vec{B}_{pol} + \vec{B}_{tor}$$

$$\frac{\partial \vec{B}}{\partial t} = \nabla \times (\vec{v} \times \vec{B}) + \nabla \times (\alpha \cdot \vec{B}) + \eta\, \nabla^2 \vec{B}$$

Abb. 2.13 Wirkungsweise des αω-Dynamos. Dieses Modellbild erklärt, wie in einem kosmischen Dynamoprozess magnetische Energie aus Bewegungsenergie erzeugt werden kann. Induktionsprozesse durch Scherströmungen sowie turbulente Konvektionsströmungen unter dem Einfluss der Corioliskraft in einem rotierenden Himmelsobjekt regenerieren magnetische Feldstrukturen selbsterregt aus einem anfänglichen Saatfeld. Die in meridionaler beziehungsweise azimutaler Richtung verlaufenden poloidalen und toroidalen Komponenten $\vec{B}_{pol}$ und $\vec{B}_{tor}$ der magnetischen Flussdichte $\vec{B}$ werden dabei wechselweise durch die als ω-beziehungsweise α-Effekt bezeichneten Induktionsprozesse ineinander umgewandelt. Bei geeigneter Anregung des Dynamoprozesses führt dies gemäß der angegebenen Induktionsgleichung zu einer häufiger zeitlich periodischen Entwicklung der magnetischen Feldstrukturen. Durch magnetische Diffusionsprozesse und Rückwirkung der magnetischen Lorentzkraft auf die Strömungsstrukturen bleibt die ortsabhängigen Stärke der magnetischen Flussdichten auf einen maximalen Sättigungswert begrenzt. (© U. v. Kusserow)

sowie wichtigen supergranularen Diffusionsprozessen diesen als „meridionale Zirkulation" bezeichneten Transportprozess als wichtiges Element zur Erklärung auch der periodischen Aspekte des etwa 22-jährigen magnetischen Aktivitätszyklus ein. Bildtafel 06 (unten) veranschaulicht die im Folgenden erläuterte Funktionsweise eines Flusstransport-Dynamos.

Protuberanzenfelder sowie andere poloidale Feldstrukturen migrieren nach diesen Modellvorstellungen polwärts. Sie transportieren magnetischen Fluss vorwiegend mit der Polarität nachfolgender Fleckengruppen, was im Laufe der Zeit eine Umpolung des globalen Magnetfeldes der Sonne bewirkt. Zum Bild dieses in sich geschlossenen, ohne Materiestau arbeitenden meridionalen Förderbandes gehört es, dass die magnetisierte Plasmamaterie in Polnähe wieder tief ins Sonneninnere absinkt. Der am Boden der Konvektionszone durch helioseismologische Untersuchungen nachgewiesene starke Gradient in der Winkelgeschwindigkeit bewirkt dort eine Aufwicklung der poloidalen Felder, die Entstehung toroidaler Felder. In der Tachocline-Grenzschicht könnten diese im Vergleich zum vorangegangenen Zyklus mit entgegengesetzter magnetischer Orientierung versehenen Feldstrukturen gespeichert werden.

Die bisher durch Messungen noch nicht nachweisbare meridionale Rückströmung am Boden der solaren Konvektionszone könnte die gebündelten starken toroidalen Magnetfelder auf ihrem Weg zum Äquator mitnehmen. Durch Instabilitäten ausgelöst und durch magnetischen Auftrieb vermittelt, würden die Flussröhren, aufgrund wirkender Corioliskräfte in einer hemisphärenabhängigen Vorzugsrichtung verdreht, durch die Konvektionszone aufsteigen. Beim Durchstoß durch die Sonnenoberfläche entständen dadurch Fleckengruppen mit den umgekehrten Polaritätsverhältnissen des neuen Fleckenzyklus.

Im Modellbild des Flusstransport-Dynamos bestimmen die Geschwindigkeit der meridionalen Zirkulationsbewegung sowie magnetische Diffusionsprozesse die Periode des solaren Aktivitätszyklus. Ein rückwirkender Einfluss magnetischer Felder auf die meridionale Zirkulation, auf die differenzielle Rotation und den α-Effekt könnte danach die Variabilität der Länge und Stärke des jeweiligen Zyklus erklären. Dieses anschauliche Modell erklärt die Übereinstimmung des Zeitpunkts maximaler Fleckenrelativzahl mit der der Umpolung der polaren Felder.

Modellrechnungen zum Dynamoprozess Wissenschaftler analysieren die Dynamoprozesse mithilfe von Modellrechnungen und direkten numerischen Simulationen. Zur Ermittlung der zeitlichen Entwicklung $\frac{\partial \vec{B}}{\partial t}$ der magnetischen Flussdichte $\vec{B}\,(\vec{x}, t)$ benutzen sie dabei die im Rahmen der Magnetohydrodynamik in Einschub 2 hergeleitete, näherungsweise gültige Induktionsgleichung

$$\frac{\partial \vec{B}}{\partial t} = \vec{\nabla} \times (\vec{v} \times \vec{B}) + \eta\, \vec{\nabla}^2 \vec{B}.$$

Ausgehend von einem magnetischen Saatfeld ermöglichen danach geeignete Geschwindigkeitsfelder $\vec{v}$ die selbsterregte Erzeugung stärkerer Felder nach dem Dynamoprinzip aufgrund magnetischer Induktion. Diesem Sachverhalt trägt der erste Term $\vec{\nabla} \times (\vec{v} \times \vec{B})$ auf der rechten Seite der Induktionsgleichung Rechnung. Während durch ihn die Magnetfelder verstärkt werden können, sorgt der zweite, als Diffusionsterm $\eta\,\vec{\nabla}^2 \vec{B}$ bezeichnete Ausdruck eher für einen möglichen Abbau der Magnetfelder. Die die Stärke der Diffusion beschreibende Konstante $\eta = 1/\mu\sigma$ hängt von der magnetischen Permeabilität μ und der elektrischen Leitfähigkeit σ des Plasmas ab.

In den als kinematisch bezeichneten Modellrechnungen werden die Rückwirkungen der magnetischen Kräfte auf die Materialströmungen der Plasmamaterie vollständig vernachlässigt oder nur relativ pauschal berücksichtigt. Im Rahmen magnetohydrodynamischer Rechnungen müssten die komplexen, nicht linearen Wechselwirkungsprozesse zwischen den Strömungs- und Magnetfeldstrukturen durch Einbau der Lorentzkräfte in die Bewegungsgleichung für die Materie berücksichtigt werden. Die für ein tieferes Verständnis der Dynamoprozesse durchzuführenden realistischen, zeitlich und räumlich hochaufgelösten, alle drei räumlichen Dimensionen berücksichtigenden numerischen Simulationen erfordern einen bisher nur begrenzt realisierbar großen Rechenaufwand.

1934 veröffentlichte Thomas G. Cowling (1906–1990) im Zusammenhang mit der Dynamotheorie ein Theorem, das die physikalische Öffentlichkeit damals in Aufregung versetzte. Er konnte mathematisch nachweisen, dass keine axialsymmetrischen magnetischen Felder durch Bewegungen leitender Fluide erzeugt werden können. Weitere Anti-Dynamotheoreme führten zu einem Paradigmenwechsel, der eine kritische Betrachtung der bis dahin vorgeschlagenen Dynamoprozesse zur Folge hatte. So können beispielsweise rein azimutale Geschwindigkeitsfelder keine kosmischen Magnetfelder erzeugen.

? Einschub 2. Herleitung der Induktionsgleichung

Die folgenden nach J. C. Maxwell benannten partiellen Differenzialgleichungen beschreiben den Zustand und die Entwicklung elektromagnetischer Phänomene. Sie bestimmen unter gegebenen Randbedingungen den Zusammenhang räumlich sowie zeitlich variabler elektrischer Feldstärken $\vec{E}(\vec{x}, t)$ und magnetischer Flussdichten $\vec{B}(\vec{x}, t)$ in einem Medium mit der elektrischen Permittivität ε, der Ladungsdichte ρ, der magnetischen Permeabilität μ sowie der Stromdichte $\vec{j} = \rho\vec{v}$. Im MKS-System gelten die Gleichungen:

$$\vec{\nabla} \cdot \vec{E} = \frac{\rho}{\varepsilon} \qquad (2.1) \quad \text{Gauß'sches Gesetz für } \vec{E}$$

$$\vec{\nabla} \cdot \vec{B} = 0 \qquad (2.2) \quad \text{Gauß'sches Gesetz für } \vec{B}$$

$$\vec{\nabla} \times \vec{E} = -\frac{\partial \vec{B}}{\partial t} \qquad (2.3) \quad \text{Faraday'sches Induktionsgesetz}$$

$$\vec{\nabla} \times \vec{B} = \mu\vec{j} + \mu\varepsilon\frac{\partial \vec{E}}{\partial t} \qquad (2.4) \quad \text{Ampère'sches Gesetz}$$

Die einzelnen Komponenten des für kartesische Koordinaten durch $\vec{\nabla} = (\partial/\partial x, \partial/\partial y, \partial/\partial z)$ darstellbaren Nabla-Operators werden zur ▶

▶ Charakterisierung der räumlichen Änderung von physikalischen Messgrößen angewandt. Wird dieser Vektor-Operator durch skalare Multiplikation auf einen Vektor $\vec{V}$ angewandt, so definiert $\mathrm{div}\,\vec{V} \equiv \vec{\nabla} \cdot \vec{V}$ ein Maß für die lokale Quellenergiebigkeit dieses Vektorfeldes aus einem unendlich kleinen Volumen heraus. Es werden dabei nach der Definition des Skalarproduktes zweier Vektoren allein die Komponenten $\partial v_x/\partial x$, $\partial v_y/\partial y$ und $\partial v_z/\partial z$ ermittelt, die Veränderungen in Richtung des Vektorfeldes $\vec{V}(\vec{x}, t)$ beschreiben. Bei der Verknüpfung des Nabla-Operators über eine vektorielle Multiplikation gemäß $\mathrm{rot}\,\vec{V} \equiv \vec{\nabla} \times \vec{V}$ werden nach der Definition des Kreuzproduktes zweier Vektoren Größen wie beispielsweise $\partial v_y/\partial x - \partial v_x/\partial y$ bestimmt, die Veränderungen jeweils quer zu den einzelnen Vektorkomponenten beschreiben. Mit $\mathrm{rot}\,\vec{V}$ lässt sich die lokale Wirbeldichte eines Vektorfeldes $\vec{V}(\vec{x},t)$ ermitteln. Die partielle Ableitung $\frac{\partial \vec{V}}{\partial t}$ beschreibt schließlich ein Vektorfeld, das jeweils die zeitliche Änderung des Vektors $\vec{V}(\vec{x},t)$ an unterschiedlichen Orten angibt.

Da sich größere Raumladungsdichten und starke elektrische Felder im elektrisch besonders gut leitfähigen Plasma kaum ausbilden, wird die Gl. (2.1) zur Herleitung einer Induktionsgleichung, die die Entwicklung kosmischer Magnetfelder beschreibt, nicht benötigt. Gleichung (2.2) kennzeichnet den Sachverhalt, dass die magnetische Flussdichte ein quellenfreies Vektorfeld darstellt, dessen Feldlinien stets geschlossen sein müssen. Wie elektrische Wirbelfelder durch zeitliche Änderung des Magnetflusses entstehen, klärt das Induktionsgesetz gemäß Gl. (2.3). Gleichung (2.4) beschreibt die Entstehung magnetischer Wirbelfelder durch das Fließen eines elektrischen Stromes. Der $\mu\varepsilon = 1/c^2$ enthaltende Term braucht in dieser Gleichung nicht berücksichtigt zu werden, solange die Geschwindigkeit der Plasmapartikel sehr klein im Vergleich zur Lichtgeschwindigkeit c ausfällt.

Die im Kosmos „frei beweglichen" elektrischen Leiter bewegen sich selbst mit einer Geschwindigkeit $\vec{v}$. Das Ohm'sche Gesetz, das den für technische Schaltungen bekannten Zusammenhang zwischen der Stromstärke I und der Spannung U beschreibt, muss deshalb für die Verhältnisse im magnetisierten Plasma umgeschrieben werden. In einem Medium mit der elektrischen Leitfähigkeit σ gilt dann der folgende Zusammenhang zwischen der Stromdichte $\vec{j}$ und der elektrischen Feldstärke $\vec{E}$. ▶

▶ $$\vec{j} = \sigma(\vec{E} + \vec{v} \times \vec{B}) \qquad\qquad (2.5) \quad \text{Ohm'sches Gesetz}$$

Setzt man diese nach $\vec{E}$ aufgelöste Gleichung in (2.3) ein und ersetzt anschließend $\vec{j}$ durch den mithilfe von (2.4) gewonnenen Ausdruck, so ergibt sich die gewünschte Induktionsgleichung.

$$\frac{\partial \vec{B}}{\partial t} = -\vec{\nabla} \times \vec{E} = -\vec{\nabla} \times (\frac{\vec{j}}{\sigma} - \vec{v} \times \vec{B})$$

$$= \vec{\nabla} \times (\vec{v} \times \vec{B}) - \vec{\nabla} \times (\frac{1}{\mu\sigma} \vec{\nabla} \times \vec{B}) \qquad\qquad (2.6)$$

Diese Gleichung lässt erkennen, dass die magnetische Flussdichte, theoretisch durch ein geeignetes Geschwindigkeitsfeld $\vec{v}$ zeitlich gesehen verstärkt werden kann, wenn ein schwaches „Saatfeld" $\vec{B}$ anfangs vorhanden ist. Der erste Term auf der rechten Seite der Gleichung ermöglicht einen solchen Induktionsprozess. Der zweite Term könnte eine Abschwächung des Feldes bewirken. Er beschreibt den Diffusionsprozess, die Dissipation des Magnetfeldes im Laufe der Entwicklung. Geht man im Folgenden von einem konstanten Wert für die sogenannte Diffusionskonstante $\eta = 1/\mu\sigma$ aus und berücksichtigt man die allgemeingültige Vektorbeziehung $\vec{\nabla} \times (\vec{\nabla} \times \vec{B}) = \vec{\nabla}(\vec{\nabla} \cdot \vec{B}) - \vec{\nabla}^2\vec{B}$ sowie die durch (2.2) ausgedrückte Divergenzfreiheit der magnetischen Flussdichte, so lässt sich die rechte Seite von Gl. (2.6) in eine besonders prägnante Form der Induktionsgleichung umschreiben.

$$\frac{\partial \vec{B}}{\partial t} = \vec{\nabla} \times (\vec{v} \times \vec{B}) + \eta \vec{\nabla}^2\vec{B} \qquad\qquad (2.7)$$

Je größer der felderzeugende Induktionsterm auf der rechten Seite dieser Gleichung im Verhältnis zum feldabschwächenden Diffusionsterm ist, umso größer ist die Chance einer positiven Dynamowirkung zur Erzeugung kosmischer Magnetfelder. Betrachtet man ℓ und V als typische Längen- und Geschwindigkeitsgrößen, so lässt sich dieses Wirkungsverhältnis gemäß (2.8) durch die sogenannte magnetische Reynoldzahl R_m abschätzen. Erst besonders große Werte von R_m oberhalb einer kritischen Reynoldszahl ermöglichen die Erzeugung von Magnetfeldern in Dynamoprozessen. ▶

$$\frac{\left|\vec{\nabla}\times(\vec{v}\times\vec{B})\right|}{\left|\eta\vec{\nabla}^2\vec{B}\right|} \approx \frac{1/\ell VB}{\eta\cdot 1/\ell^2 B} = \frac{\ell V}{\eta} \equiv R_m \qquad (2.8)$$

Jahrzehnte später wurde eine mit den Namen Steenbeck, Krause und Rädler verbundene statistische Theorie zum $\alpha\omega$-Dynamo entwickelt, in der turbulente, nicht rotationssymmetrische Geschwindigkeitsfelder betrachtet wurden. Hierbei werden Geschwindigkeits- und Magnetfelder durch vektorielle Zufallsfunktionen beschrieben. Gemäß $\vec{v} = \langle\vec{v}\rangle + \vec{v}^*$ und $\vec{B} = \langle\vec{B}\rangle + \vec{B}^*$ lassen sie sich jeweils als Summe großskalig gemittelter Größen $\langle...\rangle$ und hier mit Sternchen versehener turbulent fluktuierender kleinskaliger Variationen darstellen. Damit wirkt eine zusätzliche elektromotorische Kraft, die für inhomogene, anisotrope und nicht spiegelsymmetrische Turbulenzen gemäß

$$\frac{\partial\vec{B}}{\partial t} = \vec{\nabla}\times(\vec{v}\times\vec{B}) + \vec{\nabla}\times(\alpha\cdot\vec{B}) + \eta\vec{\nabla}^2\vec{B}$$

eine Umformulierung der obigen Induktionsgleichung zur Folge hat. Der erste Term auf der rechten Seite beschreibt wie bisher die Induktionswirkung aufgrund der differenziellen Rotation. In das Geschwindigkeitsfeld geht auch der Einfluss der meridionalen Zirkulation ein. Der mittlere Term $\vec{\nabla}\times(\alpha\cdot\vec{B})$ auf der rechten Seite dieser Gleichung repräsentiert den α-Effekt. Wie in vorangegangenen Abschnitten beschrieben, werden häufig Konvektionsströmungen unter dem Einfluss der Corioliskraft als Verursacher dieses Effekts betrachtet. Davon abweichende Theorien zur Erklärung der Umwandlung poloidaler in toroidale Feldstrukturen wie die in starken toroidalen Flussröhren aufgrund des magnetischen Drucks einsetzende sogenannte Tayler-Instabilität benutzen aber auch durchaus andere physikalische Wirkungsprinzipien. Die Konstante η im Diffusionsterm der Induktionsgleichung wird in der hier dargestellten Theorie der mittleren Felder („Mean-Field"-Theorie) wesentlich durch einen ergänzenden turbulenten Einfluss der magnetischen Diffusion bestimmt.

Insbesondere bei der Erforschung der Wirkungsprinzipien des Sonnendynamos hat sich im letzten Jahrzehnt die Erkenntnis durchgesetzt, dass zum tieferen Verständnis der Entstehung kosmischer Magnetfelder auch die Berücksichtigung der Entwicklung der sogenannten magnetischen Helizität von zentraler Bedeutung ist. Diese integrale physikalische Größe charakterisiert die Topologie, die Strukturverteilungen und die Verknüpfungsbeziehungen innerhalb der magnetischen Felder. Es lässt sich mathematisch zeigen, dass diese Größe unter idealen Bedingungen bei vernachlässigbaren elektrischen Widerständen im Plasma eine wichtige Erhaltungsgröße darstellt. Durch den α-Effekt wird aber magnetische Helizität stets neu erzeugt. Damit der Dynamoprozess funktioniert, muss dieser Zuwachs an Helizität unbedingt durch einen effektiven Abtransport aus dem Bereich, in dem die Magnetfelder erzeugt werden, umgangen werden. Eine befriedigende mathematische Lösung des Dynamoproblems erfordert deshalb auch die Einbeziehung einer Entwicklungsgleichung für die physikalische Messgröße der magnetischen Helizität.

Um die Dynamoprozesse im Universum zu verstehen, werden heute nicht nur kinematische $\alpha\omega$-Dynamomodellrechnungen zur Erklärung der zeitlichen Entwicklung großskaliger Magnetfeldstrukturen durchgeführt. Bei den direkten Simulationen turbulenter Dynamoprozesse wird darüber hinaus formelmäßig auch der Rückwirkung der erzeugten Magnetfelder auf die Materieströme Rechnung getragen. Lösungen dieser Modellrechnungen erfüllen neben der allgemeinen Induktionsgleichung auch die als Navier-Stokes-Gleichung bezeichnete Bewegungsgleichung der Teilchen, in der die Lorentzkraft eine wichtige Rolle spielt. Die Erklärung der Entstehungsprozesse kosmischer Magnetfelder in Sternen wie der Sonne, aber auch in Galaxien und Planeten erfordert neben der Untersuchung des äußeren Erscheinungsbildes dieser Felder insbesondere auch die Gewinnung von Erkenntnissen über die Energiequelle und die den Dynamoprozess lenkenden Strömungsprozesse innerhalb dieser Himmelsobjekte. Der freie Blick in die Strukturen mancher Spiralgalaxien erscheint für das Studium möglicher magnetischer Induktionsprozesse geeignet zu sein. Demgegenüber laufen die Dynamoprozesse im tiefen Inneren der Planeten vergleichsweise „versteckt" ab.

2.4 Magnetfelder im Planetensystem

Der vom interplanetaren Magnetfeld solaren Ursprungs durchsetzte Sonnenwind sowie die koronalen Masseauswürfe der Sonne durchqueren das Planetensystem bis hinaus zur sogenannten Heliopause, wo sie auf den Widerstand der interstellaren Materie stoßen. Auf ihrem Weg treffen diese magnetisierten Plasmaströme solaren Ursprungs auf die bekannten Planeten unseres Sonnensystems mit ihren Monden, auf Asteroiden und Kometen. Sie wechselwirken mit diesen Himmelsobjekten in vielfältiger Weise.

Merkur, die Gasriesen Jupiter und Saturn sowie die Eisplaneten Uranus und Neptun erzeugen in ihrem Inneren ein eigenes Magnetfeld. Sie können sich so durch eine sie umgebende Magnetosphäre vor allzu hoher Teilchenstrahlen-Belastung schützen. Es muss gute Gründe dafür geben, dass die galileischen Monde Io und Ganymede signifikante dipolartige Magnetfelder aufweisen, demgegenüber im Inneren der Planeten Venus und Mars sowie der Erdmondes kosmische Dynamos aber niemals oder zumindest heute nicht mehr globale Magnetfelder wirken können. Dennoch bilden sich beispielsweise in der Ionosphäre der Venus oder in der Umgebung von Kometen durchaus magnetosphärische Strukturen aus. Sie werden durch das im Sonnenwind einströmende interplanetare Magnetfeld erzeugt.

Der typische Aufbau planetarer Magnetfelder und die Wirkungsweise der sie produzierenden Dynamoprozesse lassen sich aus naheliegenden Gründen am Beispiel der Erde am einfachsten studieren. Für andere Planeten oder Monde sind separate Untersuchungen und spezielle Theoriebetrachtungen erforderlich. Hinsichtlich ihrer Rotationsrate, ihrem Aufbau und der Materiezusammensetzung unterscheiden sie sich in der Regel wesentlich von der Erde.

Die Erdmagnetosphäre Die Magnetopause der Erde bezeichnet die Region oberhalb der Ionosphäre unseres Planeten, in der das erdmagnetische Feld dominierenden Einfluss nimmt (Abb. 2.14). Auf diesen mit dünnem Plasma gefüllten Hohlraum treffen die von der Sonne ausgesandten magnetisierten Plasmawolken. Ständig umströmt ihn der relativ dazu dichtere und kühlere Sonnenwind. Mit der Stärke der Sonnenaktivität stark variierend wird dieser Hohlraum auf der sonnenzugewandten Seite auf einen mittleren Abstand von etwa 10 Erdradien zusammengedrückt. Dieser Zahlenwert wird durch das Gleichgewicht zwischen magnetischem Druck des geomagnetischen Feldes und dem thermischen Druck des Sonnenwindes bestimmt.

Der schweifartige, mehrere 100 Erdradien lange nachtseitige Teil der Erdmagnetosphäre bildet sich demgegenüber hauptsächlich durch die an seinen Flanken angreifenden magnetischen Spannungen aus. Bezogen auf die Richtung des Sonnenwindes stromaufwärts, bildet sich auf der Tagesseite bei etwa 15 Erdradien Abstand von der Erde eine Bugstoßwelle aus. Die Teilchen des Sonnenwindes werden in der als Magnetosheath bezeichneten Schicht heißen, dichten Plasmas von mehrfacher Überschallgeschwindigkeit auf Unterschallgeschwindigkeit abgebremst und um die Magnetopause herumgelenkt. Das interplanetare Magnetfeld trifft geneigt zur Ausbreitungsrichtung des Sonnenwindes auf die Front der Bugstoßwelle. Bereits vor dieser Front und hinter einer Vorschockgrenze wird die Ausbreitung von Wellen angeregt. Hier trifft man auf besonders hochenergetische ionisierte Partikel.

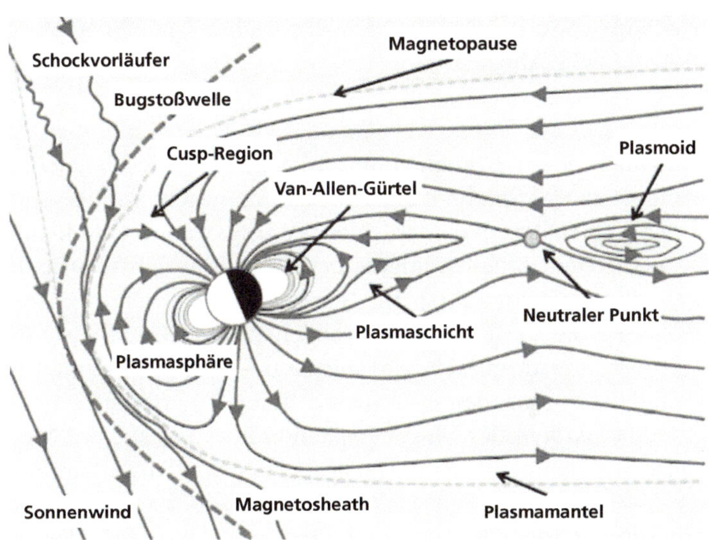

Abb. 2.14 Die Erdmagnetosphäre unter dem Einfluss des Sonnenwindes. Der anströmende Sonnenwind trifft auf die Magnetosphäre der Erde. Auf der sonnenzugewandten Seite bildet sich eine Bugstoßwelle aus, durch die die geomagnetischen Feldstrukturen zusammendrückt werden. Aus der besonders lang gestreckten, magnetisch geformten Schweifstruktur auf der Nachtseite der Erde können nach erdmagnetischen Stürmen als Plasmoide bezeichnete Plasmawolken entweichen. Innerhalb des inneren Bereichs der Erdmagnetosphäre sammeln sich geladene Partikel in den Van-Allen-Strahlungsgürteln an. (© U. v. Kusserow)

Teilchen aus dem Sonnenwind dringen über die polnahen, durch konisch zulaufende magnetische Feldstrukturen gekennzeichneten sogenannten Cusp-Regionen tiefer in die Magnetosphäre der Erde ein. Zusammen mit den vom nachtseitigen Magnetosphären-Schweif einströmenden Elektronen sammeln sich solare und hochenergetische extrasolaren Protonen und Ionen in einem der drei nach James A. van Allen (1914–2006) benannten Strahlungsgürtel in der Plasmasphäre an. Auf eine dichtere Ansammlung von Materie trifft man in der Plasmaschicht und im Plasmamantel in der Äquatorregion beziehungsweise im Randbereich der nachseitigen Magnetosphärenflügel (siehe Abb. 2.14).

Jenseits neutraler Punkte, an denen sich Magnetfeldlinien kreuzend näherkommen, können mit Materie gefüllte magnetisierte Plasmoide in den interplanetaren Raum entweichen. Feldparallele Ströme fließen eher in den erdnahen Feldstrukturen. Durch elektrische Felder und Magnetfeldgradienten bewirkte Driftbewegungen von Ladungsträgern führen im Bereich der Van-Allen-Gürtel zur Ausbildung der die Erde umkreisenden Ringströme. Es existieren Magnetopausenströme. Die sogenannten Schweifströme und Neutralschichtströme in den erdferneren Bereichen verlaufen quer zu den Feldstrukturen des Magnetosphärenschweifs nahe der Magnetopause beziehungsweise im Äquatorbereich der Schweifstrukturen.

Umpolungen des Erdmagnetfeldes Im Rhythmus des etwa 22-jährigen solaren magnetischen Aktivitätszyklus bilden sich, zeitlich und räumlich gesehen stark variierend, komplexe magnetische Feldstrukturen in den unterschiedlichen Schichten der Sonnenatmosphäre aus. Im Vergleich zu diesem oszillierenden Feld scheint das Magnetfeld der Erde auf den ersten Blick kaum veränderlich, wohlgeordnet und rein dipolartig zu sein. Allein der einströmende Sonnenwind scheint der Erdmagnetosphäre ein auffallendes, typisches Erscheinungsbild zu verleihen. Er erzeugt die Bugstoßwelle auf der sonnenzugewandten Seite und die Schweifstrukturen auf der Nachtseite. Beobachtungsergebnisse und nähere Untersuchungen zeigen jedoch, dass das Magnetfeld der Erde in seiner Struktur und Entwicklung doch nicht so gleichförmig und unveränderlich ist. Die im Erdinneren ablaufenden Dynamoprozesse können auf längeren Zeitskalen durchaus beeindruckende Veränderungen des geomagnetischen Feld bewirken.

Das Erdmagnetfeld weist in Wirklichkeit keine rein dipolare Struktur mit der Existenz allein zweier magnetische Pole auf. Quadrupol-, Oktupol- oder noch höhere Multipolanteile sorgen für auffallende Unregelmäßigkeiten in der Verteilung der magnetischen Feldstrukturen auf der Erdoberfläche. So bezeichnet die sogenannte südatlantische Anomalie die Tatsache, dass die Stärke des Erdmagnetfeldes an der Ostküste Südamerikas zurzeit besonders schwach ist. Die beiden Magnetpole der Erde liegen auf dem Globus einander nicht direkt diametral gegenüber. Sie wandern im Laufe der Zeit offensichtlich in mehr oder weniger chaotischer Weise unabhängig voneinander hin und her. So bewegt sich der in Kanada gelegene magnetische Südpol der Erde zurzeit mit etwa 40 km pro Jahr in Richtung auf Russland zu.

Solche Wanderungen hat es immer gegeben. Sogar vollständige Umpolungen des Erdmagnetfeldes waren nachweislich schon mehrere 100-mal die Folge solcher Exkursionen einzelner Pole über den Erdäquator hinaus. Untersuchungen des am mittelozeanischen Rücken über den Curie-Punkt erhitzt aufsteigenden, sich mit zeitlich variierender magnetischer Ausrichtung erstarrenden eisenhaltigen Magmas ermöglichen heute die Rekonstruktion wechselnder Polaritätsverhältnisse des Paläomagnetfeldes der Vergangenheit.

Durchschnittlich finden Polumkehrungen auf der Erde etwa alle 300.000 bis 400.000 Jahre statt. Da der letzte Zeitpunkt eines solchen, für das Leben auf der Erde möglicherweise bedeutsamen Ereignisses bereits 780.000 Jahren zurückliegt, sprechen manche Wissenschaftler davon, dass eine nächste Umpolung demnächst bevorsteht. Tatsächlich nimmt die Stärke des Erdmagnetfeldes seit 170 Jahren kontinuierlich um fast 2 % pro Jahr ab. Die aktuell schnelle Wanderung der Pole sowie die Tatsache, dass bei weiterer stetiger Abnahme der erdmagnetischen Flussdichte die dipolare Feldkomponente in etwa 2000 Jahren auf ein Minimum zurückgegangen sein könnte, ließen sich als Vorboten einer solchen Umpolung ansehen. Das erforschte Muster der Umpolungsereignisse zeigt allerdings sehr chaotische Züge, sodass eine präzise Vorhersage nicht möglich erscheint.

Genauso wie man den Verlauf der solaren Aktivitätszyklen durch die Erforschung der im Sonneninneren ablaufenden solaren Dynamoprozesse besser verstehen lernt, so ermöglicht auch das Studium der Funktionsweise des Geodynamos wichtige Aufschlüsse über die Struktur und Entwicklung der Erdmagnetosphäre.

Modellvorstellungen zum Geodynamo Auch wenn die Magnetisierung der äußeren Erdschichten und die beim Anströmen des Sonnenwindes in der Magnetosphäre erzeugten Magnetfeldanteile ihren Beitrag liefern, so liegen doch mehr als 99 % der Quellen des geomagnetischen Feldes im Erdinneren. Würde die Erde nicht mehr rotieren, so würde sich dieses Feld aufgrund magnetischer Diffusionsprozesse innerhalb von etwa 30.000 Jahren abbauen. Das Erdmagnetfeld existiert aber nachweislich seit mehr als 3,5 Mrd. Jahren, und es hat sich bereits viele Male global umgepolt. Ein selbsterregter Dynamoprozess, für den wichtige Grundvoraussetzungen erfüllt sein müssen, wird daher für die Erzeugung und Umpolung dieses Feldes verantwortlich sein.

Das turbulent strömende Material im flüssigen Erdkern ist elektrisch gut leitfähig. Die Erde rotiert schnell genug. Ein magnetisches Saatfeld zum Start der Dynamoprozesse war bei der Erdentstehung in der Akkretionsscheibe um die junge Protosonne sicherlich vorhanden. Die kinetische Energie thermisch oder chemisch ausgelöster Konvektionsströmungen sowie von Präzessionsbewegungen der Rotationsachse der Erde kommen als energetische Verursacher für die im heißen Erdinneren ablaufenden Induktionsprozesse infrage. Die bei der Erdentstehung gespeicherte Wärme kann freigesetzt werden. Das Absinken und die anschließende Kristallisation schwerer Eisenatome am Rand des festen inneren Erdkerns lässt leichtere Elemente im äußeren flüssigen Kern durch Auftriebskräfte aufsteigen. Kristallisationswärme steht zur Verfügung. Neben thermisch und chemisch getriebenen Prozessen könnten auch die von der Sonne oder dem Mond ausgehenden Gravitationskräfte Materiebewegungen im

Erdinneren lenken, die die Erzeugung des Erdmagnetfeldes möglich machen.

Seismologische Untersuchungen haben wichtige Erkenntnisse über den inneren Aufbau des Planeten Erde mit seinem Durchmesser von etwa 13.000 km erbracht. Der aus einem festen inneren und einem flüssigen äußeren Teil bestehende, etwa 5000 bis 7000 Grad heiße Erdkern wird vom Erdmantel und einer darüberliegenden dünnen Erdkruste bedeckt. Dynamoprozesse können das Erdmagnetfeld nur in dem überwiegend aus flüssigem Eisen und Nickel bestehenden, etwa 2200 km breiten äußeren Bereich des Erdkerns erzeugen.

Anhand von Theorien, mithilfe von Modellvorstellungen und Simulationsrechnungen ist es inzwischen gelungen, eine ungefähre Vorstellung über die hier anzutreffenden Materieströmungsstrukturen und die für die Magnetfelderzeugung wirksamen Induktionsprozesse zu entwickeln. Anders als bei der Sonne wird im gängigen Modellbild eines α^2-Dynamos für die Erde der α-Effekt allein für die wechselseitigen Umwandlungen poloidaler und toroidaler Magnetfeldstrukturen ineinander verantwortlich gemacht.

In rotierenden, mit geeigneten Temperaturgradienten versehenen Himmelskörpern wird Wärme besonders effektiv vor allem durch Konvektionsströmungen transportiert. Die Notwendigkeit der gleichmäßigen Wärmeverteilung sowie die Erhaltung des Drehimpulses auf globaler Ebene erfordert dabei die Ausbildung weiterer charakteristischer, großskaliger Strömungsstrukturen. So erfolgt der Drehimpulstransport in vielen Himmelobjekten wie in der Sonne durch differenzielle Rotation und meridionale Zirkulation. Im Erdinneren spielen Scherströmungen aber wohl eher eine untergeordnete Rolle. Konvektions- und meridionale Ströme in parallel zur Rotationsachse der Erde verlaufenden sogenannten Konvektionssäulen übernehmen offensichtlich die Erzeugung des quasistationären Erdmagnetfeldes.

In relativ schnell rotierenden Himmelskörpern wie der Erde können Masseträgheits- und Reibungskräfte nicht zu schnell bewegter Teilchen gegenüber Corioliskräften und Kräften aufgrund von Druckgradienten vernachlässigt werden. Das hat nach dem sogenannten Proudman-Taylor-Theorem zur Folge, dass sich die Flüssigkeitsgeschwindigkeit entlang der Rotationsachse nicht verändert. Für das Modell eines α^2-Geodynamos sind im linken Teil der Bildtafel 07 säulenförmige Strömungssysteme um einen fiktiven, den inneren Erdkern tangential begrenzenden Zylinder dargestellt, in dem Konvektionsströmungen dieses Theorem erfüllen können. Quer zur Rotationsachse kann die innen heißere leitfähige Eisen- und Nickel-Materie innerhalb sich ausbildender Konvektionssäulen nach außen aufsteigen. In einigem Abstand vom Tangentialzylinder kühlt sie sich wieder ab und sinkt zurück.

Ein ungestörter und effektiver konvektiver Wärmetransport erfordert die veränderte Umlaufrichtung des Materietransports in benachbarten Konvektionsrollen. Im rechten Teil der Bildtafel 07 wird der Verlauf eines zweiten Strömungsmusters veranschaulicht, das sich entlang der Konvektionssäulen unter anderem durch inhomogenen thermischen Auftrieb und sogenannten Ekman-Transport an turbulenten Grenzschichten ausbildet. Oberhalb beziehungsweise unterhalb des Äquators, abwechselnd zum Pol beziehungsweise zum Äquator hin, bewegt sich die Materie in einem meridionalen Kreislauf durch benachbarte Säulen. Innerhalb des Tangentialzylinders, oberhalb und unterhalb des festen Kerns, könnten ergänzend differenzielle Rotation sowie helikale Auftriebsströme entstehen.

Simulationsrechnungen zeigen, dass solche Strömungsmuster die Erzeugung, Reproduktion, sogar die Exkursionen und Umpolungen des geomagnetischen Feldes in komplizierten Rückkopplungsprozessen tatsächlich bewerkstelligen können. Im rechten Teil der Bildtafel 07 wird veranschaulicht, wie dies gelingt. Eine aufgrund der hohen elektrischen Leitfähigkeit in die Materie eingefrorene, ursprünglich vertikal ausgerichtete (poloidale) magnetische „Saatfeldlinie" wird durch die helikal geformten Strömungen in eine toroidale Feldlinie, parallel zum Äquator verlaufend, umgewandelt. Wiederum der α-Effekt bewirkt auch die Rückverwandlung dieser azimutalen in eine meridional verlaufende magnetische Feldstruktur. Der Kreislauf eines α^2-Dynamoprozesses ist so geschlossen.

Unter dem Einfluss der Rückwirkung der erzeugten Felder können zusätzliche Driftbewegungen der Konvektionssäulen auftreten. Dies würde die beobachtete zeitliche Westwärtsdrift des Erdmagnetfeldes erklären. Wanderungen der Pole oder Umpolungen des Erdmagnetfeldes ließen sich in diesen Modellrechnungen dadurch erklären, dass spezielle, störende Strömungen nachhaltig Einfluss auf die relativ stabilen Säulenkonvektionsströme nehmen könnten. Polare Auftriebströme würden im Zusammenspiel mit magnetischen Prozessen verstärkt magnetische Polaritätsverschiebungen bewirken.

Magnetfelder in anderen Planeten, Monden und Kometen Die **Erde** kann hinsichtlich ihrer inneren Struktur als Prototyp für die terrestrischen Gesteinsplaneten gelten. In ihrem **Mond** könnte ein Dynamo vor mehr als 3,5 Mrd. Jahren ein globales Magnetfeld erzeugt haben. Heute findet man auf seiner Oberfläche aber nur stark lokalisierte Krustenfelder.

Während der Planet **Merkur** ohne starke Ionosphärenschichten ein dynamo-getriebenes magnetisches Dipolfeld aufweist, findet man bei der extrem langsam rotierenden **Venus** keine Anzeichen für ein in ihrem Inneren erzeugtes Magnetfeld. Durch den anströmenden magnetisierten Sonnenwind hat sich durch Verdichtung der in sie eingelagerten interplanetaren Magnetfeldstrukturen in der Ionosphäre dieses Planeten dennoch eine dünne Magnetosphäre ausgebildet. Beim **Mars** findet man zwar oberflächlich regional begrenzte, streifenförmig angeordnete Felder, die teilweise sogar stärker sind als in der Kruste der Erde. Ein globales Magnetfeld existiert aber heute nachweislich nicht. Es wird davon ausgegangen, dass sich der ursprünglich angelaufene Dynamoprozess bereits einige 100 Mio.

Jahre nach der Entstehung des Planeten vor mehr als 4 Mrd. Jahren abgeschaltet hat. Neue wissenschaftliche Erkenntnisse lassen vermuten, dass dynamo-getriebene magnetische Felder früher möglicherweise sogar im Asteroiden **Vesta** erzeugt wurden.

Ebenso wie beim Merkur und der Erde erweist sich auch der magnetische Dipolcharakter in den Magnetosphären der Gasplaneten Jupiter und Saturn als dominierend. **Jupiter** hat von allen Planeten unseres Sonnensystems mit Abstand das stärkste und am weitesten in den interplanetaren Raum hinausreichende Magnetfeld. Im Vergleich zur Erde ist sein Feld auf der Oberfläche mehr als zehnfach so stark und besitzt eine umgekehrte magnetische Polarität. Alle vier galileischen Monde bewegen sich innerhalb der etwa 100 Jupiterradien großen jovianischen Magnetosphäre. Der größte, massereichste und besonders schnell rotierende Planet mit den meisten ihn umkreisenden Monden besitzt zwar eine nahe Strahlungszone wie die Erde. Die jovianische Magnetosphäre ist aber in großer Entfernung deutlich stärker scheibenförmig abgeflacht. Ionen aus Vulkanausbrüchen auf **Io** füllen einen den Planeten nahe dem Orbit dieses Mondes umhüllenden Plasmatorus. Jupiters größter Mond **Ganymed** ist der einzige Mond unseres Sonnensystems, in dem ein globales Magnetfeld vermutlich in einem Dynamoprozess erzeugt wird.

Das auffallend symmetrische Magnetfeld des **Saturns** ist etwas schwächer, in großer Entfernung von der Sonne aber deutlich ausgedehnter als das der Erde. Seine Achse zeigt im Vergleich zu den anderen Planeten bis auf weniger als 1 Grad genau in Richtung seiner Rotationsachse. Wie Io für den Jupiter, so versorgt die Ionosphäre des Mondes **Titan** die saturnische Magnetosphäre mit Plasmamaterie.

Die Magnetfelder der Eisplaneten **Uranus** und **Neptun** sind sich sehr ähnlich, unterscheiden sich aber deutlich von den anderen Planeten. Die Stärke der Felder an der Planetenoberfläche entspricht in etwa der der Erde. Die Dipolachsen sind aber gegenüber den Rotationsachsen stark geneigt, sodass die Magnetpole zeitweise in Richtung des einströmenden Sonnenwindes zeigen. Die Lage der magnetischen Zentren dieser Planeten sind deutlich gegenüber ihren topografischen Mittelpunkten versetzt. Die dynamo-erzeugten Quadrupol- und Oktupolanteile ihrer Magnetfelder sind am äußeren Rande der Entstehungsgebiete sogar stärker als ihre Dipolanteile.

Bildtafel 08 vergleicht die Eigenschaften der Planeten und ihrer Magnetosphären miteinander. Es bleibt zu bedenken, dass die Erforschung der Magnetfelder fernerer Planeten besonders schwierig ist, weil erforderliche Messdaten oft nicht ausreichend zur Verfügung stehen. Über den jeweiligen Aufbau und die Strömungsverhältnisse im Inneren der Planeten gibt es teilweise noch keine verlässlichen Informationen, um aussagekräftige Dynamomodellrechnungen durchführen zu können. Andererseits bieten Ergebnisse solcher Rechnungen im Vergleich mit Daten über die Eigenschaften der Planetenmagnetosphären die Möglichkeit, Näheres über das Planeteninnere zu erfahren.

Kometare Magnetfeldstrukturen Bei Annäherung eines Kometenkörpers an die Sonne verstärkt sich die Einwirkung des magnetisierten Sonnenwindes auf den Kometenkopf (Abb. 1.2). Um den Kern herum bildet sich eine ausgedehnte, neblig diffus erscheinende, als Koma bezeichnete Hülle aus teilweise ionisierter Materie aus. Zur sonnenabgewandten Seite hin erzeugen die durch den Strahlungsdruck der Sonne weggeblasenen Staubpartikel den gekrümmten, ausgedehnten und recht gleichförmig strukturierten weißlichen sogenannten Typ-I-Staubschweif. Das einströmende Plasma mit dem eingelagerten interplanetaren Magnetfeld staut sich in der Koma. Es faltet sich hinter dem Kometenkern unter Ausbildung schmaler, lang gestreckter und filigran strukturierter magnetischer Felder im Plasmaschweif des Kometen. Die Ausstrahlung angeregter positiv geladener Kohlenmonoxid-Ionen erklärt die blaue Farbe dieses Typ-II-Schweifs.

Zwischen den von oben und unten zusammengedrückten schweifseitigen kometaren Magnetfeldstrukturen mit unterschiedlicher Feldlinienausrichtung bilden sich, dem Ampère'schen Gesetz folgend, elektrische Stromschichten aus. Sie ermöglichen die Stabilisierung dieser Magnetfeldkonfiguration. Immer wieder werden in Sonnennähe aber auch Auseinanderbrüche der aus Kern und Koma bestehenden Kometenköpfe sowie Abrisse der magnetischen Schweifstrukturen beobachtet. Verstärkte Sonnenaktivität, ein besonders dynamischer Sonnenwind sowie die Auswirkungen koronaler Masseauswürfe kommen hierfür als Verursacher infrage. Wie im folgenden Abschnitt über magnetische Rekonnexion ausführlicher erläutert wird, spielt dabei die relative Orientierung aufeinandertreffender interplanetarer und im Schweif verankerter kometarer Magnetfeldstrukturen eine zentrale Rolle.

Wie bei Kometen können durch Einwirkung des Sonnenwindes magnetosphärische Feldstrukturen auch in den Ionosphären von Planeten, Monden oder kleineren Himmelsobjekten induziert werden, die kein selbst erzeugtes Magnetfeld besitzen. So stellt das in der Ionosphäre der Venus verdichtete interplanetare Magnetfeld ein Hindernis für den solaren Teilchenfluss dar. Vor dem Planeten bildet sich eine stehende Bugstoßwelle aus, die die tieferen Schichten der Planetenatmosphäre vor den Auswirkungen heftiger Sonnenstürme schützt. Es existieren zwar keine stabil besetzten Strahlungsgürtel wie im angenähert dipolartigen Magnetfeld der Erde. Die Venus besitzt aber ebenfalls einen sonnenabgewandten Magnetosphärenschweif mit beidseitig zur äquatorialen Plasmaschicht entgegengesetzt orientierten Feldstrukturen. Durch magnetische Rekonnexion ausgelöste Instabilitäten bewirken Topologieänderungen des magnetischen Feldes, setzen unter Umständen größere Mengen der in den Feldstrukturen gespeicherten Energien frei.

2.5 Magnetische Rekonnexionsprozesse

Beim kosmischen Dynamoprozess wird Bewegungsenergie in magnetische Energie umgewandelt. Magnetische Rekonnexion bezeichnet umgekehrt den wichtigen physikalischen Prozess, der magnetische Energie in kinetische Energie zurückverwandeln kann. Bei diesem oft sehr lokal, in schmalen Grenzgebieten oder zeitlich gesehen kaskadenförmig ablaufenden Prozess der Neuverbindung benachbarter magnetischer Felder können sich magnetische Topologien global und folgenreich umstrukturieren. Dies führt unter geeigneten Bedingungen zur Beschleunigung einzelner Teilchen auf hohe Energien, zur Aufheizung des an diesem Prozess beteiligten Plasmas sowie zu gerichteten Materieströmungen im umgebenden Medium.

Die Divergenzfreiheit des magnetischen Flussdichtenvektors $\vec{B}$ bedingt die Geschlossenheit der den Verlauf dieser physikalischen Messgröße charakterisierenden magnetischen Feldlinien. Bei unendlich hoher elektrischer Leitfähigkeit im betrachteten Medium lässt sich eine Neuverbindung magnetischer Feldlinien aufgrund des unter diesen Bedingungen geltenden Dogmas der Eingefrorenheit der Feldlinien nicht verwirklichen. Ohne Verletzung des Faradayschen Induktionsgesetzes könnten sich benachbarte Magnetfeldstrukturen unabhängig von der Orientierung ihrer Feldvektoren zueinander nicht genügend nahe kommen, um miteinander zu verschmelzen. Von Magnetfeldern durchsetzte Plasmen unterschiedlichen Ursprungs könnten sich danach nirgends im Weltall miteinander mischen. In einem solchen idealen Medium müsste eine Größe wie die magnetische Helizität, die ein Maß für die Verdrillung, Verknickung und wechselseitige Kopplung verschiedener magnetischer Flussröhren darstellt, erhalten und stets konstant bleiben.

Dennoch beobachtet man im Sonnensystem, etwa in der Sonnenatmosphäre oder in der Erdmagnetosphäre, häufig physikalische Prozesse, bei denen große Mengen gespeicherter magnetische Energie über längere Zeiträume oder plötzlich besonders effektiv freigesetzt werden. In Dynamoprozessen im Sonneninneren nachhaltig erzeugt, müsste sich mehr und mehr magnetischer Fluss in der solaren Atmosphäre ansammeln. Tatsächlich entweichen aber immer wieder die als Plasmoide bezeichneten magnetischen Wolken mit in sich geschlossenen Feldstrukturen von der Sonne oder aus Magnetosphärenschweifen der Planeten und Kometen hinaus in den interplanetaren Raum. Plötzlich einsetzende solare Eruptionen erfordern notwendige Topologieänderungen des Magnetfeldes auf kurzen Zeitskalen. Ohne solche magnetischen Neuverbindungen ließe sich auch der in Kap. 2.3 im Modellbild anschaulich erläuterte Ablauf der Dynamoprozesse nicht wirklich verstehen. In Abb. 2.10 wird davon ausgegangen, dass die Erzeugung großskaliger poloidaler Magnetfeldstrukturen nur aufgrund der Verschmelzung kleinskaliger poloidaler Feldstrukturen möglich wird.

Tatsächlich ist die Annahme eines idealen Fluids mit unendlich hoher elektrischer Leitfähigkeit nicht überall realistisch. In Grenzschichten zwischen benachbarten Magnetfeldstrukturen, lokalisiert auf schmale Regionen mit nicht zu großen Längenabmessungen, bilden sich Stromschichten mit endlicher Leitfähigkeit aus. Die Zunahme des spezifischen Widerstandes in diesen Gebieten führt zur Dissipation, zur teilweisen Auslöschung des Magnetfeldes. Es findet eine partielle Entkopplung zwischen verschiedenen Komponenten der Plasmamaterie und den Magnetfeldstrukturen statt. Partikel lösen sich aus ihrer engen Verbindung mit den Magnetfeldern und diffundieren durch sie hindurch. Das Bild von der Eingefrorenheit der Feldlinien verliert auf lokaler Ebene vorübergehend seine Gültigkeit. Aufeinander zutreibende Magnetfeldstrukturen mit stark voneinander abweichenden Orientierungen können in geeigneter Weise miteinander verschmelzen, sodass neue, topologisch veränderte Feldstrukturen entstehen. Magnetische Rekonnexion bezeichnet den für resistives Plasma möglichen Prozess, dessen anschauliches Paradigma davon ausgeht, dass im einfachen Modellbild magnetische Feldlinien zerschnitten, instantan, also im selben Moment, aber auch wieder neu verbunden werden können (siehe BT 05 *unten rechts*).

Modellvorstellungen und Theorien zur magnetischen Rekonnexion Der Begriff der magnetischen Rekonnexion wurde von Wissenschaftlern eingeführt, die sich vor allem mit Teilchenbeschleunigungsprozessen in Gegenwart elektrischer Felder an speziellen neutralen Punkten in der Magnetosphäre der Erde beschäftigten. Diese Rekonnexion lässt sich heute allgemein als topologische Neustrukturierung magnetischer Felder durch zeitliche Veränderung der Verbindungsverhältnisse ihrer Feldstrukturen definieren (siehe auch Abb. 2.2, *unten links*).

Sie repräsentiert ein fundamentales physikalisches Konzept, mit dessen Hilfe eine Vielzahl unterschiedlicher Phänomene im Rahmen eines universalen Prinzips beschrieben und erklärt werden kann. Die topologische Veränderung magnetischer Feldstrukturen erfordert notwendigerweise eine Verletzung der Vorstellung einer grundsätzlichen Eingefrorenheit des magnetischen Flusses. „Magnetische Feldlinien können zerschnitten und im selben Moment neu verbunden werden" – das ist die neue Sichtweise zur Entwicklung magnetischer Feldstrukturen in einem resistiven Plasma mit begrenzter elektrischer Leitfähigkeit. Die Ausbildung von Stromschichten sowie die Wirkung elektrischer Felder auf lokaler Ebene gehören dabei zu den wesentlichen Elementen der Theorien und Modellvorstellungen zur magnetischen Rekonnexion. Ziel der aktuellen Forschungsarbeiten ist unter anderem die Erlangung eines tieferen Verständnisses über die Vorgänge bei den überall im Universum zu beobachtenden eruptiven Prozessen sowie über die Beschleunigungsmechanismen für hochenergetische Teilchen.

Die Stärke kosmischer Magnetfelder schwächt sich auf typischen Zeitskalen ab, die proportional zur elektrischen Leitfähigkeit und zum Quadrat der typischen Längenskalen der betrachteten magnetischen Feldstrukturen sind. Bei größerem spezifischen elektrischen Widerstand in einem turbulenten Medium mit kleinskaligen Abmessungen sollten sich die Magnetfelder daher schneller zerstreuen, dissipieren. Im Modellbild veranschaulicht, könnte sogar eine vollständige lokale Auslöschung solcher Felder erfolgen, wenn sich zwei eng beieinanderliegende magnetische Feldlinien mit genau entgegengesetzter Orientierung überlagern. Ist die Eingefrorenheit magnetischer Feldlinien in einem resistiven Plasmas nicht mehr gewährleistet, dann würden in einem begrenzten Bereich selbst geladene Partikel durch die Felder hindurch diffundieren. Dann könnten aufeinandertreffende Magnetfelder in Gebieten mit großem Gradienten des Flussdichtenvektors unter Ausbildung neuer Feldstrukturen miteinander verschmelzen.

Die Argumentation im einfachen Modellbild lässt die neu gebildeten magnetischen Feldstrukturen zu beiden Seiten aus dem Verschmelzungsgebiet herausschnellen. Aufgrund der magnetischen Spannung „möchten Feldlinien ja möglichst kurz sein". Bei danach deutlichem Anstieg der elektrischen Leitfähigkeit außerhalb der Rekonnexionsgebiete gewinnt das Bild von der Eingefrorenheit magnetischer Feldlinien wieder an Gültigkeit. Das jetzt erneut an die Feldstrukturen gebundene Plasma wird bei diesem Prozess auf höhere Geschwindigkeiten beschleunigt, beidseitig hinausgestoßen. Der im Zentralbereich aufgrund des Magnetfeldabbaus drastisch reduzierte magnetische Druck bewirkt den fortlaufenden Einstrom magnetisierten Plasmas, den Fortgang der Rekonnexionsprozesse. In Einschub 3 (Abb. 2.15) wird ein einfaches Modell zur magnetischen Rekonnexion vorgestellt.

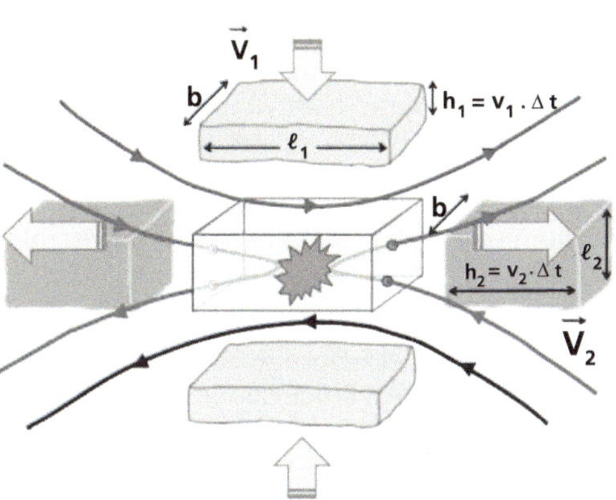

Abb. 2.15   Modellbild zur magnetischen Rekonnexion. (© U. v. Kusserow)

? Einschub 3. Modellstudien zu einem stationären Rekonnexionsprozess

P. A. Sweet und E. N. Parker entwickelten 1957/1958 ein erstes magnetohydrodynamisches Modell für stationäre, zeitlich unverändert ablaufende magnetische Rekonnexionsprozesse. Der prinzipielle Ablauf eines solchen Vorgangs wird im Folgenden vereinfachend erläutert, die Rekonnexionsrate als Maß für die Schnelligkeit dieses Prozesses überschlagsmäßig ermittelt (Abb. 2.15).

Plasmamaterie und eingelagerte magnetische Feldstrukturen bewegen sich mit Geschwindigkeiten vom Betrag v_1 von oben und unten aufeinander zu. Beim Aufeinandertreffen der entgegengesetzt orientierten Feldstrukturen bilden sich, dem Ampère'schen Gesetz (Gl. 2.4) entsprechend, verdichtete Stromschichten aus, in denen die elektrische Leitfähigkeit durch die Verdichtung der Materie merklich reduziert wird. Unterschiedlich geladene Komponeneten der Plasmamaterie sowie die Magnetfelder sind hier deshalb teilweise voneinander entkoppelt. Die magnetischen Feldstrukturen unterschiedlicher Orientierung treffen aufeinander, werden „zerschnitten", öffnen sich und verschmelzen im selben Moment wieder miteinander. In diesem als magnetische „Rekonnexion" vereinigen sich neu in veränderter Form miteinander.Beim diesem Abbau der Magnetfeldstrukturen wird magnetische Energie freigesetzt. Da- ▶

▶ durch nimmt der magnetische Druck im Zentralbereich deutlich ab. Die neu verbundenen, stark gekrümmten, unter hoher magnetischer Spannung stehenden Feldstrukturen schießen mit der außerhalb des Zentralbereichs wieder an sie gekoppelten Plasmamaterie mit höherer Geschwindigkeit vom Betrag v_2 beidseitig nach links und rechts nach außen weg. Wegen des zentralen Unterdrucks strömen von oben und unten so lange weitere Magnetfeldstrukturen ein, bis keine Felder mehr vorhanden sind.

Beobachtungen von Rekonnexionsprozessen bei solaren Eruptionen, magnetischen Stürmen oder während Kometenschweif-Abrissen machen deutlich, dass bei diesen Prozessen große Mengen magnetischer Energie auf sehr kurzen Zeitskalen freigesetzt werden. Mit Plasma gefüllte magnetische Feldstrukturen müssten sich dabei von außen mit recht hohen Geschwindigkeiten auf die zentral ausgebildeten Stromschichten zu bewegen. Im Folgenden wird eine die Schnelligkeit dieser Abläufe messende sogenannte Rekonnexionsrate für ein stationäres Modell mithilfe einfacher Überschlagsrechnungen abgeschätzt.

Aufgrund der Massenerhaltung sollte bei einem stationär ablaufenden Prozess die von oben und unten einströmende Materiemenge M_1 insgesamt gleich der nach links und rechts ausströmenden Materiemenge M_2 sein. Für den betrachteten Zeitraum Δt bezeichnen v_1 und v_2 die Beträge der Ein- beziehungsweise Ausströmgeschwindigkeit der Plasmamaterie. ℓ_1, h_1 und b beziehungsweise ℓ_2, h_2 und b kennzeichnen die Abmessungen der angenähert quaderförmigen Plasmavolumina. Es wird von einer überall konstanten Dichte ρ ausgegangen. Angenähert muss dann gelten

$$M_1 = \rho\, \ell_1 v_1 \Delta t\, b \approx \rho\, \ell_2\, v_2\, \Delta t\, b = M_2$$

$$\Rightarrow v_1 \approx \frac{\ell_2 v_2}{\ell_1} \tag{3.1}$$

Die beim Rekonnexionsprozess frei werdende magnetische Spannung bewirkt eine deutliche Zunahme der kinetischen Energiedichte im ausstömenden Plasma. Gemäß Gl. (3.2) lässt sich dessen Geschwindigkeit v_2 durch die typische Ausbreitungsgeschwindigkeit v_A magnetischer Alfvén-Wellen abschätzen. ▶

$$\frac{B^2}{2\mu} \approx \frac{1}{2}\rho v_2{}^2 \Leftrightarrow v_2 \approx \frac{B}{\sqrt{\mu\rho}} = v_A \tag{3.2}$$

Für zeitunabhängiges, stationäres Verhalten, $\partial \vec{B}/\partial t = \vec{0}$, sollten sich der Induktionsterm $\vec{\nabla} \times (\vec{v} \times \vec{B})$ und der Diffusionsterm $\eta \vec{\nabla}^2 \vec{B}$ in der Induktionsgleichung (2.7) größenordnungsmäßig in etwa ausbalancieren.

$$\left|\vec{\nabla} \times (\vec{v} \times \vec{B})\right| \approx \frac{v_1 B}{\ell_2} \approx \frac{\eta B}{\ell_2{}^2} \approx \left|\eta \nabla^2 \vec{B}\right|$$

$$\Leftrightarrow v_1 \approx \frac{\eta}{\ell_2} \tag{3.3}$$

Mithilfe der Näherungsaussagen gemäß (3.1), (3.2) und (3.2) ergibt sich so ein ungefährer Wert für die dimensionslose Rekonnexionsrate $\mathfrak{R} = v_1/v_A$. Sie setzt die Größe der Einströmgeschwindigkeit v_1 ins Verhältnis zu der für magnetohydrodynamische Prozesse wichtigen Alfvén-Geschwindigkeit.

$$v_1{}^2 = v_1 \cdot v_1 \approx \frac{\ell_2 v_2}{\ell_1} \frac{\eta}{\ell_2} = \frac{v_2 \eta}{\ell_1} = \frac{v_2{}^2 \eta}{v_2 \ell_1}$$

$$\Rightarrow v_1 \approx v_2 \left/ \sqrt{\frac{v_2 \ell_1}{\eta}} \right. \approx v_A \left/ \sqrt{\frac{v_A \ell_1}{\eta}} \right. \approx \frac{v_A}{\sqrt{R_m}} \tag{3.4}$$

$$\Rightarrow \mathfrak{R} = \frac{v_1}{v_A} \approx \frac{1}{\sqrt{R_m}}$$

Die magnetische Reynoldszahl R_m gibt das Verhältnis zwischen der zahlenmäßigen Größe der Induktions- und Diffusionsterme an und kann in astrophysikalischen Plasmen Werte größer als 10^8 annehmen. Folglich ist die Rekonnexionsrate bei diesem Sweet-Parker-Modell sehr klein. Die Rekonnexion läuft im Vergleich zu den Beobachtungdaten viel zu langsam ab. Bereits 1964 hat H. E. Petschek ein alternatives stationäres Modell für ein inkompressibles Medium vorgestellt, bei dem die Abmessungen der Stromschichten viele Größenordnungen kleiner ausfallen. In diesem Modell spielt die Ausbreitung von Schockwellen eine wichtige Rolle. Wegen ▶

> ▶ einer höheren Rekonnexionsrate gemäß $\mathfrak{R} \approx 1/\log\,(R_m)$ laufen die Rekonnexionsprozesse dann wesentlich schneller, aber immer noch nicht schnell genug ab. Zeitlich variable und turbulente Prozesse können für einen wesentlich beschleunigteren und realistischeren Ablauf der magnetischen Rekonnexion sorgen.

Mithilfe der Induktionsgleichung 2.7 (siehe Einschub 2)

$$\frac{\partial \vec{B}}{\partial t} = \vec{\nabla} \times (\vec{v} \times \vec{B}) + \eta \vec{\nabla}^2 \vec{B}$$

lässt sich die zeitliche Entwicklung der magnetischen Flussdichte mathematisch ermitteln. Der erste (Induktions-)Term auf der rechten Seite dieser Differenzialgleichung ist für die Erzeugung magnetischer Feldstrukturen verantwortlich. Der zweite (Diffusions-) Term beschreibt demgegenüber Dissipationsvorgänge, die den möglichen Abbau sowie Verschmelzungsvorgänge von Magnetfeldern im resistiven Plasma bewirken. Bei besonders hoher elektrischer Leitfähigkeit σ nimmt dieser Term sehr geringe Werte an, weil in diesem Fall der Diffusionskoeffizient $\eta = 1/\mu\sigma$ gegen null strebt. Im resistiven Plasma mit abnehmender Leitfähigkeit steigt aber zum einen der Wert für η deutlich an. In besonders schmalen, auf kleine Längenabmessungen ℓ begrenzten Stromschichten zwischen zwei sich aufeinanderzubewegenden, mit unterschiedlich orientierten Feldkomponeten und damit starkem Feldgradienten ΔB versehenen Magnetfeldstrukturen nimmt zum andern auch der Ausdruck $\left|\nabla^2\vec{B}\right| \approx \Delta B/\ell^2$ höhere Werte an. Der magnetische Diffusionsterm spielt dann bei der mathematischen Modellierung einsetzender Rekonnexionsprozesse eine entscheidende Rolle.

Zu Beginn der Forschungsarbeiten zur Theorie der magnetischen Rekonnexion wurden stationäre, zweidimensionale Modellrechnungen durchgeführt. Es wurde insbesondere untersucht, unter welchen Bedingungen die elektrische Leitfähigkeit anomal absinken kann, welche geometrischen Konfigurationen für die Freisetzung großer Mengen an magnetischer Energie auf besonders kurzen Zeitskalen geeignet wären. Schon bald wurde erkannt, dass sich bei diesen nicht idealen Rekonnexionsprozessen Stoßfronten ausbilden, in denen auch die Ausbreitung magnetohydrodynamischer Wellen angeregt wird. In den Stromschichten können sich Instabilitäten entwickeln, die kleinskalige turbulente, kaskadenförmig ablaufende Diffusionsprozesse oder Auswürfe inselartiger, großskaligerer magnetisierter Plasmoide bewirken. In aktuellen Forschungsarbeiten wird magnetische Rekonnexion als ein zeitabhängiger Prozess im kollisionsfreien Plasma betrachtet. Modellrechnungen werden zur Lösung dreidimensionaler Probleme durchgeführt.

Magnetische Rekonnexionsprozesse im Sonnensystem Überall dort, wo groß- oder kleinskalige, mehr oder weniger turbulente Magnetfeldstrukturen mit starkem Feldgradienten kontinuierlich oder impulsiv, getrieben oder zufällig aufeinandertreffen, können in entstehenden Stromschichten magnetische Rekonnexionsprozesse im resistiven Plasma ablaufen. Die Sonnenatmosphäre, der interplanetare Raum, die Magnetosphären der Planeten und Monde sowie kleinere, mit Feldstrukturen umgebene Himmelsobjekte wie Kometen oder Asteroiden sind mögliche Orte solcher hochenergetischen Entwicklungsabläufe in unserem Sonnensystem.

Die durchs turbulente Medium der Konvektionszone aufsteigenden Magnetfelder werden auf unterschiedlichen Längenskalen so verformt, dass immer wieder Feldstrukturen mit unterschiedlicher Ausrichtung aufeinandertreffen. In kurzen Zeitabständen setzen lokale Rekonnexionsprozesse überall auf der Sonne magnetische Energien in sogenannten Nano-Flare-Prozessen frei. Sie tragen vermutlich wesentlich zur Aufheizung der Sonnenatmosphäre bei.

Die komplexen, helikalen Feldstrukturen von Heckenprotuberanzen entstehen durch Scherung, Verdrillung und anschließende Rekonnexion der im Plasma dieser riesigen solaren Wolken enthaltenen magnetischen Feldstrukturen. Genauso wie das Lösen der Halteseile den Aufstieg von Fesselballons bewirkt, können Rekonnexionsprozesse bestehende stabile Feldstrukturen zerschneiden und instantan topologisch neu verbinden. In großen Flares werden gewaltige Mengen an Energie freigesetzt. Dadurch ausgelöste Instabilitäten können den Aufstieg eruptiver Protuberanzen in den interplanetaren Raum zur Folge haben. Die Magnetfeldstrukturen, die die dabei abströmenden Materiewolken durchsetzen, bleiben häufig noch lange Zeit mit der Sonnenoberfläche verbunden. Magnetische Rekonnexion kann aber dazu führen, dass sich die enthaltenen Feldstrukturen vollständig von der Sonne lösen und sich zu geschlossenen Feldlinien im entweichenden Plasmoid entwickeln.

Rekonnexionsprozesse unterstützen die Beschleunigung hochenergetischer Partikel bei Kollisionsprozessen in Schockfronten beim Aufeinandertreffen unterschiedlich schneller und dichter Komponenten des Sonnenwindes sowie von großräumigen koronalen Masseauswürfen. Die in den variablen Sonnenwind eingelagerten interplanetaren Magnetfeldstrukturen stoßen auf ihrem Weg durch die Heliosphäre unter anderem auch auf die Magnetosphären der Planeten. Hierbei können unterschiedliche Formen magnetischer Stürme ausgelöst, hochenergetische Teilchen gelagert, Stromsysteme verstärkt, elektrische Felder induziert und Polarlichterscheinungen erzeugt werden.

Stimmt die Ausrichtung anströmender Feldkomponenten näherungsweise mit der des sonnenzugewandten Erdmagnetfeldes überein, so werden die geomagnetischen Feldstrukturen durch den magnetischen Druck des interplanetaren Feldes zusammengepresst. Magnetische Rekonnexionsprozesse setzen dort ein, wo das interplanetare Feld auf entgegengesetzt gerichtete Feldkomponenten im Schweif des Erdmagnetfeldes trifft. Die äußeren Bereiche der geomagnetischen Schweifstruktur lösen sich dadurch schweifseitig ab. Die unter magnetischer Spannung stehenden, in Richtung der erdmagnetischen Pole zurückschnellenden Feldstrukturen transportieren die darin eingefrorenen Teilchen der Plasmamaterie in die Bereiche der Van-Allen-Gürtel. Bei starkem Sonnenwind löst eine solche Auffüllung der Strahlungsgürtel die Erzeugung von Polarlichtern schweifseitig vor allem im Bereich des Polarlichtovals aus.

Ist die Orientierung der interplanetaren Feldstrukturen jedoch entgegengesetzt zu der der sonnenseitigen Erdmagnetosphäre, dann setzen bereits hier magnetische Rekonnexionsprozesse ein (BT 09 *unten*). Schon sonnenseitig entstehen Polarlichter im Polarlichtoval. Neu gebildete magnetische Feldstrukturen werden zum erdmagnetischen Schweif umgelenkt. Hier üben sie von oben und unten magnetischen Druck auf die bereits bestehenden Feldstrukturen aus. In einigen Erdradien Entfernung finden dadurch im Magnetosphärenschweif nahe der Äquatorebene erneut Rekonnexionsprozesse statt. Sie haben zum einen den schweifseitigen Auswurf von Plasmoiden mit in sich geschlossenen Feldstrukturen zur Folge. Zum anderen schnellen die unter großer Spannung stehenden, sich schnell verkürzenden erdseitigen Feldstrukturen mit dem in sie eingefrorenen Plasma in Richtung Erde zurück. Die Anreicherung hochenergetischer Partikel in den Strahlungsgürtel bewirkt jetzt das Einsetzen von Polarlichterscheinungen auf der Nachtseite der Erde, unter Umständen auch in niedrigeren geografischen Breiten. Im typischen Zeitabstand von etwas mehr als einer Stunde können sich durch diese Prozesse ausgelösten heftigen erdmagnetischen Stürme in Zeiten starker Sonnenaktivität wiederholen.

Drücken fortlaufend starke interplanetare Feldstrukturen mit unveränderter Orientierung auf den Kopf eines Kometen, so können sie tiefer in dessen ionisierte Koma eindringen. Möglicherweise führt dies bereits zur Absprengung eines Teils des nur locker zusammengesetzten Kometenkerns. Im Schweif überlagern sich die am Kopf gefalteten Magnetfeldstrukturen, üben einen zusätzlichen Druck auf die sich hier zunehmend verdichtenden magnetischen Strukturen aus. Dort wo im Schweif entgegengesetzt orientierte Feldstrukturen aufeinandergedrückt werden, können magnetische Rekonnexionsprozesse einen Schweifabriss bewirken. Treffen interplanetare Feldstrukturen mit veränderter Orientierung auf den Kometenkern, so finden solche Prozesse bereits in der sonnenseitigen Koma statt. Teile der Kometen-Ionosphäre und des bröckeligen Kerns könnten dabei in den Weltraum entweichen (BT 09 *oben*).

2.6 Heliophysik und das Weltraumwetter

Das amerikanische Forschungsprogramm „Living with a Star" der NASA betont die Tatsache, dass unser Leben auf der Erde in existenzieller Weise von den Vorgängen auf der Sonne abhängt. Aus guten Gründen interessieren sich Astrophysiker heute insbesondere auch für die Vorgänge im nahen Universum. „Space Physics" der neuen Ära beschäftigt sich deshalb schwerpunktmäßig mit den Eigenschaften und dem Verhalten der Plasmamaterie, mit den hochenergetischen Teilchen in den unterschiedlichen Magnetosphären der Heliosphäre, dem Einflussbereich der Sonne im interstellaren Medium. Als Heliophysik wird heute der Teilbereich der Physik bezeichnet, der Plasma- und Teilchenphysik, Sonnen- und Magnetosphärenphysik sowie Planetenklima- und Weltraumphysik vereinigt. Im Zeitalter entwickelter Raumfahrttechniken wird der Gewinnung verlässlicher Erkenntnisse über die Bedeutung des Weltraumwetters auch für das Leben der Menschen auf der Erde eine zentrale Bedeutung zugewiesen.

„Plasmaphysik des lokalen Kosmos", „Weltraumstürme und Strahlung – Ursachen und Auswirkungen" sowie „Entwicklung der Sonnenaktivität und der Klimata im Weltraum und auf der Erde" sind die Untertitel von aktuellen Büchern und Ausbildungstagungen über Heliophysik. Studenten, Lehrer und Dozenten sollen mehr über die besondere Bedeutung dieses aktuellen, wichtigen, uns Menschen so direkt betreffenden Themenbereichs der Physik erfahren. In Unterabschnitten geht es um die Erzeugung und den Abbau kosmischer

Magnetfelder, um die Struktur und Änderung magnetischer Topologien durch Rekonnexionsprozesse. Wie entstehen die solaren und planetaren Magnetfelder? Welche Bedeutung haben sie für die Aufheizung der Sonnenatmosphäre, für die Vorgänge in den Ionosphären der Planeten?

Es werden die Vorgänge in Schockfronten, die Anregung, Ausbreitung und Auswirkung angeregter Wellen sowie die Beschleunigung und der Transport hochenergetischer Teilchen analysiert. Wie entstehen die solaren Eruptionen, die Flares und koronalen Masseauswürfe? Welchen Einfluss nehmen diese plötzlichen Sonnenstürme sowie der stetig, aber variabel strömende Sonnenwind auf die planetaren Magnetosphären? Am Beispiel der Sonne wird die Entstehung und frühe Entwicklung sonnenähnlicher Sterne betrachtet. Es geht dabei vor allem um die Langzeitentwicklung ihrer magnetischen Aktivitäten, um die Sonnenvariabilität sowie die daraus resultierenden astrophysikalischen Einflüsse des Weltraumklimas auf die planetaren Magnetosphären und Klimasysteme. Wie wirken sich die solaren Strahlungsprozesse und der Einstrom hochenergetischer kosmischer Strahlung auf das Erdklima aus? Welches Gefährdungspotenzial haben die Weltraumstürme für das hoch technisierte Alltagsleben auf unserem Planeten, für die Satellitentechnologien und die bemannte Raumfahrt?

Für die Beantwortung all dieser Fragen ist die Erlangung grundlegender Erkenntnisse über die Wirkungsweise und Einschätzung der realen Bedeutung der so vielfältigen und komplexen magnetischen Prozesse unbedingt erforderlich. Forschungsergebnisse aus dem Bereich der Heliophysik sind darüber hinaus auch wesentliche Grundlage für das Studium kosmischer Magnetfelder im ferneren Universum. Unser Sonnensystem ist das bestmögliche Forschungslabor für das Studium der heute oder im frühen Universum ablaufenden magnetischen Prozesse überall im Kosmos, im interstellaren und intergalaktischen Raum, in den Sternsystemen unserer Milchstraße sowie innerhalb extragalaktischer Himmelsobjekte. Mithilfe von Satelliten können hier präzise Vor-Ort-Messungen, mit modernen Teleskopen besonders hochaufgelöste Fernbeobachtungen durchgeführt werden. Die Einflüsse magnetischer Prozesse auf die überall wirksamen Turbulenz- und Wellenphänomene, auf die Vorgänge an Schockfronten und bei der Beschleunigung hochenergetischer Teilchen sollen im Folgenden erläutert werden.

Magnetische Turbulenz Turbulente Strömungen werden durch eine Vielzahl vor allem auch großskaligerer Störprozesse im Plasmamedium ausgelöst. Sie sind gekennzeichnet durch das Auftreten verwirbelter Strukturen auf unterschiedlich großen Längenskalen, die nicht stationär, regellos ohne Periodizität, daher chaotisch und unvorhersehbar sind. Kaskadenförmig können aus größeren zunehmend kleinere Wirbel entstehen, bis sich auch diese durch Reibungsprozesse aufgelöst haben, die Bewegungsenergie des Strömungsprozesses vollständig in Wärmeenergie umgewandelt ist. Die Aufrechterhaltung turbulenter Bewegungsmuster erfordert deshalb eine ständige Energiezufuhr.

Die inverse Kaskade bezeichnet umgekehrt den Vorgang, bei der der Einfluss kleinskaligerer turbulenter Strukturen den Aufbau zunehmend großskaligerer Strömungs- oder Feldtopologien bewirkt. Obwohl es einflussreich fast überall im Universum auftritt, lässt sich das Turbulenzphänomen nur sehr schwer handhaben. Es stellt eine nur locker definierte Eigenschaft von Strömungen unterschiedlicher Längenskalen dar, die sich hinsichtlich Raum und Zeit extrem irregulär verhalten.

In der Astrophysik spielen turbulente Prozesse in der Sonnenatmosphäre, im interstellaren Medium, bei der Sternentstehung, in Akkretionsscheiben, Sternwinden und kosmischen Explosionen, sogar im intragalaktischen Medium in Galaxienhaufen eine zentrale Rolle. Auf unterschiedlichen Längenskalen können sie Reibungsvorgänge, die Aufheizung des Plasmas und damit auch den Gasdruck dynamisch verstärken. Sie ermöglichen effektive chemische Mischprozesse, den Transport von Energie und Drehimpuls, die Erzeugung kosmischer Magnetfelder, beeinflussen Entwicklungsprozesse in staubförmiger Materie und tragen in ganz unterschiedlichen Zusammenhängen wesentlich zur Strukturbildung im Universum bei.

Turbulente Strömungen in elektrisch leitfähigen Medien nehmen wechselseitig starken Einfluss auf die in sie eingefrorenen Magnetfeldstrukturen. Gerichtete kosmische Magnetfelder prägen der ansonsten isotropen Turbulenzverteilung dabei eine Vorzugsrichtung auf. Bei geringer Teilchendichte des kollisionsfreien Plasmas sind es turbulente Prozesse, die bei Zusammenstößen benachbarter Feldstrukturen die Wellenausbreitung und eine im beschleunigten Medium einhergehende Verwirbelungen der Materieströme auslösen können. Ohne sie ließe sich kaum ein Magnetfelder erzeugender Dynamo treiben (siehe Kap. 2.4). Die große Schnelligkeit ablaufender Rekonnexionsprozesse lässt sich erst dadurch erklären, dass sie im turbulenten Medium kaskadenförmig ablaufen (siehe Kap. 2.5). Turbulenzen in Stoßfronten sind es, die beteiligte Magnetfeldstrukturen verstärken und als stochastische Feldstrukturen wesentlich zur Beschleunigung hochenergetischer Teilchen beitragen.

Wellen im Magnetfeld Wellen bezeichnen allgemein die von einem Ort zum anderen fortlaufende Bewegung eines Schwingungszustandes, eines durch rücktreibende Kräfte um seine Gleichgewichtslage zeitlich hin und her pendelnden Systems. Von Störprozessen angeregt, breiten sich diese mehr oder weniger periodischen Impulsmuster aus, können gedämpft, an Hindernissen reflektiert und in andere Wellenmoden umgewandelt werden. Ohne dass sich die schwingenden Elemente im zeitlichen Mittel wesentlich aus ihrer Gleichgewichtslage entfernen, vermittelt die Wellenausbreitung den Transport von Impuls und Energie.

Man unterscheidet Transversalwellen, bei denen die auslenkenden Schwingungen senkrecht zur Ausbreitungsrichtung erfolgen, von Longitudinalwellen, bei denen Schwingungsrichtung und Ausbreitungsrichtung übereinstimmen. Torsionswellen gehören zu den möglichen Mischformen dieser beiden Wellentypen. Wellen werden als linear oder zirkular polarisiert bezeichnet, wenn der Schwingungsvektor eine feste Vorzugsrichtung aufweist beziehungsweise wenn diese kreisförmig im Raum rotiert.

Der Betrag des Amplitudenvektors $\vec{A}$ als maximale Schwingungsauslenkung, die Wellenlänge λ als räumlicher Abstand zwischen zwei aufeinanderfolgenden Maxima, die Schwingungsdauer T als zeitlicher Abstand des Durchlaufs maximaler Auslenkung an einem Raumpunkt und die Ausbreitungsgeschwindigkeit beschreiben wesentliche Eigenschaften einer Welle.

Die durch einen Wellenvektor $\vec{k}$ mit $|\vec{k}| = 2\pi/\lambda$ angegebene Ausbreitungsrichtung und die zur Schwingungsdauer umgekehrt proportionale Kreisfrequenz $\omega = 2\pi/T$ bestimmen die Phasenlage $\varphi = \vec{k} \cdot \vec{x} - \omega \cdot t$ einer Welle zu einer bestimmten Zeit t an einem speziellen Ort $\vec{x}$. Die Geschwindigkeit $v_\varphi = d\,\varphi/d\,t = \omega/k$ einer Welle, mit der sich diese Phase ausbreitet, kann sich deutlich von der Gruppengeschwindigkeit $v_G = d\omega/dk$, mit der ein Signal durch sie transportiert wird, unterscheiden. Die als Dispersionsrelation bezeichnete funktionale Abhängigkeit $\omega = \omega\,(k)$ der Kreisfrequenz von der Wellenzahl k stellt ein wichtiges Hilfsmittel für die Beschreibung von Welleneigenschaften dar.

Solange die Störungen, die zur Wellenausbreitung führen, relativ klein sind, lassen sich selbst komplexe bewegte Oszillationsmuster mathematisch als Überlagerung verschiedenartiger sinusförmiger Wellen darstellen. Wenn die Gruppengeschwindigkeit unterschiedlicher Wellenkomponenten aufgrund der geltenden Dispersionsrelation von der Wellenlänge abhängt, kann eine lokale Amplitudenverstärkung den schockartigen „Überschlag" eines Wellenpakets zur Folge haben.

Die sich mit der Schallgeschwindigkeit ausbreitenden longitudinalen Schallwellen sowie die transversalen Wasserwellen stellen zwei aus dem Alltag bekannte Wellentypen dar. Bei elektromagnetischen Wellen von der hochenergetischen Gammastrahlung bis zur langwelligen Radiostrahlung schwingen die senkrecht zueinander stehenden elektrischen und magnetischen Feldvektoren transversal zur Ausbreitungsrichtung. Die Polarisationseigenschaften dieser Wellen ermöglichen bekanntlich die Vermessung kosmischer Magnetfeldstrukturen.

Im elektrisch leitfähigen Plasma mit speziellen lokalen Vorzugsrichtungen aufgrund existierender Magnetfeldstrukturen gibt es eine Fülle weiterer Wellentypen, die starken Einfluss auf vielfältige kosmische Prozesse nehmen können. In warmen Plasmen mit merklichem Gasdruck können sich die durch Schwingungen von Elektronen mit charakteristischer Plasmafrequenz relativ zu den trägen Ionen ausgelösten Störungen als sogenannte Langmuir-Wellen ausbreiten. Die durch Oszillationen der massereichen Ionen angeregten Ionenwellen sind demgegenüber besonders niederfrequent. Während Transportprozesse bei Schallwellen durch Zusammenstöße zwischen Atomen und Ionen erfolgen, wird der Impuls bei diesen beiden Wellentypen aufgrund Coulomb'scher Wechselwirkungsprozesse zwischen Ladungen und elektrischen Feldern übertragen.

Im magnetisierten Plasma muss man unterscheiden, ob sich die Elektronen oder Ionen bei solchen elektrostatischen Wellen senkrecht, parallel oder schräg zur Magnetfeldrichtung ausbreiten. Diese unterschiedlichen Ausrichtungsmöglichkeiten des Wellenvektors relativ zum Magnetfeld müssen auch beim Eintritt elektromagnetischer Wellen in ein solches Plasma berücksichtigt werden. Die Eigenschaften der niederfrequenten und für genügend dichtes Plasma besonders wichtigen magnetohydrodynamischen Wellen werden durch die Bewegung der mit eingefrorenen Magnetfeldstrukturen durchsetzen Ionenkomponente des Plasmas bestimmt. Der Kompressionsvorgang in solchen Wellen erfolgt dabei entweder allein mittels des magnetischen Drucks und der magnetischen Spannung oder aber zusätzlich auch durch den Gasdruck.

Zu den drei Wellentypen gehören die transversalen Alfvén-Wellen, die sich parallel zum Magnetfeld ausbreiten. Sie verformen das Magnetfeld periodisch entweder durch erfolgende Auslenkung, durch ein Zusammendrücken oder eine Verdrillung der Feldstrukturen, ohne dass dabei das Plasma selbst zusammengedrückt und entspannt wird. In Abhängigkeit von der Stärke der magnetischen Flussdichte B, der magnetischen Permeabilität μ und der Dichte des Plasmamaterials ρ breiten sich diese Alfvén-Wellen mit der Geschwindigkeit $v_A = B/\sqrt{\mu \cdot \rho}$ aus. Bei den zwei magnetosonischen Wellentypen spielt der Gasdruck ergänzend eine wichtige Rolle. Der langsame Mode ähnelt den Schallwellen. Longitudinal breiten sie sich aber ungehindert nur entlang der magnetischen Feldlinien aus. Beim schnellen Mode treiben der magnetische und der Plasmadruck gemeinsam die Bildung der Wellen, die sich sowohl entlang als auch quer zu den Magnetfeldlinien mit Phasengeschwindigkeiten größer als die Alfvén-Geschwindigkeit v_A ausbreiten können. Die Teilchenbewegungen innerhalb der Welle finden ebenfalls in Feldrichtung und quer dazu statt.

Eine Vielzahl der in der Sonnenatmosphäre, im interplanetaren Raum und in den Magnetosphären der Planeten ablaufenden physikalischen Prozesse wird wesentlich durch Wechselwirkungsprozesse mit Wellen beeinflusst. Im dünnen, nahezu kollisionsfreien Plasma übertragen Wellen unterschiedlichen Typs den Impuls zwischen den Partikeln. Welle-Teilchen-Wechselwirkungen spielen im magnetisierten Plasma eine wichtige Rolle. Für die Aufheizung der Sonnenkorona wird neben den Rekonnexionsprozessen vor allem auch der Energietransport durch Schall- und magnetohydrodynamische Wellen verantwortlich gemacht. Ihre Anregung erfolgt in den Konvektionsströmungen unterhalb der mit komplexen Magnetfeldstrukturen durchsetzten Photosphäre.

Bei der Freisetzung magnetischer Energien in Flare-Prozessen erfolgt die Ausbreitung hochfrequenter Alfvén-Wellen. Sie haben nach neuesten Erkenntnissen auch wesentlichen Anteil an der Beschleunigung von Ionen im schnellen Sonnenwind. In sogenannten Resonanzprozessen können diese Wellen ihre Energie dabei an die Ionen genau dann abgeben, wenn ihre Wellenfrequenz mit der Gyrationsfrequenz der um die Magnetfeldstrukturen kreisenden Ionen übereinstimmt (siehe hierzu auch Einschub 4). Akustische Ionenwellen und magnetosonische Wellen gehören ebenfalls zu den Plasmawellen, die die Dynamik des Sonnenwindes prägen. Das Studium und die Klassifizierung der so vielfältigen Formen von Plasmawellen anhand von Satellitenmessungen in der Erdmagnetosphäre sowie durch Analyse der Magnetosphären von Jupiter und Saturn haben neue tiefe Erkenntnisse gebracht. Die in den Bereichen der Bugstoßwellen, Schweifregionen und Ionosphären dieser Planeten ablaufenden Welle-Teilchen-Wechselwirkungsprozesse sind heute besser verstanden.

Die Schallausbreitung erfolgt im neutralen Gasmedium mit der Schallgeschwindigkeit. Im Plasma des Weltraums hängt die typische Signalausbreitungsgeschwindigkeit zusätzlich von der Alfvén-Geschwindigkeit ab. Wenn sich Störungen in einem Medium schneller als mit der hier geltenden Signalgeschwindigkeit ausbreiten, bildet sich ein Stau des Informationstransports entlang einer Front aus. Solche als Stoßfronten oder Schocks bezeichneten Diskontinuitäten im Grenzbereich zwischen zwei unterschiedlichen Regionen in einem ansonsten kontinuierlichen Medium spielen nicht nur im Sonnensystem eine wichtige Rolle. Sie sind unter anderem der Ort, an dem die Ausbreitung ganz unterschiedlicher Wellentypen angeregt werden kann. Hier können Teilchen auf besonders hohe Geschwindigkeiten beschleunigt werden. In dem fast überall im Kosmos anzutreffenden magnetisierten Plasma ist der Einfluss von Magnetfeldstrukturen an solchen Stoßfronten wiederum von besonderer Bedeutung.

Magnetohydrodynamische Schocks An einer Schockfront ändern sich die Eigenschaften eines Mediums schlagartig. Plasmadichte, Druck und Stärke des Magnetfeldes steigen an, nehmen hinter der Stoßfront mehr oder weniger schnell wieder ab. Relativ zu dieser Front „stromaufwärts", von wo aus sich die Störung ausbreitet, ist die Strömungsgeschwindigkeit der Materie höher als die Signalgeschwindigkeit des Mediums. „Stromabwärts" fällt sie deutlich geringer als diese für das Medium typische Geschwindigkeit aus.

Für idealisiert, unendlich dünn angenommene Stoßfronten wird die Gültigkeit von Erhaltungsätzen angenommen. Jeweils zwischen einströmender und ausströmender Masse, Energie und jeweiligem Impuls darf es keine Differenzen geben. Das sich für die Analyse magnetohydrodynamischer Schocks ergebende Gleichungssystem erweist sich dabei als besonders kompliziert, weil die magnetischen Druck- und Spannungsterme, der elektromagnetische Energiefluss sowie die Maxwell'sche Beziehungen zusätzlich in den jeweiligen Gleichungen berücksichtigt werden müssen.

Man unterscheidet stehende von bewegten Stoßfronten. So wird der mit Überschallgeschwindigkeit anströmende magnetisierte Sonnenwind an der für kurze Zeiträume angenähert als stehend anzusehenden Stoßwelle vor der Magnetosphäre der Erde auf Unterschallgeschwindigkeit abgebremst. Die koronalen Masseauswürfen vorgelagerten oder beim Zusammenstoß unterschiedlich schneller Komponenten des Sonnenwindes entstehenden Schockfronten bewegen sich demgegenüber in den interplanetaren Raum hinaus. Solche generell als Bustoßwellen bezeichneten stehenden oder bewegten Schockfronten können über Monate hinaus stabil sein oder bis an die Grenzen der Heliosphäre hinauswandern.

Die Geschwindigkeit, mit der sich eine Schockwelle durch den Raum bewegt, hängt nicht allein von den Geschwindigkeitskomponenten der ein- und ausströmenden Materie senkrecht zur Schockfront ab. Vor allem die Ausrichtung und Stärke zu berücksichtigender magnetischer Felder sowie die Materiedichten vor und hinter der Stoßfront nehmen zusätzlich deutlichen Einfluss auf die Energetik dieser Schockprozesse. Verläuft die Ausbreitung dabei senkrecht (parallel) zum Magnetfeld, so wird ein solcher Schock als senkrechter (paralleler) Schock bezeichnet. In der Regel treten Stoßfronten auf, bei denen die Schockfront gegenüber dem Magnetfeld schräger geneigt ist. In verschiedenen Bereichen der das durchlaufende Medium störenden Stoßfront entstehen starke Turbulenzen. Hier verdichtete turbulente Magnetfeldstrukturen können dabei deutlich verstärkt werden. In explosionsartig expandierenden Schockfronten werden hochenergetische Teilchen, magnetisch vermittelt, zunehmend beschleunigt.

Magnetisch vermittelte Teilchenbeschleunigungsprozesse Im Sonnensystem werden Elektronen, Protonen und schwerere Ionen in ganz unterschiedlichen Zusammenhängen und Prozessabläufen teilweise auf besonders hohe Geschwindigkeiten sogar nahe der Lichtgeschwindigkeit beschleunigt. Solche Teilchen tragen zur Aufheizung der Sonnenkorona bei, sind im Sonnenwind enthalten, erlangen ihre hohen Bewegungsenergien in Flares, solaren Eruptionen und koronalen Masseauswürfen. Sie werden in bewegten Stoßfronten beschleunigt, die sich beim impulsiven Aufeinandertreffen unterschiedlich schneller Komponenten des Sonnenwindes sowie magnetischer Plasmawolken im interplanetaren Raum ausbilden. Stark beschleunigte Sonnenpartikel gehören allerdings nur zum niederenergetischen Teil des in der Heliosphäre anzutreffenden Spektrums der kosmischen Strahlung.

Bei magnetischen Stürmen in unterschiedlichen Magnetosphärenbereichen der Planeten ablaufende Rekonnexionsprozesse erzeugen hochenergetische Teilchen, die tiefer in die planetaren Atmosphärenschichten eindringen oder schweifseitig entweichen können. Das Auftreten farbenprächtiger Polarlichterscheinungen erfordert die energetische Anregung unterschiedlicher Atome, Ionen und Moleküle der Ionosphäre durch Elektronen, die vorher in komplexen Prozessabläufen zusätzlich deutlich stärker beschleunigt werden müssen. Die Erklärung wesentlicher Teilchenbeschleunigungsprozesse, die in ganz unterschiedlichen Zusammenhängen im Universum ablaufen, ist dabei auf die Berücksichtigung der dominanten Einflussnahme kosmischer Magnetfelder angewiesen.

Die Zunahme der Bewegungsenergie eines Partikels durch direkte Stoßprozesse in einem dünnen, annähernd stoßfreien Plasma ist relativ unwahrscheinlich. Der magnetische Anteil der Lorentzkraft allein ermöglicht keine Beschleunigung oder Abbremsung, keine Energiezufuhr für geladene Teilchen (siehe im Folgenden Einschub 4). Auf direktem Weg sind solche Beschleunigungsprozesse generell zwar unter dem Einfluss elektrischer Felder möglich. Deren verbreitete Existenz in einem quasineutralen Plasma mit besonders hoher elektrischer Leitfähigkeit sollte aber sehr begrenzt sein.

Bei magnetischen Rekonnexionsprozessen in resistiven Stromschichten in Bereichen starker Gradienten des Magnetfeldes können induzierte elektrische Felder auf lokaler Ebene verschiedene Teilchensorten effektiv auf unterschiedlich hohe Geschwindigkeiten beschleunigen. Insbesondere auch in turbulenten Medien ermöglichen oder unterstützen solche Prozesse die Aufheizung der unterschiedlichen Schichten der Sonnenatmosphäre, das Abströmen des Sonnenwindes, die Freisetzung gespeicherter magnetischer Energien in Flare-Prozessen sowie den Aufstieg und Auswurf koronaler Plasmawolken. Immer wieder werden dabei einzelne Teilchen auf nicht thermisch hohe Geschwindigkeiten beschleunigt, die der Plasmatemperatur des Mediums nicht entsprechend.

? Einschub 4. Beschleunigungsprozesse im Magnetfeld

Durch Skalarmultiplikation der Bewegungsgleichung mit dem Geschwindigkeitsvektor $\vec{v}$ lässt sich zeigen, dass ein Beschleunigungsprozess, also die zeitliche Änderung der kinetischen Energie $E_{kin} = 1/2\,m\vec{v}^2$ eines Teilchens der Ladung q und der Masse m direkt nur im elektrischen Feld ($\vec{E}$), nicht aber durch ein Magnetfeld ($\vec{B}$) möglich ist.

$$m\frac{d\vec{v}}{dt} = q(\vec{E} + \vec{v} \times \vec{B})\big|\cdot\vec{v}$$

$$\Leftrightarrow \quad \frac{d}{dt}(\frac{1}{2}m\vec{v}^2) = q\vec{E}\cdot\vec{v} \tag{4.1}$$

Es gilt $(\vec{v} \times \vec{B})\cdot\vec{v} = 0$, weil der Vektor $\vec{v} \times \vec{B}$ senkrecht auf $\vec{v}$ steht, deshalb das Skalarprodukt verschwindet.

In einem homogenen Magnetfeld der Stärke B bewegen sich geladene Teilchen aufgrund der Lorentzkraft bekanntlich auf Spiralbahnen um die Magnetfeldlinien (siehe BT 05 (a)). Der die Bewegung der Partikel charakterisierende Geschwindigkeitsvektor $\vec{v} = \vec{v}_s + \vec{v}_p$ lässt sich dabei in die Komponenten $\vec{v}_s$ und $\vec{v}_p$ senkrecht beziehungsweise parallel zum magnetischen Feldvektor $\vec{B}$ zerlegen. Entsprechendes gilt für die Bewegungsenergie E_{kin} der Teilchen.

$$E_{kin} = \frac{1}{2}m\vec{v}_s^{\,2} + \frac{1}{2}m\vec{v}_p^{\,2} \tag{4.2}$$

In die Gleichung zur Berechnung des Gyrationsradius r_{gyr} der Bahn der geladenen Teilchen geht nur der Betrag v_s der Geschwindigkeitskomponente senkrecht zum Magnetfeld ein.

$$r_{gyr} = \frac{mv_s}{qB} \tag{4.3}$$

Bezogen auf die Ausrichtung des magnetischen Feldvektors bewegen sich dabei die positiv (negativ) geladenen Teilchen stets im (entgegen dem) Uhrzeigersinn. ▶

▶ In einem inhomogenen, gekrümmten, mit einem Gradienten versehenen oder zeitlich veränderlichen Magnetfeld, unter dem Einfluss von Gravitations- oder zeitlich variablen elektrischen Feldern, bewegen sich die als „guiding center" bezeichneten Schwerpunkte der Teilchenbahnen nicht mehr konsequent in Richtung des Magnetfeldvektors. Abhängig von den veränderten Einflussfaktoren führen sie stattdessen jeweils charakteristische Driftbewegungen in unterschiedliche Richtungen aus. Dies geht in speziellen Fällen mit einer Ladungstrennung und der Ausbildung elektrischer Stromsysteme einher. Es lässt sich zeigen, dass solche Driftbewegungen insbesondere aufgrund zeitlich veränderlicher, gekrümmter magnetischer sowie zeitlich variabler elektrischer Felder Teilchen der kosmischen Strahlung auf besonders hohe Energiebeträge beschleunigen können.

Für räumlich gesehen sich nur schwach, zeitlich langsam verändernde Magnetfeldstrukturen lässt sich die nachweisbare näherungsweise Invarianz des durch

$$M = \frac{\frac{1}{2}mv_s^2}{B} = \frac{E_{kin}^s}{B} \qquad (4.4)$$

definierten sogenannten magnetischen Momentes M gewinnbringend für die Entwicklung der Gyrationsbewegungen im Magnetfeld ausnutzen. Aufgrund der Konstanz von M muss die kinetische Energiekomponente E_{kin}^s der Teilchenbewegung senkrecht zum Magnetfeld bei Zunahme des Betrages B der magnetischen Flussdichte auch ansteigen. Da die gesamte Bewegungsenergie E_{kin} aufgrund von (4.1) im Magnetfeld erhalten bleiben muss, hat dies notwendigerweise die Abnahme der Bewegungsenergiekomponente $E_{kin}^p = 1/2mv_p^2$ zur Folge.

Wenn dabei B stark genug wird, verschwindet E_{kin}^p zu einem bestimmten Zeitpunkt vollständig. Die Bewegung könnte dann nur noch auf einer Kreisbahn senkrecht zur Feldrichtung stattfinden, was aufgrund des hier auftretenden Gradienten des inhomogenen Feldes aber nicht möglich ist. Einsetzende Rückstellkräfte speisen die Driftenergie, die das Teilchen zurückstoßen lässt. Falls seine kinetische Energie nicht ausreichend hoch, sein Anstellwinkel zur Magnetfeldrichtung nicht genügend klein war, startet das Teilchen an einem sogenannten Spiegelpunkt stattdessen Gyrationsbewegungen zurück aus dem Bereich der verdichteten Magnetfeldstrukturen hinaus. Solche Feldstrukturen können auf diese Weise als „magnetischer Spiegel" wirken und geladene Teilchen reflektieren, ohne dass sich dabei deren kinetische Energie ändert (siehe Abb. 2.16). Die ge- ▶

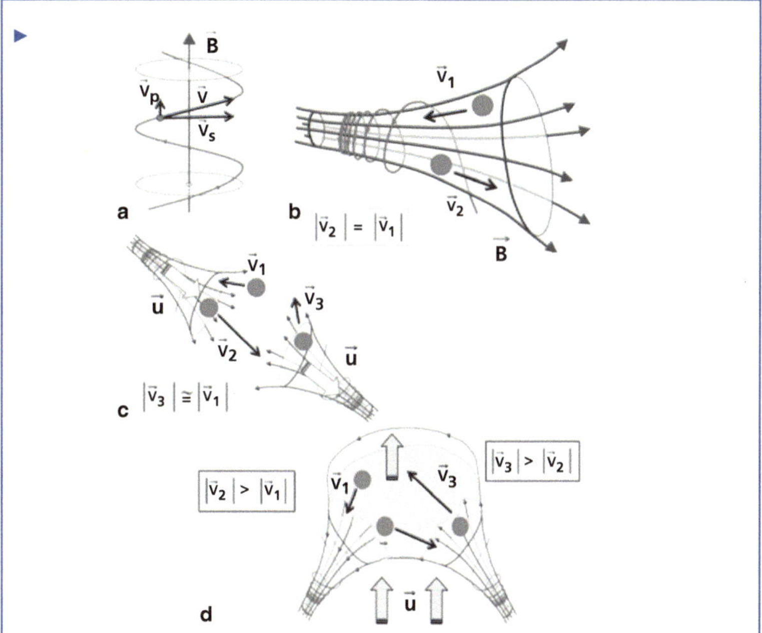

Abb. 2.16 Fermi-Beschleunigung an magnetischen Spiegeln. (a) Geladene Teilchen gyrieren mit der in ihre Komponenten senkrecht und parallel zum Magnetfeld $\vec{B}$ zerlegbaren Geschwindigkeit $\vec{v} = \vec{v}_s + \vec{v}_p$ auf Spiralbahnen um magnetische Feldlinien. (b) An „magnetischen Spiegeln", dort wo sich konvergierende Magnetfeldstrukturen verstärken, können solche Partikel unter Beibehaltung ihrer Bewegungsenergie reflektiert werden. (c) Zwischen den beiden magnetischen Spiegeln einer „magnetischen Flasche" würden geladene Partikel ohne Energiegewinn hin und her reflektiert werden, aufgrund der Feldgradienten dabei aber auch Driftbewegungen quer zu den Feldstrukturen durchführen. (d) Führen sie solche wiederholten Reflektionen andererseits an den Spiegelpunkten einer geeignet geformten magnetischen Flasche aus, die sich mit einer Geschwindigkeit $\vec{u}$ bewegt, so werden die Partikel auf zunehmend größere Geschwindigkeiten (Fermi-) beschleunigt. (© U. v. Kusserow)

▶ naue Lage solcher Spiegelpunkte variiert dabei für Teilchen mit unterschiedlicher Masse und Ladung.

Wenn eine seitlich verdichtete und als magnetischer Spiegel wirkende Feldstruktur mit einer Geschwindigkeit $\vec{u}$ frontal auf ein mit der Geschwindigkeit $\vec{v}_1$ sich bewegendes geladenes Teilchen trifft, so wird dieses Teilchen reflektiert und dabei auf die Geschwindigkeit $\vec{v}_2$ beschleunigt. Ein mit dem Magnetfeld sich bewegender Beobachter würde davon ausgehen, dass das Teilchen anschließend betragsmäßig eine Geschwindigkeit $v_1 + u$ besitzt. Ein Beobachter in einem nicht mitbewegten Laborsystem würde aber berücksichtigen, dass sich das Magnetfeld selbst zusätzlich mit der Geschwindigkeit u bewegt. Die Geschwindigkeit des reflektierten Teilchens müsste also $v_2 = v_1 + 2u$ betragen. Würde andererseits ein geladenes Teilchen mit der Geschwindigkeit v_1 frontal auf einen magnetischen Spiegel treffen, der sich aber mit der Geschwindigkeit u von ihm wegbewegt, dann müsste sich seine Geschwindigkeit nach der Reflexion auf $v_2 = v_1 - 2u$ verringert haben.

Auf den ersten Blick erscheint es so, dass ein wiederholtes Auftreffen geladener Partikel auf eine Vielzahl sich auf ihn zu und von ihm wegbewegender magnetischer Spiegel im Mittel insgesamt keine resultierende Teilchenbeschleunigung zur Folge haben dürfte. Tatsächlich findet hierbei aber doch ein nach E. Fermi benannter effektiver Beschleunigungsprozess statt. Es muss nämlich berücksichtigt werden, dass die zur relativen Geschwindigkeit $v + u$ proportionale Wahrscheinlichkeit einer Vorwärts-Kollision (V-K) größer ist als die einer zu $v - u$ proportionalen Nachlauf-Kollision (N-K). In der folgenden Tabelle sind das Wachstum beziehungsweise die Abnahme der kinetischen Energie und jeweiligen Trefferwahrscheinlichkeiten für die beiden Stoßprozesse berechnet und aufgelistet.

Stoß-Typ	Änderung der kinetischen Energie	Trefferwahrscheinlichkeit
V-K	$\Delta E_{kin}^{v} = \frac{1}{2}m(v+2u)^2 - \frac{1}{2}mv^2 = 2mu(v+u)$	$P_V = \dfrac{v+u}{2v}$
N-K	$\Delta E_{kin}^{N} = \frac{1}{2}m(v-2u)^2 - \frac{1}{2}mv^2 = 2mu(v-u)$	$P_N = \dfrac{v-u}{2v}$

Im Mittel ergibt sich für die Teilchen daraus eine zum Quadrat der typischen Geschwindigkeit u der magnetischen Spiegel proportio- ▶

▶ nale Zunahme der kinetischen Energie. Wegen seiner quadratischen Abhängigkeit von u wird dieser Prozess auch als Fermi-II-Prozess bezeichnet.

$$\left\langle \Delta E_{kin} \right\rangle = \Delta E_{kin}^{v} P_{V} + \Delta E_{kin}^{N} P_{N} = 4mu^{2} \tag{4.5}$$

Berücksichtigt man ergänzend relativistische Effekte, durch die Geschwindigkeiten der Teilchen nahe der Lichtgeschwindigkeit c erreicht werden können, so ergibt sich die folgende Abschätzung für die Zunahme der kinetischen Energie für Teilchen mit der Energie E.

$$\left\langle \Delta E_{kin} \right\rangle = 4\left(\frac{u}{c}\right)^{2} E \tag{4.6}$$

Finden bei dafür geeigneten Prozessen vorwiegend nur frontale Vorwärtskollisionen mit Teilchengeschwindigkeiten v statt, die sehr viel größer als die Geschwindigkeit u der magnetischen Spiegel ausfallen, so ist der Energiegewinn näherungsweise nur linear von u abhängig.

$$\left\langle \Delta E_{kin} \right\rangle = \Delta E_{kin}^{v} = 2mu(v + u) \approx 2muv \tag{4.7}$$

Dieser Prozess wird als Fermi-I-Prozess bezeichnet (Abb. 2.16 d) und führt insbesondere in sich ausbreitenden Schockfronten durch besonders häufig wiederholte Reflexionen an den Spiegelpunkten zu effektiver Beschleunigung hoch energetischer Partikel. Magnetische Rekonnexionsprozesse in aufeinanderzulaufenden magnetisierten Materieströmungen können solche Fermi-I-Beschleunigungsprozesse zusätzlich unterstützen. Plasmawellenstrukturen übernehmen in neueren Theorieansätzen die Aufgabe der magnetischen Spiegel.

Welle-Teilchen-Wechselwirkungsprozesse werden heute als ein wichtiger Mechanismus zur Beschleunigung kosmischer Partikel auf besonders hohe Energien vorgeschlagen. Schon beim sogenannten Compton-Effekt ermöglicht der Übertrag von Photonenenergie bekanntlich die Beschleunigung einzelner Teilchen auf höhere Energien. Vermutlich können im turbulenten Plasmamedium kaskadenförmig erzeugte hochfrequente Alfvén-Wellen geladene Ionen effektiv, sogar quer zum Magnetfeld, auf besonders hohe Geschwindigkeiten beschleunigen. Ein solcher Ionen-Resonanz-Prozess kann stattfinden, wenn die Kreisfrequenz der magnetohydrodynamischen Welle Ω_{W} mit der Gyrationsfrequenz der um das Magnetfeld gyrierenden Ionen Ω_{gyr} übereinstimmt und beide Prozesse phasengerecht ablaufen. Für eine in x-Achsenrichtung mit der Geschwindigkeit v_{x} laufende Welle ergibt sich daraus die folgende Resonanzbedin- ▶

▶ gung, bei deren Erfüllung die Beschleunigung eines gyrierenden Partikels im Wellenfeld erfolgen kann.

$$\Omega_{\mathrm{w}} = \frac{d}{dt}(kx - \omega(k)t) = kv_x - \omega(k)$$

$$\Omega_{\mathrm{gyr}} = \frac{qB}{m} \tag{4.8}$$

$$\Rightarrow kv_x - \omega(k) = \frac{qB}{m}$$

In den Van-Allen-Gürtel-Bereichen der Erdmagnetosphäre gyrieren geladene Teilchen entlang der magnetischen Feldlinien zwischen polnah gelegenen sogenannten magnetischen Spiegeln, immer wieder den Äquator passierend, hin und her. Die Reflektion der Teilchen an den Verdichtungsstellen der magnetischen Feldlinien erfolgt dabei aufgrund der Erhaltung des sogenannten magnetischen Momentes (siehe Einschub 4). Die Teilchen führen wegen der magnetischen Feldgradienten und der existierenden elektrischen Felder zusätzliche Driftbewegungen quer zu den Magnetfeldstrukturen aus. Durch entgegengesetzte Driftbewegungsrichtungen positiver und negativer Ladungsträger wird beispielsweise der um die Erde herum verlaufender Ringstrom getrieben.

Die bei Pendelbewegungen zwischen den Öffnungsbereichen der sogenannten „erdmagnetischen Flasche" eventuell einsetzenden Beschleunigungsprozesse reichen nicht aus, um die Partikel auf genügend hohe Geschwindigkeiten zur Erzeugung von Polarlichtern in der Ionosphäre der Erde zu beschleunigen. Ein zusätzliches elektrisches Feld mit einem tiefer in der Magnetosphäre liegenden positiven Potenzial müsste sich ausbilden, um Elektronen auf die zur Anregung der Atome benötigte hohe Geschwindigkeit zu bringen.

Offensichtlich liegen die Spiegelpunkte positiver Ionen im Mittel näher zur Erdoberfläche als die der Elektronen. Dies könnte unter anderem auf die unterschiedlichen Einfallswinkel bezogen auf die konvergierenden Magnetfeldlinien zurückzuführen sein. Wegen der im Bereich der magnetischen Spiegel kleinen feldparallelen Geschwindigkeitskomponenten halten sich die geladenen Teilchen hier vergleichsweise lange auf. Es könnte dadurch zur erwünschten Trennung zwischen mit Gebieten mit positiven und negativen Raumladungen und zur Ausbildung einer Potenzialdifferenz kommen. Ein entlang der Magnetfeldlinien verlaufendes elektrisches Feld könnte die Elektronen stark beschleunigen und mit genügend Energie versorgen, um beispielsweise Sauerstoffatome zur Aussendung grüner, zumindest aber roter Polarlichter anzuregen. Auch die Bildung sogenannter Doppelschichten durch das Fließen elektrischer Ströme zwischen Plasmen mit sehr unterschiedlichen Eigenschaften sowie sich bewegende elektrostatische Stoßwellen werden als Prozesse angesehen, durch die die benötigten ionosphärischen Spannungen zur Polarlichterzeugung erzeugt werden können.

Überall im Universum existieren bewegte Plasmawolken mit magnetischen Feldstrukturen, die als magnetische Spiegel die Beschleunigung geladener Teilchen bewirken könnten (Einschub 4 und Abb. 2.16). Statistisch gesehen sollten sich eigentlich genauso viele dieser Wolken auf die Partikel zubewegen, sie also auf höhere Geschwindigkeiten beschleunigen, als sich von ihnen wegbewegen, sie also wieder abbremsen. Auf den ersten Blick sollte man deshalb davon ausgehen, dass die Teilchen nach vielen solcher Zusammenstöße im Mittel doch keine Beschleunigung erfahren.

Tatsächlich ist aber die Wahrscheinlich des Aufeinandertreffens von der Relativgeschwindigkeit der Wolken- und Teilchenbewegung abhängig. Geladene Partikel werden aufgrund höherer Relativgeschwindigkeiten häufiger an den auf sie zukommenden magnetischen Spiegeln reflektiert werden. Die Zunahme der Bewegungsenergie der Teilchen ist dabei jeweils proportional zum Quadrat der mittleren Wolkengeschwindigkeit. Als Reflektionsvermittler bei diesem, nach seinem Entdecker als Fermi-II-Prozess bezeichneten Beschleunigungsvorgang werden heute auch sich ausbreitende magnetosonische Wellen angesehen.

Wie bei der Beschleunigung eines Tennisballes durch die Bewegung eines Tennisschlägers auf ihn zu, werden auch beim sogenannten Fermi-I-Prozess nur Reflektionen an magnetischen Spiegeln betrachtet, die sich auf ein geladenes Partikel zubewegen. Für diesen Vorgang lässt sich zeigen, dass die Zunahme der Bewegungsenergie für vorher bereits besonders schnelle Teilchen im Mittel direkt proportional zur Wolkengeschwindigkeit ist. Solche Beschleunigungsvorgänge könnten bei Rekonnexionsprozessen (Abb. 2.17) sowie in den sich schnell ausbreitenden magnetischen Schockfronten bei solaren Eruptionen ablaufen. Die aufeinanderzulaufenden beziehungsweise in den interplanetaren Raum entweichenden, wie Flaschenhälsen beidseitig konvergierenden Magnetfeldstrukturen solcher als „magnetische Flaschen" bezeichneten Feldstrukturen wirken dabei als bewegte, die Teilchengeschwindigkeit stetig erhöhende magnetische Spiegel.

Geladene Partikel können durch Wechselwirkung mit magnetohydrodynamischen Wellen, wie ein Surfer auf ihr „reitend", zusätzliche Bewegungsenergie aufnehmen. Im turbulenten Plasmamedium kaskadenförmig erzeugte hochfrequente Alfvén-Wellen werden für die besonders hohe Beschleunigung im Magnetfeld gyrierender Ionen sogar quer zu den Feldstrukturen verantwortlich gemacht. Voraussetzung dafür ist die Übereinstimmung der Phasenlage und Frequenz der Gyrationsbewegung mit der der Welle (siehe Gleichung (4.8) in Einschub 4). Die aktuelle Forschung erkennt heute die herausragende Bedeutung solcher Welle-Teilchen-Wechselwirkungen für Beschleunigungsprozesse der kosmischen Partikelstrahlung.

Der Mensch und das Weltraumwetter Die Entwicklung des Lebens auf der Erde war stets eng mit der Entwicklung des Erdklimas verbunden. Seit einigen Jahrzehnten wird uns Menschen bewusst,

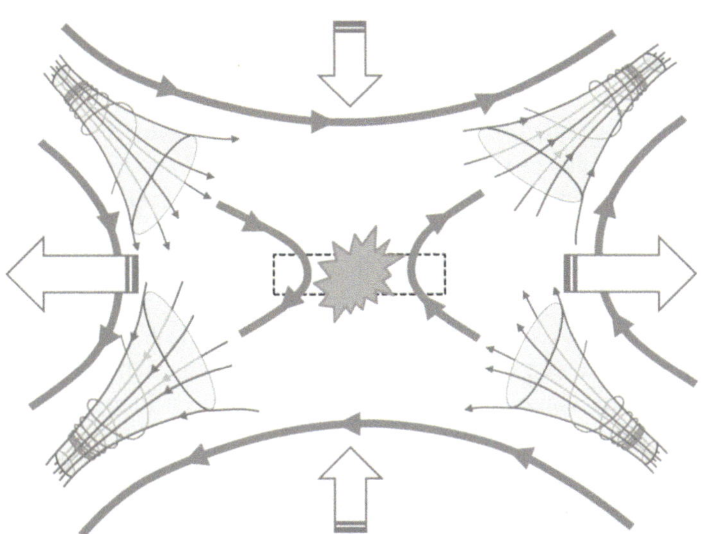

Abb. 2.17   Magnetische Rekonnexion und Reflektion an magnetischen Spiegeln. Magnetfelder mit unterschiedlicher Orientierung treffen aufeinander. In Stromschichten mit starkem Gradienten der Magnetfeldstrukturen setzen magnetische Rekonnexionsprozesse ein. Um die Magnetfeldlinien gyrierende geladene Partikel werden dabei beschleunigt. Dies erfolgt sowohl auf Grund der beim Rekonnexionsprozess induzierten elektrischen Felder als auch durch wiederholte frontale Reflexionen an den aufeinander zu bewegten magnetischen Spiegeln. (© U. v. Kusserow)

wie sehr wir auf unserem überfüllten Planeten selbst in vielfältiger Weise Einfluss auf die Biosphäre, unseren Lebensraum, insbesondere auch auf die komplexen Klimaprozesse nehmen. Wie sehr hängt unser persönliches Wohlbefinden manchmal doch vom aktuellen Wettergeschehen ab. Für die Planung alltäglicher Projekte wünschen wir uns oft sehnlichst, dass die konkrete Entwicklung des Wetters möglichst genau und für einen großen Zeitraum verlässlich vorhergesagt werden könnte. Die aufgrund der Vielzahl wechselwirkender Einflussfaktoren chaotische Struktur des Klima- und Wettergeschehens lässt solche sicheren Prognosen aber häufig nicht zu.

Wir leben in einer hoch technisierten Welt, in der die Anwendung von Technologien, die auf elektromagnetischen Prozessabläufen basieren, von zentraler Bedeutung ist. Im Zeitalter der Weltraumfahrt schicken wir mehr und mehr Satelliten ins All. Sie arbeiten erfolgreich nicht nur in Bereichen der Telekommunikation sowie bei der Erforschung der auf unserem Planeten, auf anderen Himmelsobjekten unseres Sonnensystems und im fernen Weltraum ablaufenden physikalischen Prozesse. Astronauten haben den Mond besucht, leben heute regelmäßig teilweise monatelang auf der Internationalen Raumstation. Zwar steckt die privat organisierte bemannte Raumfahrt noch in den Kinderschuhen. Manche Menschen träumen aber doch schon von einem Weltraumflug zu anderen Planeten. Zunehmend sind dabei einzelne Menschen sowie unsere Gesellschaft in Grenzbereichen auch vom Weltraumwetter in unserem Sonnensystem abhängig, von Prozessen, die Veränderungen des interplanetaren Mediums speziell im erdnahen Bereich bewirken.

Ausgelöst werden sie durch die zeitlich variable elektromagnetische Einstrahlung der Sonne, durch den Einfluss des magnetisierten Sonnenwindes sowie der Teilchenstrahlung aus dem fernen Universum. Das Leben der Astronauten ist durch kosmische Strahlung gefährdet, die Satellitenelektronik kann gestört oder zerstört, der Funkverkehr auf der Erde wesentlich beeinträchtigt werden. Starke erdmagnetische Stürme belasten Flugreisende, behindern möglicherweise die Orientierungsfähigkeit von Walen, Vögeln oder anderen Tieren. Starke, besonders schnell oder häufig erfolgende Veränderungen erdnaher Magnetfeldstrukturen können, durch Induktionsprozesse ausgelöst, plötzliche Überlastungen von Kraftwerken oder langfristig auftretende Erosionserscheinungen in Rohrleitungen insbesondere in polnahen Bereichen zur Folge haben.

Entsprechend der Bedeutungszusammenhänge der Begriffe „Erdklima" und „Wetter" bezeichnet das „Weltraumklima" langfristige Entwicklungen des „Weltraumwetters". Falls nicht plötzlich eine Supernova-Explosion in der Nähe unseres Sonnensystems über längere Zeit eine dramatische Verstärkung der kosmischen Strahlung in Erdnähe zur Folge hätte, so ist in der Regel doch hauptsächlich die Variabilität der Sonnenaktivität auf größeren Zeitskalen für gravierende Änderungen des Weltraumklimas verantwortlich. Neben der Erdatmosphäre schützen heliosphärische Magnetfeldstrukturen sowie das Erdmagnetfeld das Leben bekanntlich vor allzu starker kosmischer Strahlung. Nicht erst die neuen Forschungsergebnisse des sogenannten CLOUD-Experiments (Cosmics Leaving OUtdoor Droplets) am CERN, dem bekannten Forschungsinstitut für Teilchenphysik in der Schweiz, legen nahe, dass kosmische Strahlung auch deutlichen Einfluss auf die Wolkenbedeckung der Erde und damit auch auf das Erdklima haben könnte.

Die Sonne ist der Motor für das Erdklima. Sie versorgt unseren Planeten mit der notwendigen Energie, die fast alle in der Erdatmosphäre, in der Biosphäre, im Erdboden, in den Ozeanen und in der Kryosphäre ablaufenden Klimaprozesse treibt. Die mögliche Rolle der zurzeit im infraroten und sichtbaren Wellenlängenbereich nur sehr wenig schwankende globale Einstrahlung der Sonne auf unseren Planeten im Zusammenhang mit der beobachteten globalen Erderwärmung bleibt umstritten. Die stark schwankende UV-Ausstrahlung der Sonne kann jedoch deutlichen Einfluss auf den Temperaturverlauf in der Stratosphäre und die uns schützende Ozonschicht nehmen. Das Klima beeinflussende großskalige erdatmosphärische Strömungen wie die am Äquator aufgrund starker Aufheizung aufsteigenden Hadley-Zellen sowie großräumige Windstrukturen verändern ihre Ausprägung merklich im Verlauf des 11-jährigen Sonnenaktivitätszyklus.

Beispielsweise während der kleinen mittelalterlichen Eiszeit gab es eine mehrere Sonnenzyklen lang andauernde, als Maunder-Minimum bezeichnete Phase, in der Sonnenflecken fast gar nicht beobachtet wurden. Könnte es nicht sein, dass in solchen Zeiten geringer solarer Aktivität der verstärkte Eintritt geladener kosmischer Strahlung Wolkenkondensationsprozesse in der Troposphäre so wesentlich verstärkt hat, dass dies die damals beobachteten globalen Temperaturerniedrigungen zur Folge hatte?

2.7 Heliophysik und der magnetische Kosmos

Im Rahmen der Heliophysik lassen sich die meisten physikalischen Prozesse, die unter dem Einfluss kosmischer Magnetfelder auch außerhalb des Sonnensystems im fernen Universum von großer Bedeutung sind, teilweise vor Ort und häufig anhand hochaufgelösten Datenmaterials hervorragend studieren. Dabei geht es um Dynamoprozesse zur Erzeugung der Magnetfeldstrukturen, um Rekonnexions- und Beschleunigungsprozesse, die die Änderung magnetischer Topologien und die Freisetzung magnetischer Energien zur Beschleunigung geladener kosmischer Partikel ermöglichen. Es lassen sich die Energieübertragung durch magnetische Wellen, die Aufheizung von Plasmamaterie sowie die an Stoßfronten ablaufenden Prozesse verstehen. Die Sonne ist der uns mit großem Abstand nächste und deshalb am besten erforschte Stern. Seine Entwicklungsgeschichte ist für so viele andere Sterne im Universum typisch. Seine durch Einfluss magnetischer Prozesse mitbestimmte Geschichte sowie die Vorgänge in den Magnetosphären der ihn umkreisenden Planeten lassen sich so exemplarisch für so viele der in unserer Milchstraße oder in fernen Galaxien anzutreffenden Sonnensysteme studieren.

Wie entstehen die Sterne, die Planeten und Monde in den sie umgebenden stellaren Akkretionsscheiben? Wie entwickeln sie sich, wie beenden sie ihr Leben? Wie entstanden die ersten Galaxienhaufen im frühen Universum, wie hat sich unsere Milchstraße bis heute entwickelt? Was passiert, wenn diese verschiedenen Himmelsobjekte miteinander wechselwirken? Und was bewirken die gewaltigen Energiemengen, die bei solchen Zusammenstößen mehr oder weniger explosionsartig freigesetzt werden? Für die Beantwortung all dieser Fragen wurde in der Frühzeit der astrophysikalischen Forschungsgeschichte oft ausschließlich die besondere Bedeutung der Gravitationskraft, später auch die der Rotationsbewegungen der Himmelsobjekte herausgestellt. Heute wird die besonders wichtige Rolle auch der kosmischen Magnetfelder mehr und mehr anerkannt.

Grundlegende Erkenntnisse über die vielfältigen, fast überall im Kosmos ablaufenden magnetischen Prozesse werden dabei oft im Forschungsbereich der Heliophysik gewonnen. Die Sonnenphysik wird heute, mehr denn je, als ein wichtiger Teilbereich der Astrophysik angesehen.

Die folgenden Kapitel dieses Buches über den magnetischen Kosmos werden von einem wichtigen Schwerpunktthema durchzogen, das sowohl bei der Behandlung der Sternentstehung, am Ende des Sternenlebens als auch in aktiven Galaxien und bei Kollisionsprozessen der verschiedenen Himmelsobjekte von großer Bedeutung ist. Um jeweils zentrale, relativ kompakte Objekte bilden sich in vielen Fällen aus Staub, Gas und kleineren Objekten bestehende flache, rotierende Materiescheiben aus, in denen teilweise ionisierte Materie zum Zentralobjekt transportiert wird. Bipolar nach oben und unten strömen Teilchenwinde von diesen Akkretionsscheiben aus. Es bilden sich beidseitig stark gebündelte, länglich schmale Jet-Strukturen aus. An deren Enden entstehen Schockfronten beim Zusammenstoß mit dem umgebenden Medium.

Im Rahmen dieses als Scheiben-Jet-Paradigma bezeichneten physikalischen Prozessgefüges spielen magnetische Prozesse eine zentrale Rolle. Durch ihre Vermittlung wird in den Akkretionsscheiben und den Jets magnetischer Drehimpuls effektiv abgeführt, sodass eine ausreichende Materieverdichtung im Zentralobjekt möglich wird. Magnetischer Druck und magnetische Spannung beschleunigen die Materie in den abströmenden Winden und kollimieren die Jet-Strukturen.

Magnetfelder können in kosmischen Dynamoprozessen durch Induktionseffekte nur erzeugt werden, wenn anfängliche magnetische Saatfelder vorhanden sind. Ohne die Klärung der Frage, wie solche schwachen Felder im frühen Universum einmal entstanden sein könnten, sollte ein Buch über den magnetischen Kosmos nicht enden. Im einem letzten Kapitel dieses Buches wird zusammenfassend beschrieben, wie heute und in Zukunft neue Erkenntnisse über die Rolle kosmischer Magnetfelder gewonnen werden, welche Grenzen solche Erkenntnisgewinnungsprozesse aber auch haben können.

Weiterführende Literatur

Aschwanden M (2011) Self-organized criticality in astrophysics—the statistics of nonlinear processes in the universe. Springer, Berlin

Birn J, Priest E (2007) Reconnection of magnetic fields—magnetohydrodynamics and collissionless theory and observations. Cambridge University Press, Cambridge

Bittencourt JA (2004) Fundamentals of plasma physics. Springer-Verlag, New York

Boyd TJM, Sanderson JJ (2003) The physics of plasmas. Cambridge University Press, Cambridge

Brandt JC, Chapman RD (1994) Rendezvous im Weltraum – Die Erforschung der Kometen. Birkhäuser, Basel

Choudhuri AR (1998) The physics of fluids and plasmas—an introduction for astrophysicists. Cambridge University Press, Cambridge

Glassmeier KH, Scholer M (Hrsg) (1991) Plasmaphysik im Sonnensystem. BI Wissenschaftsverlag, Mannheim

Lang B (2006) Das Sonnensystem – Planeten und ihre Entstehung (Astrophysik aktuell). Springer – Spektrum Akademischer Verlag, Heidelberg

Kallenrode MB (2001) Space physics—an introduction to plasmas and particles in the heliosphere and magnetosphere. Springer-Verlag, Berlin

Kippenhahn R (1990) Der Stern, von dem wir leben – Den Geheimnissen der Sonne auf der Spur. Deutsche Verlags-Anstalt GmbH, Stuttgart

Kippenhahn R, Möllenhoff C (1975) Elementare Plasmaphysik. Bibliographisches Institut, Mannheim

Krause F, Rädler KH (1980) Mean field magnetohydrodynamics and dynamo theory. AkademieVerlag, Berlin (Pergamon Press, Oxford)

Lang KR (1995) Sun, earth and sky. Springer-Verlag, Berlin

Odenwald St (2001) The 23rd cycle—learning to live with a stormy star. Columbia University Press, New York

Parker EN (2007) Conversations on electric and magnetic fields in the cosmos. Princeton University Press, Princeton

Pater I de, Lissauer JJ (2001) Planetary sciences. Cambridge University Press, Cambridge

Pfoser A, Eklund T (2011) Polarlichter – Feuerwerk am Himmel. Oculum-Verlag GmbH, Erlangen

Priest E, Forbes T (2000) Magnetic reconnection—MHD theory and application. Cambridge University Press, Cambridge

Prölss GW (2001) Physik des erdnahen Weltraums. Springer Verlag, Berlin

Proctor MRE, Gilbert AD (Hrsg) (1994) Lectures on solar and planetary dynamos. Cambridge University Press, Cambridge

Rebhan E (1992) Heißer als das Sonnenfeuer – Plasmaphysik und Kernfusion. R. Piper GmbH & Co KG, München

Rüdiger G, Hollerbach R (2004) The magnetic universe—geophysical and astrophysical dynamo theory. WILEY-VCH Verlag GmbH & Co, KgaA, Weinheim

Schrijver CJ, Siscoe GL (Hrsg) (2009) Heliophysics—plasma physics of the local cosmos. Cambridge University Press, Cambridge

Schrijver CJ, Siscoe GL (Hrsg) (2010) Heliophysics—space storms and radiation: causes and effects. Cambridge University Press, Cambridge

Schrijver CJ, Siscoe GL (Hrsg) (2010) Heliophysics—evolving solar activity and the climates of space and earth. Cambridge University Press, Cambridge

Spruit HC (2013) Essential magnetohydrodynamics for astrophysics. http://arxiv.org/pdf/1301.5572.pdf

Stix M (2002) The sun—an introduction. Springer, Berlin

Vahrenholt F, Lüning S (2012) Die kalte Sonne – Warum die Klimakatastrophe nicht stattfindet. Hoffmann und Campe Verlag, Hamburg

von Kusserow U (2004) Elemente der modernen Sonnenforschung. Astronomie + Raumfahrt im Unterricht 79

von Kusserow U (2008–2013) Artikelsammlung zum Thema Heliophysik. http://uvkusserow.magix.net/website#Artikel

von Kusserow U (2013) Im Bann der Sonne – Der Einfluss der Sonnenaktivität auf die Erde. interstellarum –Zeitschrift für Praktische Astronomie, Thema 1/2013

Zirin H (1988) Astrophysics of the sun. Cambridge University Press, Cambridge.

Kapitel 3

Sternentwicklung und Magnetfelder

„Je größer unsere Unkenntnis [über einen Prozess]ist, umso stärker muss [dabei] der Einfluss des Magnetfeldes sein."

(Lodewijk Wolter, 1965)

Die Sonne entstand vor vermutlich etwa 4,6 Mrd. Jahren in einem Spiralarm der Milchstraße. Nach dem gravitativen Kollaps und der Fragmentation einer Molekülwolke im Orion-Arm unserer Galaxie bildeten sich Protosterne innerhalb eines Sternhaufens aus. Diese rotierenden jungen Sterne waren von Akkretionsscheiben umgeben, in denen sich die von ihnen angezogene Materie aufgrund ihres hohen Drehimpulses vorerst sammelte. Während sich die Masse der unterschiedlich schweren Zentralsterne langsam vergrößerte, kam es immer wieder auch zu Wechselwirkungsprozessen mit benachbarten Sternsystemen. Sehr wahrscheinlich wurde die junge Sonne bei einem solchen Prozess aus einem jungen Sternhaufen herausgeschleudert. Sie wurde zum Einzelstern.

Etwa 50 Mio. Jahre nach dem Start des Geburtsvorgangs zündete das Wasserstoff-Fusionsbrennen im Inneren der Sonne. Die Verschmelzung von Wasserstoff zu Helium setzte große Mengen an Energie frei, die die Leuchtkraft der jungen Sonne zunehmend verstärkte. Zu diesem Zeitpunkt war es bereits zu Materieverklumpungen in der die Protosonne umgebenden Staubscheibe gekommen.

Unter dem Einfluss der Gravitationskräfte hatten sich Asteroiden, Planetenembryos, schließlich Protoplaneten gebildet. Seit mehreren Milliarden Jahren erzeugt die Sonne in ihrem Hauptreihen-Stadium Energie durch stabiles Wasserstoffbrennen. Sie bestimmt das Weltraumwetter, das verstärkt Einfluss auf das sie umgebende Planetensystem nimmt.

In der Hauptreihen-Entwicklungsphase der Sterne besteht ein stabiles Gleichgewicht zwischen der Gravitationskraft und der durch den Gasdruck ausgeübten Kraft. Wenn der Wasserstoff-Fusionsprozess im Zentralbereich des Sterns aufgrund fehlenden Brennmaterials einen zu geringen Gasdruck erzeugt, dann kontrahiert der Stern und heizt sich dabei auf. Wasserstoff-Schalenbrennen, später auch das Heliumbrennen im Kern übernehmen jetzt die Energieerzeugung. Das radial und in Schüben nach außen vordringende Schalenbrennen führt so in späteren Entwicklungsphasen zu einem rhythmischen Abstoßen der äußeren Hüllen des Sterns.

Nach weiteren Phasen des Fusionsbrennens, in denen Helium-, Kohlenstoff- und Sauerstoff-Atome entstehen, wird die Energieerzeugung im Inneren der Sonne nach etwa 10 Mrd. Jahren vollständig erlöschen. Ein sich ausbreitender farbenprächtiger planetarischer Nebel bildet sich dann um ihren freigelegten heißen inneren Kern. Bei diesem als Weißer Zwerg bezeichneten „alten" Stern sorgt ein als Elektronenentartung bezeichneter Materiezustand dafür, dass der jetzt etwa erdgroße Sternenrest kaum weiter kontrahiert.

Sterne entstehen in den Molekül- und Staubwolken nicht isoliert, sondern in Sternhaufen. Häufig findet man Mehrfachsternsysteme, in denen sich zwei oder mehrere Sterne umkreisen. Viele Sterne haben eine sehr viel geringere Masse als die Sonne und leben sehr viel länger. Massereiche Sterne mit mehr als acht Sonnenmassen und einem typischen Lebensalter von nur wenigen Millionen Jahren findet man dagegen nicht so häufig.

Schnell hintereinanderablaufende Fusionsprozesse erbrüten in besonders massereichen Sternen Atome bis hin zum Eisen. Die Synthese noch schwererer Nukleonen erfolgt dann durch Anlagerung weiterer Neutronen an diese Atomkerne. Nach dem Erlöschen aller Fusionsprozesse kann eine Elektronenentartung wie beim Weißen Zwerg den vollständigen Zusammenfall dieser Sternleichen aber nicht verhindern. Bei Sternen mit Anfangsmassen von bis zum etwa Dreißigfachen der Sonnenmasse verhindert aber noch die Entartung der Neutronen den unausweichlichen Kollaps in ein Schwarzes Loch. Sie überleben als Neutronensterne.

Sterne mit mehr als acht Sonnenmassen beenden ihr Leben in einer Supernova-Explosion. Nach dem Erlöschen der Fusionsprozesse wird die nach innen fallendende Materie im Oberflächenbereich des entstandenen Proto-Neutronensterns zurückgeworfen. Eine besonders schnell nach außen vordringende Stoßwelle sowie der Ausstoß von Neutrinos können den explosionsartigen Auswurf der äußeren Sternhülle in das interstellare Medium bewirken. Noch massereichere Sterne beenden ihr Leben nach einer Supernova-Explosion vermutlich als stellares Schwarzes Loch. Keine Kraft kann den vollständigen Kollaps verhindern. Plötzliche Gammastrahlen-Ausbrüche begleiten diese Prozesse.

Supernova-Explosionen eines anderen Typs finden statt, wenn ein Weißer Zwerg in einem engen Doppelsternsystem von seinem Partner mit genügend großen Materiemengen versorgt wird. In engen Doppelsternsystemen können beim Zusammenstoß von kompakten Objekten wie Weißen Zwergen, Neutronensternen oder Schwarzen Löchern unter Umständen gewaltige Mengen an Energie in Form von besonders kurzzeitigen Gammablitzen freigesetzt werden.

Im Laufe der Sternentwicklungsgeschichte sind in der Milchstraße bereits mehrere 100 Mrd. Sterne entstanden. Die Sternentstehungsrate hat sich dabei im Laufe der Zeit deutlich verändert, reduziert.

Heute entsteht in unserer Galaxie vermutlich nur noch etwa ein Stern pro Jahr. Fusionsprozesse und Supernova-Explosionen haben in den vergangenen 12 Mrd. Jahren die Nukleosynthese schwererer Elemente vorangetrieben. Im frühen Universum waren solche Elemente noch nicht erbrütet, so dass der Prozess der Sternentstehung damals deutlich andersablief. Die erste Protosterne waren vermutlich meist sehr viel massereicher.

In Sternentstehungsgebieten, in jungen Protosternen, in sonnenähnlichen, aber auch in sehr viel leichteren oder massereicheren Hauptreihensternen lässt sich die Existenz kosmischer Magnetfelder nachweisen. Magnetische Flussdichten vom Mikro- bis zum Kilogauß-Bereich können dabei gemessen werden. Am Ende des Sternenlebens entstandene kompakte Objekte wie Weiße Zwerge, Neutronensterne und vor allem Magnetare besitzen besonders starke Magnetfelder mit bis zu 10^{16} G. Die gebündelte und pulsartige Aussendung periodischer Signale erfordert den Ablauf hochenergetischer Prozesse in den Magnetosphären schnell rotierender Pulsare. In den sich explosionsartig ausbreitenden Materieschalen einer Supernova-Explosion sind Magnetfelder für die Beschleunigung hochenergetischer Teilchen verantwortlich. Simulationsrechnungen zur Erklärung von Gammastrahlen-Ausbrüchen in Kollaps- oder Kollisionsvorgängen bestätigen die Wirkung extrem starker Magnetfelder.

Der Einfluss kosmischer Magnetfelder auf die Entwicklungsprozesse unterschiedlicher Sterntypen ist vielfältig und häufig von entscheidender Bedeutung. So steuern die das interstellare Medium durchsetzenden Magnetfeldstrukturen die Verdichtungs- und Fragmentierungsprozesse in den molekularen Gas- und Staubwolken. Die in den Scheiben-, Jet- und Korona-Strukturen in der Umgebung junger Protosterne nachgewiesenen Materie-, Energie- und Drehimpulstransportprozesse würden ohne die Vermittlung magnetischer Felder nicht ablaufen können.

Ähnlich wie bei der Sonne werden die das Weltraumwetter in Sternhaufen prägenden stellaren Eruptionen und Winde wesentlich durch magnetische Prozesse getrieben. Kosmische Dynamos erzeugen dafür die sich zeitlich entwickelnden Magnetfelder der Hauptreihensterne. Magnetische Turbulenzen und Rekonnexionsprozesse, der Einfluss magnetohydrodynamischer Wellen sowie magnetisierte Stoßfronten bewirken die Aufheizung und Umstrukturierung des umgebenden Mediums. Sie ermöglichen die Beschleunigung hochenergetischer Partikel.

Im Außenbereich oszillierender Sterne können eingelagerte Magnetfelder Einfluss auf epochenartig abströmende Sternwinde nehmen. Beim schnellen Kollaps massereicher Einzelsterne nach dem Erlöschen der Fusionsprozesse verdichten sich die Feldstrukturen im Zentralbereich. In der heißen Schockfront im Oberflächenbereich von Proto-Neutronensternen können einsetzende Konvektionsströmungen vermutlich kurzzeitig wirksame Dynamoprozesse zur Erzeugung besonders starker Magnetfelder von Magnetaren treiben. Bei Supernova-Explosionen werden abströmende Magnetfeldstrukturen weiter verdichtet.

Bei der Implosion eines besonders massereichen und schnell rotierenden Sterns entsteht im Zentrum vermutlich ein rotierendes Schwarzes Loch. Dieses als Kollapsar bezeichnete Himmelsobjekt saugt durch Akkretion die umgebende Restmaterie auf. Sowohl bei diesem Vorgang als auch beim Zusammenstoß von Neutronensternen oder Schwarzen Löchern in engen Doppelsternsystemen werden gewaltige Mengen an Gravitationsenergie freigesetzt. Oberhalb und unterhalb der entstandenen Akkretionsscheibe bilden sich stark kollimierte, relativistische Jet-Strukturen aus. Simulationsrechnungen zeigen, wie wichtig magnetische Prozesse für die Initiierung, Beschleunigung, Kollimation und für die Strahlungsprozesse innerhalb der dabei erzeugten hochenergetischen Gammastrahlen-Ausbrüche sein können.

3.1 Sternentstehung in Molekülwolken

Gravitationskräfte bewirken die Umformung diffuser Gaswolken in kompaktere Materieansammlungen. Wenn eine kritische Masse überschritten ist, beginnt der Kollaps der Wolke. Entstandene Sterne senden hochenergetische Strahlung ins interstellare Medium aus. Dies führt zur Ionisation einzelner Atome, Moleküle und Staubpartikel in den Molekül- und Staubwolken. Die Materie befindet sich im Plasmazustand. Von kurzlebigen massereichen Sternen ausgehende intensive Sternenwinde, heiße Stoßfronten und von aufeinanderfolgenden Supernova-Explosionen gebildete Superblasen heizen die umgebende interstellare Materie weiter auf. Die Materie wird turbulent durchmischt, lokal beschleunigt und in einigen Gebieten, wie von Schneepflügen zusammengeschoben, weiträumig verdichtet.

Das interstellare Medium in Sternentstehungsgebieten in Spiralarmen der Milchstraßen-Galaxie ist mehr oder weniger homogen, lokal gesehen aber ungeordnet von Magnetfeldern durchsetzt. Die Ausrichtung dieser mehrere Mikrogauß starken Felder verläuft außerhalb „aktiver" Sternhaufen vorzugsweise parallel zu den Spiralarmen. Es stellt sich die zentrale Frage nach der Rolle kosmischer Magnetfelder bei diesen frühen Sternentstehungsprozessen. Fördern oder unterstützen sie den Kollaps sowie die Fragmentierung der teilweise ionisierten Gaswolken in verschiedene Verdichtungskerne?

Die von den aktiven Sternen ausgehende Strahlung ermöglicht die Ionisation der neutralen Atome und Moleküle. In ein besonders dünnes Medium können hochenergetische Photonen ungehindert eindringen. Hier befindet sich die Materie, durchsetzt von neutralen Atomen, Molekülen sowie Staubpartikeln, im Plasmazustand. In bereits stark verdichteten Wolken mit noch kühlerer Materie ist der Ionisationsgrad der Materie demgegenüber aber gering. Neutrale

Partikel können relativ ungehindert durch existierende magnetische Feldstrukturen hindurchschlüpfen, da die magnetische Lorentzkraft nicht auf sie wirkt. Sie können allerdings durch Stoßprozesse mit den an die Magnetfelder gebundenen Ionen und Elektronen abgebremst, beschleunigt oder abgelenkt werden.

Nach der einfachen Modellvorstellung bewegen sich geladene Teilchen auf Spiralbahnen um die Magnetfeldlinien. Sie haben dabei eine Bewegungsfreiheit bevorzugt längs der Feldstrukturen, nicht quer zu ihnen. In einem nicht idealen, resistiven Medium mit eingeschränkter elektrischer Leitfähigkeit ist eine Diffusion von Ionen und Elektronen quer zum Feld in begrenztem Umfang möglich. Diese Bewegungsmuster neutraler und durch elektrische Kräfte aneinandergekoppelter, unterschiedlich geladener Partikel in magnetischen Feldstrukturen des nur teilweise ionisierten Plasma beschreiben Wissenschaftler mit dem Begriff der ambipolaren Diffusion (siehe Kap. 2).

Beim Kollaps in interstellaren Gaswolken wären die Magnetfelder unter idealen magnetohydrodynamischen Bedingungen vollständig in die sich zunehmend verdichtende Materie eingefroren. Die Feldstrukturen würden, im anschaulichen Modellbild betrachtet, ebenfalls verdichtet, also verstärkt werden. Die dadurch bewirkte Zunahme des magnetischen Drucks könnte eine weitere Kontraktion der Molekülwolke stark behindern, wenn nicht unmöglich machen. Der freie gravitative Kollaps setzt in Abhängigkeit nicht nur von der Materiedichte und der Wolkentemperatur erst nach dem Erreichen einer auch magnetisch beeinflussten kritischen Masse ein. Magnetfelder nehmen so deutlichen Einfluss auf die Sternentstehungsrate im interstellaren Medium.

Aufgrund der ambipolaren Diffusion im nur teilweise ionisierten, resistiven Plasma kann sich zumindest die neutrale Materie im Laufe der Zeit verstärkt im Zentralbereich einer magnetisierten

Molekülwolke verdichten. Wahrscheinlich sinkt hier auch der Ionisierungsgrad der Materie, weil das Eindringen ionisierender kosmischer Strahlung bei zunehmender Materiedichte erschwert ist. Von einer vollständigen Eingefrorenheit magnetischer Feldlinien kann dann nicht mehr ausgegangen werden. Unter Umständen zerstört eine Vielzahl kleinskaliger magnetischer Rekonnexionsprozesse im turbulenten Medium die den Materiekollaps behindernden großräumigeren Feldstrukturen. Ein gravitativer Kollaps im zentralen Kern einer sich verdichtenden Molekülwolke könnte so durchaus erfolgen. Stärkere magnetische Flussdichten würde man danach eher im Außenbereich kollabierender Wolken vermuten.

Abschätzungen der typischen kinetischen, turbulenten und magnetischen Energiedichten im interstellaren Medium zeigen, dass sie größenordnungsmäßig recht gut übereinstimmen. Ob der Kollaps einer Molekülwolke unter Ausbildung einer Ansammlung unterschiedlich massereicher Protosterne erfolgen kann, hängt dabei von verschiedenen Bedingungen ab. Die Masse der sich verdichtenden kühlen Materiewolke muss auf jeden Fall größer als die magnetisch beeinflusste kritische Masse sein. Erst wenn das Verhältnis des Einflusses der Wolkenmasse im Vergleich zum magnetischen Fluss genügend groß ist, kann ein Kollaps erfolgen.

Die Frage, ob eine Fragmentierung der Molekülwolken durch interstellare Magnetfelder eher unterstützt oder behindert wird, ist bis heute nicht endgültig geklärt. In Simulationsrechnungen versucht man herauszufinden, mit welchen typischen Massenverteilungen die einzelnen Fragmente in solchen Wolken entstehen. Die Wissenschaftler gehen davon aus, dass sich die teilweise ionisierte Materie zu Beginn des Verdichtungsprozesses im Wesentlichen entlang magnetischer Feldstrukturen zum Äquatorbereich der zunehmend schneller rotierenden und flacher werdenden Molekülwolke hin bewegt. Zufällig verteilte, unterschiedlich starke Felder bewirken hier lokale Materieverdichtungen unterschiedlichem Umfangs. Der Einfluss der Lorentzkräfte entscheidet mit darüber, ob und mit welcher Massenverteilung Fragmente durch weitere Verdichtungen aufgrund ambipolarer Diffusion entstehen können.

Systematische oder stochastische Prozesse bilden ganz unterschiedliche Rotationsmuster in den Wolkenformationen innerhalb der Spiralarme der Milchstraße aus. Bei zunehmender Verdichtung einer rotierenden Gaswolke muss der von der Masse und Abmessung sowie von der Winkelgeschwindigkeit des Systems abhängige Drehimpuls wegen eines entsprechenden Erhaltungssatzes konstant bleiben. Genauso wie sich die Umdrehungsgeschwindigkeit einer Eiskunstläuferin bei einer Pirouette dadurch erhöht, dass sie ihre Arme anzieht, so rotiert auch eine sich verdichtende Gaswolke mit zunehmender Winkelgeschwindigkeit. Dies hat eine stetige Verstärkung der nach außen wirkenden Zentrifugalkräfte zur Folge. Damit die Gaswolke beim gravitativen Kollaps nicht in Teilen zerreißt, müssen effektive physikalische Prozesse rechtzeitig für einen Abtransport des Drehimpulses sorgen. Die sogenannte Magneto-Rotationsinstabilität (Einschub 5, Abb. 3.1) ist nach Ansicht der Wissenschaftler der wirkungsvollste Mechanismus, der dies ermöglicht.

> **?**
>
> ## Einschub 5. Drehimpulstransport und die Magneto-Rotationsinstabilität
>
> In einem rotierenden und sich zeitlich verdichtenden Materiesystem wächst die Winkelgeschwindigkeit Ω, mit der es rotiert. Dies erfolgt aufgrund des allgemein geltenden Erhaltungssatzes für den Gesamtdrehimpuls $L = \Theta\Omega$ eines in sich abgeschlossenen Systems. Das Trägheitsmoment Θ ist dabei von der Massenverteilung und der Abmessung des Systems abhängig. Wenn sich Letztere und damit auch Θ verkleinert, dann muss sich Ω vergrößern, damit L konstant bleibt. Das System rotiert folglich zunehmend schneller.
>
> Damit ein schneller rotierendes astrophysikalisches System aufgrund der damit einhergehenden Zunahme der Zentrifugalkraft vom Betrag $F_Z = m\Omega^2 r$ (m Masse des Körpers im Abstand r vom Rota- ▶

▶ tionszentrum) nicht zerreißt, muss der Drehimpuls abgeführt werden. Ohne einen solchen effektiven Abtransport könnte sich Materie in rotierenden Akkretionsscheiben nicht in Richtung auf ein zentrales Himmelsobjekt zu bewegen. Die Masse eines Zentralobjektes würde dann zeitlich nicht anwachsen können. Wie Planeten in Sternsystemen würden die Materie auf ihrem Orbit ohne die Wirkung von Reibungskräften den Abstand zum Zentralobjekt beibehalten. Nur genügend starke Reibung durch turbulente Viskosität könnte den Abtransport sowie den damit einhergehenden Materietransport zum Zentralobjekt bewerkstelligen.

Ein Körper mit relativ geringer Masse m dreht sich um ein sehr schweres Zentralobjekt der Masse M auf einer Kreisbahn vom Radius r mit einer Winkelgeschwindigkeit $\vec{\Omega}$. Ohne Reibung gleichen sich die auf ihn wirkende Gravitationskraft $\vec{F}_G$ und die entgegengesetzt orientierte Zentrifugalkraft $\vec{F}_Z$ betragsmäßig aus.

$$F_G = G\,\frac{mM}{r^2} \quad F_Z = m\Omega^2 r$$

$$F_Z = F_G \Rightarrow \Omega = \sqrt{G\,\frac{M}{r^3}} \propto \frac{1}{r^{1.5}} \tag{3.1}$$

Da der Betrag der Winkelgeschwindigkeit wegen (3.1) mit abnehmenden Radius zunimmt, umlaufen näher am Zentralobjekt liegende Körper diesen in kürzerer Zeit als weiter entfernte (Abb. 3.1, *oben*).

Befindet sich die Materie in Akkretionsscheiben im Plasmazustand, so können sich vorhandene Magnetfeldstrukturen näherungsweise wie in die Materie eingefroren verhalten. Benachbarte, aufgrund ihres unterschiedlichen Abstandes mit unterschiedlicher Winkelgeschwindigkeit rotierende Materiepartikel, verhalten sich so aufgrund der zwischen ihnen wirkenden magnetischen Spannung wie aneinandergekoppelt (Abb. 3.1, *unten*). Das innere Teilchen mit der höheren Winkelgeschwindigkeit wird durch das äußere Teilchen abgebremst. Es bewegt sich auf einer Spiralbahn näher zum Zentralobjekt. Das äußere Teilchen wird demgegenüber beschleunigt und auf eine entferntere Bahn gehoben. So lässt sich modellhaft anschaulich erklären, dass durch diesen als Magneto-Rotationsinstabilität bezeichneten Prozess Materie, magnetisch vermittelt, aus der Akkretionsscheibe zum Zentralobjekt gelangen kann. Dabei wird der Drehimpuls nach außen abgeführt. ▶

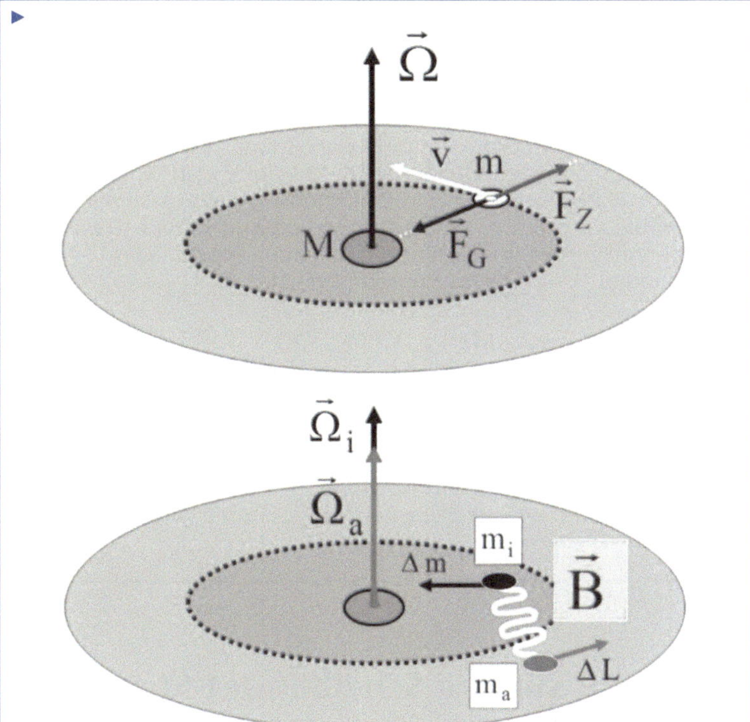

Abb. 3.1 Kepler-Rotation und die Wirkungsweise der Magneto-Rotations-Instabilität. Die Radiusabhängigkeit der Winkelgeschwindigkeit, mit der sich ein Körper mit der Geschwindigkeit und der Masse m ohne Einfluss von Reibungskräften um ein Zentralobjekt der Masse M bewegt, lässt sich durch Gleichsetzung der wirkenden Zentrifugal- und Gravitationskräfte ermitteln (*obere Abbildung*). In Akkretionsscheiben mit einem nach Johannes Kepler benannten Rotationsmuster verringert sich die Winkelgeschwindigkeit mit zunehmendem Abstand vom Zentralobjekt. Für ein weiter innen rotierendes Partikel mit der Masse m_i ist W größer als für das weiter außen rotierende Partikel der Masse m_a ($W_i > W_a$). Besteht eine (in der *unteren Abbildung* durch eine Schlangenlinie angedeutete) magnetische Kopplung zwischen den beiden Partikeln, so wird das innere (äußere) Teilchen abgebremst (beschleunigt), bewegt sich dadurch näher zum (weg vom) Zentrum. Materie kann so nach innen transportiert, Drehimpuls nach außen abgeführt werden. (© U. v. Kusserow) ▶

> ▶ Diese wirkungsvolle, ebenfalls auch nach den theoretischen Astrophysikern S. A. Balbus und J. F. Hawley benannte Instabilität, kann in differenziell rotierenden Himmelsobjekten wirksam werden, die von relativ schwachen Magnetfeldstrukturen mehr oder weniger senkrecht durchsetzt sind. Umfangreiche Modellrechnungen zeigen, dass eine Abnahme des Quadrates Ω^2 der Winkelgeschwindigkeit mit zunehmendem Abstand r vom Zentralobjekt das Entscheidungskriterium, die Voraussetzung für ihre Wirksamkeit ist. Für Akkretionsscheiben mit einem sogenannten keplerschen Rotationsprofil gemäß Gleichung (3.1) wird dieses Kriterium erfüllt.
>
> $$\frac{\partial \Omega^2}{\partial r} \propto \frac{\partial \frac{1}{r^3}}{\partial r} = -\frac{3}{r^4} < 0 \qquad (3.2)$$
>
> Die Balbus-Hawley-Instabilität erzeugt Turbulenzen, die die Viskosität im Medium erhöhen. Sie bewirkt den Abtransport von Drehimpuls sowie den Materiefluss. Sie unterstützt die Erzeugung kosmischer Magnetfelder in Dynamoprozessen unter anderem auch in Akkretionsscheiben.

3.2 Protostellare Scheiben-Jet-Strukturen

Der gravitative protostellare Kollaps fragmentierter Molekülwolken endet mit der Ausbildung rotierender Protosterne von ganz unterschiedlicher Masse. Diese jungen Sternvorläufer kontrahieren langsam weiter. Gas-, Strahlungs- und Gravitationsdruck halten sich dabei in etwa die Waage. Im sichtbaren Wellenlängenbereich bleiben diese jungen Sterne dem Beobachter aber noch verborgen. Sie sind von einer dichten Materiehülle umgeben, in deren Zentralbereich sich mittels der Zentrifugalkräfte scheibenförmig abgeplattete Verdichtungen um den Protostern ausbilden. Der Zustrom von Materie aus der sich entwickelnden Akkretionsscheibe erhöht die Masse des jungen Zentralsterns. Als besonders sicheres erstes Indiz für die Entstehung eines neuen Sterns zeigen sich gebündelte bipolare Materie-Ausströmungen, die die noch dichten Wolkenstrukturen oberhalb und unterhalb der Akkretionsscheibe durchstoßen haben. Der Protostern ist von einer Scheiben-Jet-Struktur umgeben (BT 11, 12). Die Abmessungen solcher protostellaren Scheiben entsprechen etwa dem Hundertfachen des Abstandes der Sonne von der Erde. Die Ausströmungen in den Jet-Kanälen erfolgen mit typischen Geschwindigkeiten von 300 km/h.

Die erstmals im Sternbild Stier (Taurus) studierten sogenannten T-Tauri-Sterne sind Prototypen besonders junger Sterne mit Massen zwischen 0,07 und 3 Sonnenmassen. Noch kontrahierend haben sie die Hauptreihenphase stabilen Wasserstoffbrennens zwar bisher nicht erreicht. Seit weniger als 1 Mio. Jahre könnten in ihrem Kernbereich aber bereits erste thermonukleare Reaktionen ablaufen. Das Erscheinungsbild dieser Himmelsobjekte ist im sichtbaren Wellenlängenbereich durch eine den eigentlichen Stern verdunkelnde scheibenförmige Wolke mit beidseitig senkrecht dazu verlaufenden lang gestreckten Jets charakterisiert. Der verdeckte Stern regt das Leuchten von Gaswolken oberhalb und unterhalb der Akkretionsscheibe an.

Die protostellaren Jets sind von einer Vielzahl knotenartiger Aufhellungen durchsetzt. Dort, wo diese Scheibenwinde auf Widerstand im dem sie umgebenden Medium treffen, bilden sich die nach ihren Entdeckern als Herbig-Haro-Objekte benannten leuchtenden Stoßfronten aus. Beobachtungen lassen vermuten, dass die ausgedehnten, dünnen Akkretionsscheiben dieser protostellaren Systeme in der Regel eine Materielücke um den jungen Stern herum aufweisen. Die zirkumstellaren Scheiben können als Vorläufer der sich später ausbildenden Planetensysteme angesehen werden.

Im vorangegangenen Abschnitt wurden die vielfältigen Einflussmöglichkeiten magnetischer Prozesse in der frühen Phase der Sternentstehung in den Molekülwolken erläutert. Von daher kann es nicht überraschen, dass die beim protostellaren Kollaps in die Plasmamaterie eingebetteten Magnetfelder auch danach eine wichtige Rolle sowohl im Inneren als auch in den Scheiben-Jet-Strukturen der jungen Sterne spielen. Magnetfeldstrukturen können mit dem Plasma transportiert und in Dynamoprozessen verstärkt werden. Sie ermöglichen den Drehimpulstransport, sie wirken strukturbildend, vermitteln die Freisetzung von Energie in Rekonnexionsprozessen und treiben Sternwinde. Es stellt sich die Frage, welche Bedeutung diese protostellaren Magnetfelder später auch im Zusammenhang mit der Entwicklung der Planeten, für den Entstehungsprozess planetarer Magnetfelder sowie das Erscheinungsbild der Magnetosphären dieser Planeten haben.

Magnetfelder in protostellaren Systemen   Sowohl in Protosternen als auch in den sie umgebenden Akkretionsscheiben und den meist senkrecht dazu verlaufenden Jet-Strukturen kann heute die Existenz magnetischer Felder nachgewiesen werden. Anhand von schwierig durchzuführenden Messungen und aus Ergebnissen von Simulationsrechnungen lassen sich die typischen Stärken der hier anzutreffenden magnetischen Flussdichten teilweise allerdings nur grob abschätzen. Auf der Oberfläche von Protosternen können Flussdichten von maximal etwa 3 kG nachgewiesen werden. In Akkretionsscheiben wurden Felder von 30 G gemessen. In protostellaren Jets rechnet man mit Flussdichten im Bereich von ungefähr einem Tausendstel Gauß.

Die jeweilige Ausrichtung der magnetischen Feldstrukturen im Protostern-Scheiben-Jet-System orientiert sich offensichtlich vorrangig an der Orientierung des hier im Spiralarm der Milchstraße bei der Sterngeburt existenten Feldes. Vorzugsweise entlang der galaktischen Magnetfelder verlief die Materieverdichtung. Da diese Feldstrukturen auch als Saatfeld für beginnende Dynamoprozesse infrage kommen, sollte die anfängliche Ausrichtung der Rotationsachse des Systems in der Regel auch recht gut mit der Achse des entstehenden dipolaren Magnetfeldes des Protosterns übereinstimmen (siehe Abb. 3.2).

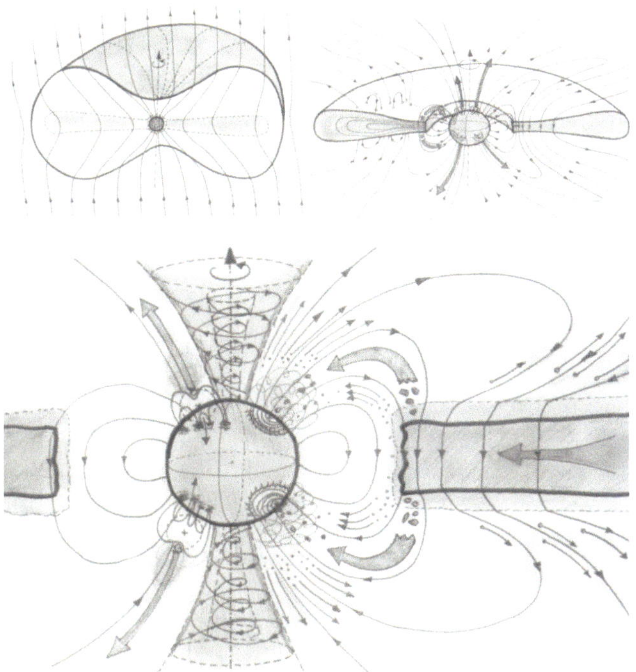

Abb. 3.2 Magnetisch vermittelte Akkretionsprozesse in protostellaren Systemen. Beim gravitativen Kollaps einer Staub- und Gaswolke verdichtet sich die Materie zum zunehmend schneller rotierenden Zentrum hin. Auf Grund der Zentrifugalkräfte sammelt sich die Materie, die den dabei entstandenen Protostern umgibt, in einer zunehmend flacher werdenden Akkretionsscheibe. In die Plasmamaterie eingefrorene interstellare Magnetfeldstrukturen werden hier mit der Materie nach innen transportiert. Konvektive Strömungen im turbulenten und differenziell rotierenden Plasma setzen Dynamoprozesse in Gang, durch die Magnetfelder sowohl im jungen Stern als auch in der Akkretionscheibe erzeugt werden können. Die in der Scheibe wirksame Magneto-Rotations-Instabilität sowie durch protostellare und Scheiben-Magnetfelder getriebene Sternwinde und Jets sorgen für den Abtransport des Drehimpulses, für die Materie-Akkretion und den stetigen Massenzuwachs des Protosterns. Entlang protostellarer Feldstrukturen strömt die Materie zur Sternoberfläche. Beim Aufschlag in sogenannten „hot spots" wird sie aufgeheizt. Magnetohydrodynamische Prozesse unterstützen die Beschleunigung unterschiedlicher Sternwinde. (© U. v. Kusserow)

Im Inneren anfangs zunehmend schneller rotierender Protosterne erfolgt der Energietransport fast vollständig durch Materiekonvektion. Der zur Erhaltung des Drehimpulses im Inneren des Protosterns notwendige Materietransport erfolgt dann wie bei der Sonne in Form von differenzieller Rotation und meridionaler Zirkulation. Unter diesen Voraussetzungen erzeugen Dynamoprozesse protostellare Magnetfelder, die aufgrund der hohen Rotationsrate vermutlich deutlich stärker sind als auf der heutigen Sonne. Magnetische Auftriebskräfte bewirken den Aufstieg magnetischer Flussröhren sowie die Ausbildung großflächigerer und stärkerer bipolarer Fleckengruppen vor allem auch in hohen protostellaren Breiten. Es entstehen besonders große Protuberanzen, die instabil werden können. Bei Flare-Prozessen werden gewaltige Mengen an gespeicherter magnetischer Energie freigesetzt. Heftige Sternwinde und gewaltige koronale Masseauswürfe bestimmen die Dynamik in der Atmosphäre des noch jungen Protosterns.

Die Zunahme der Masse des zunächst noch leichten Sterns erfordert die stetige Materiezufuhr aus der Akkretionsscheibe und der sie großräumig umschließenden Molekülwolke. Um die Advektion, den Transport der Materie in Richtung zum zentralen Protosterns zu ermöglichen, müssen Reibungsprozesse die Partikel abbremsen. Dies impliziert einen Abtransport des Drehimpulses aus der Scheibe. Für die notwendige Erhöhung der Scheibenviskosität wird heute die Wirkung der sogenannten Magneto-Rotationsinstabilität verantwortlich gemacht (siehe Einschub 5). Sie kann in differenziell rotierenden Scheiben, die von schwächeren Magnetfeldstrukturen durchsetzt sind, Turbulenzen erzeugen, die die Reibung im Medium deutlich erhöhen. Durch den Drehimpulstransport und unter dem Einfluss der vom Zentralobjekt ausgeübten Gravitationskräfte gelingen die Akkretion der Materie und das Anwachsen der Protosternmasse.

Mit der akkretierenden Plasmamaterie werden auch die eingefrorenen Magnetfeldstrukturen in Richtung zum Zentralstern transportiert. Unter dem Einfluss starker protostellarer Magnetosphärenfelder stoppt der Akkretionsprozess am inneren Scheibenrand. Wechselwirkungsprozesse zwischen dem Scheibenmagnetfeld und dem Magnetfeld des Protosterns bestimmen die hier ablaufenden Szenarien (Abb. 3.2).

Nicht nur im jungen Stern, sondern auch in der rotierenden Akkretionsscheibe können Magnetfelder in Dynamoprozessen erzeugt werden. Das interstellare Magnetfeld als Saatfeld, die differenziellen Strömungsmuster der Kepler-Rotation sowie die durch die Magneto-Rotationsinstabilität vermittelten turbulenten Strömungsfelder erfüllen unter zusätzlichem Einfluss der Corioliskräfte die dafür notwendigen Voraussetzungen. Die im Scheibeninneren erzeugten magnetischen Flussröhren können aufgrund des magnetischen Auftriebs durch die Oberflächen der Scheibe aufsteigen. Es bildet sich eine Scheibenkorona aus, in der Rekonnexionsprozesse magnetische oder durch Strahlungsdruck getriebene und gelenkte Scheibenwinde unterstützen.

Die die Scheiben-Jet-Strukturen erforschenden Astrophysiker sind heute davon überzeugt, dass magnetische Prozesse wesentlichen Einfluss auf den Antrieb, Transport von Materie und elektromagnetischer Energie sowie auf die Kollimation der Jets und Winde nehmen. Die hierbei wirksamen magnetischen Felder haben ihren Ursprung im Protostern und in der Akkretionsscheibe. Bei Wechselwirkungsprozessen zwischen diesen beiden unterschiedlichen Magnetfeldstrukturen spielen Lorentzkräfte, magnetische Druck- und Spannungskräfte sowie magnetische Rekonnexionsprozesse eine wichtige Rolle. Sowohl im Inneren der unter Magnetfeldeinfluss gebündelten Jet-Strukturen als auch bei deren Abbremsung im umgebenden Medium entstehen bewegte oder stehende Stoßfronten. Hierbei erzeugte Turbulenzen könnten Magnetfelder weiter verstärken und die Beschleunigung von Teilchen unterstützen.

Protostern-Akkretionsscheibenkopplung Die in jungen Sternen in Dynamoprozessen erzeugten Magnetfelder nehmen Einfluss sowohl auf den Materieakkretionsprozess als auch auf die Entwicklung der Rotationsgeschwindigkeiten im Protostern-Scheiben-System. Die Stärke und Struktur der protostellaren Magnetosphäre bestimmt zum einen die Lage des inneren Randes der Akkretionsscheibe. Bei begrenzter elektrischer Leitfähigkeit des Plasmas können Teile dieser Feldstrukturen bei starkem Akkretionsdruck der einströmenden Materie in Bereiche der Akkretionsscheibe hineindiffundieren. Durch diese magnetische Kopplung von Stern und Scheibe wird nicht nur die zeitlich variable Stärke des Materieflusses zum Stern geregelt. Sie bestimmt andererseits auch die Umlaufgeschwindigkeit des Sterns relativ zu der der sich üblicherweise mit Kepler-Rotation drehenden Akkretionsscheibe. Dies kann zu einer starken Abbremsung des Protosterns im Laufe der Entwicklung des Sternsystems führen.

Die Massenzunahme eines jungen Sterns erfolgt durch Materiefluss aus der Scheibe unter anderem entlang der die innere Akkretionsscheibe durchsetzenden dipolaren Feldstrukturen. Durch die vom Protostern ausgehende Gravitationskraft beschleunigt, prallt die einströmende Materie auf die polnahe Oberfläche des Sterns. In den entstehenden „Hotspots" wechselwirken Plasmamaterie und Magnetfelder miteinander. Die Atmosphäre des jungen Sterns wird stark aufgeheizt. Teilchen werden durch Gas-, Strahlungs- und magnetischen Druck zur Speisung der Sternwinde angetrieben.

Durch die Sternrotation bogenartig verformt und aufgewickelt, können protostellare Felder und Scheibenfelder in Rekonnexionsprozessen miteinander wechselwirken. Dies kann sporadische Auswürfe magnetisierten Plasmas und drastische Veränderungen der Akkretionsrate zur Folge haben. Wenn sich der innere Rand der Akkretionsscheibe vom Stern entfernt, so bewirkt dies vorübergehend ein spürbares Absinken der Materiezufuhr. Erst wenn sich die

Akkretionsscheibe dem Protostern wieder nähert und in der Folge erneut von stellaren Feldstrukturen durchsetzt wird, beginnt der beschriebene episodenartige Ablauf der Materieakkretion auf den Stern von Neuem (Abb. 3.3).

Zu Beginn des protostellaren Kollapses erfolgt der für die Verdichtung der Materie notwendige Abtransport des Drehimpulses beispielsweise durch torsionale Alfvén-Wellen. Nach Ausbildung der Protostern-Scheiben-Struktur gelingt dies vor allem durch die Kopplung der im System wechselwirkenden magnetischen Feldstrukturen. Die Ausdehnung der Akkretionsscheibe wird an ihrem inneren Rand zwar durch die Wirkung des magnetischen Drucks der stellaren Magnetosphäre begrenzt. Dennoch durchsetzen polnäher aus der Sternoberfläche austretende Feldkomponenten vor allem auch den inneren Bereich dieser Scheibe. Je nach Größe der Winkelgeschwindigkeiten, mit der der junge Stern und die verschiedene Bereiche der Akkretionsscheibe relativ zueinander rotieren, kann der Protostern über eine magnetische Kopplung entweder beschleunigt oder abgebremst werden. Rotiert der Stern anfänglich schneller als die Scheibe, dann werden die verbindenden Magnetfeldkomponenten spiralförmig aufgewickelt, wobei seine Rotationsgeschwindigkeit abnimmt.

Der trichterförmig entlang der magnetosphärischen Feldstrukturen verlaufende Materiezufluss in die polnahen Gebiete der Sternatmosphäre kann recht großen Schwankungen unterworfen sein. Bei Änderung der Akkretionsrate oder der Stärke des Scheibenwindes erfolgt die Materieversorgung eher episodenhaft. Komplikationen ergeben sich insbesondere dann, wenn die Ausrichtung der Rotationsachse des Sterns nicht mit der seiner magnetischen Dipolachse übereinstimmt (BT 13 *unten*). Unsicher wird die Vorhersage der Massenzunahme eines jungen Sterns, wenn sein Magnetfeld starke quadrupolare Anteile aufweist, seine Feldstrukturen besonders komplex sind und dynamisch wichtig werden.

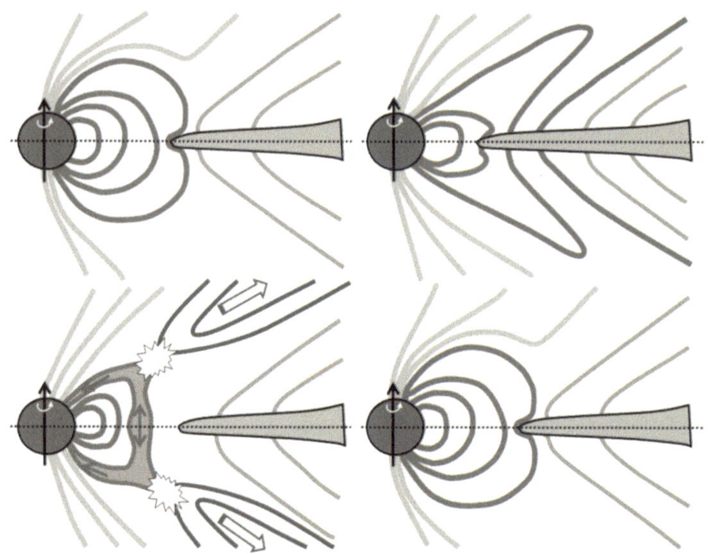

Abb. 3.3 Abb.3.3 Magnetische Wechselwirkungsprozesse in Protostern-Scheiben-Systemen. Die Stärke der Materieakkretion von der Scheibe zum Protostern kann in einem rotierenden protostellaren Sternsystem, ausgelöst durch magnetische Prozesse, zeitlich schwanken. (a) Die Position des inneren Rand der Akkretionsscheibe wird dabei wesentlich durch den magnetischen Druck des protostellaren Feldes bestimmt. (b) Verstärkt sich die Materieakkretion, so diffundiert ein Teil der einströmenden Materie durch diese Feldstrukturen hindurch, näher an den Stern heran. Protostellare Felder durchsetzen jetzt Teile der Akkretionsscheibe. (c) Auf Grund der unterschiedlichen Rotationsgeschwindigkeiten der Stern- und Scheibenfelder relativ zueinander kann es beim Aufeinandertreffen von entgegengesetzt zueinander ausgerichteten Feldern zu Rekonnexions-Prozessen kommen. Teile der neu verbundenen Feldstrukturen entweichen dabei aus dem protostellaren System. Andere Teile schnellen mit eingelagerter Plasmamaterie zum Zentralobjekt zurück. Die Stärke der Materieakkretion nimmt in einer solchen Phase plötzlich deutlich zu. (d) Der durch den magnetischen Druck des stellaren Feldes bestimmte innere Rand der Akkretionsscheibe liegt jetzt wieder weiter vom Stern entfernt. Die Akkretionsrate sinkt. Dieser episodenartige Ablauf des Akkretionsprozesses kann sich wiederholen. (© U. v. Kusserow)

Protostellare Winde und Jets Etwa 30 % der von der Akkretionsscheibe in Richtung zum Protostern strömenden Materie wird in kegelförmig aufgeweiteten molekularen Scheibenwinden sowie in stark gebündelten Plasmajets aus dem protostellaren System wieder hinausgeschleudert. Diese Materiemenge trägt zwar nicht zur Vergrößerung der Sternmasse bei. Für den Zeitraum der Sternentstehung ermöglicht ihr Auswurf aber einen effizienten Abtransport des Drehimpulses. Zusammen mit den Vorgängen in der Akkretionsscheibe wird hierdurch die Größe der Masse des entstehenden Hauptreihensterns bestimmt. Insbesondere die leuchtstarken Erscheinungen der stark gebündelten und mit knotenförmigen Aufhellungen durchsetzten Jets, die in Herbig-Haro-Objekten enden, dienen dem Beobachter als ein zuverlässiges Indiz für die Geburt eines neuen Sterns (BT 11, 12).

Die beim Akkretionsprozess frei werdende Gravitationsenergie sowie die Rotationsenergie des Protostern-Scheiben-Systems stehen als wesentliche Energiequellen für den Auswurf der Sternwinde und Jets zur Verfügung. Magnetische Prozesse beeinflussen sowohl deren Anschub, die Beschleunigung und Kollimation als auch die Wechselwirkungsprozesse im Jet-Kanal und umgebenden Medium.

Wenn die in Dynamoprozessen erzeugten Magnetfelder im inneren Scheibenbereich die Ausbildung einer aktiven Scheibenkorona unterstützen, dann können der vorhandene Gas- und Strahlungsdruck als auch der magnetische Druck Plasmamaterie in die poloidalen Scheibenfelder anheben. Modellrechnungen zeigen, dass diese Teilchen in einem zentrifugal getriebenen Scheibenwind ausreichend beschleunigt werden können. Der Verlauf der schräg ausgerichteten Felder muss aber unter einem Winkel von mindestens 30 Grad relativ zur Rotationsachse des Protosterns erfolgen. Wie Perlen auf einer herumgeschleuderten dünnen Stange fliegt die ionisierte Materie dabei entlang der geneigten magnetischen Feldlinien aus dem protostellaren System heraus (Einschub 6, Abb. 3.4).

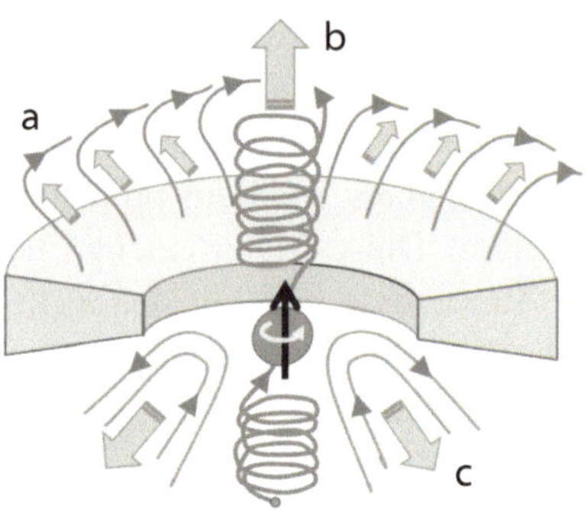

Abb. 3.4   Magnetisch getriebene Windbeschleunigungsprozesse, (a) magneto-zentrifugale Beschleunigung, (b) magnetische Druckbeschleunigung, (c) Beschleunigung durch magnetische Rekonnexion. (© U. v. Kusserow)

Die Feldstrukturen werden nach außen hin immer schwächer. In einer bestimmten Entfernung von der Akkretionsscheibe erzwingen die trägen Teilchen schließlich die Umlenkung der poloidalen Felder, die Ausbildung toroidaler Feldstrukturen. Magnetische Spannung kann eine Kollimation von Windstrukturen bewirken, magnetischer Druck turmartig übereinander angeordneter toroidaler Feldkomponenten einen Beschleunigungsprozess unterstützen. Stoßprozesse mit neutralen Partikeln vermitteln ergänzend den Auswurf diffuserer molekularer Winde.

> ### ❓ Einschub 6. Magnetische Wind-Beschleunigungsprozesse in Scheiben-Jet-Systemen
>
> Auf geladene Teilchen wirkt im magnetischen Feld die Lorentzkraft $\vec{F}_L$, dessen Vektor senkrecht zur Stromdichte $\vec{j}$ und zur magnetischen Flussdichte $\vec{B}$ steht. Sie ergibt sich mathematisch als Kreuzprodukt dieser beiden Vektorgrößen. Die Stromdichte lässt sich nach dem Ampère'schen Gesetz (Gleichung 2.4) als Quotient aus der Wirbeldichte $\vec{\nabla} \times \vec{B}$ des magnetischen Feldes und der magnetischen Permeabilität μ berechnen. Durch mathematische Umformungen kann gezeigt werden, dass sich die Lorentzkraft im elektrisch ▶

▶ leit-fähigen Plasma dabei durch die Wirkung einer magnetische Spannungs- sowie einer magnetischen Druckkomponente manifestiert.

$$\vec{F}_L = \vec{j} \times \vec{B} = \frac{1}{\mu}(\vec{\nabla} \times \vec{B}) \times \vec{B}$$

$$= \dots = \frac{1}{\mu}\left[(\vec{B} \cdot \vec{\nabla})\vec{B} - \vec{\nabla}\left(\frac{\vec{B}^2}{2}\right)\right]$$

Der Spannungsterm $1/\mu(\vec{B} \cdot \vec{\nabla})\vec{B}$ wird wirksam, wenn sich der Feldvektor $\vec{B}$ entlang seiner Ausrichtung verändert. Er beschreibt mathematisch die umgangssprachliche Aussage, dass die magnetische Spannung dafür sorgt, dass magnetische Feldlinien wie Gummibänder möglichst kurz sein möchten. Der Druckterm $-1/\mu \cdot \vec{\nabla}(\vec{B}^2/2)$ hängt demgegenüber nur vom Betrag der magnetischen Flussdichte ab. Die durch ihn beschriebene Kraftkomponente wirkt aus Gebieten mit starker magnetischer Flussdichte heraus. Ähnlich wie ein zusammengedrückter Vollgummiball möchte sich auch ein verdichtetes Magnetfeld in Richtung des geringsten Widerstandes ausbreiten.

Die Beschleunigung und Kollimation von Teilchenwinden in rotieren Scheiben-Jet-Systemen kann durch drei magnetisch vermittelte Prozesse erfolgen (Abb. 3.4). a) Die **magneto-zentrifugale Beschleunigung** beschleunigt die Plasmamaterie entlang rotierender und ausreichend geneigter poloidaler Feldstrukturen auf hohe Geschwindigkeiten. Wenn die zunehmenden Trägheitskräfte der Partikel gegenüber den magnetischen Kräften dominieren, dann werden die in die Materie eingefrorenen magnetischen Feldstrukturen verformt. Sie enthalten zunehmend stärkere toroidale Feldanteile. b) **Magnetohydrodynamische Beschleunigungsprozesse** setzen ein, wenn der magnetische Druck aufgewickelter toroidaler Feldstrukturen groß ist. Die turmförmige „magnetische Spirale" möchte sich entspannen und schiebt die Materie polwärts nach oben und unten aus dem Scheiben-Jet-System hinaus. Die magnetische Spannung dieser Feldstrukturen könnte auch zur Kollimation jetförmiger Winde beitragen. c) **Beschleunigungsprozesse durch magnetische Rekonnexion** erfolgen insbesondere im turbulenten Medium des Grenzbereichs zwischen der Magnetosphäre des Zentralobjekt und dem Scheibenfeld.

Aufgrund der großen Abmessung der Akkretionsscheibe ist die Struktur der zunächst kegelförmig, später stark gebündelt verlaufenden Scheibenwinde im Vergleich zu den schmalen Jets relativ ausgedehnt. Besonders stark kollimierte Jet-Winde entstehen unter Einfluss von Magnetfeldern vermutlich in der Nähe des inneren Randes der Akkretionsscheibe. Hier erzeugte Schwankungen der Akkretionsrate oder magnetische Rekonnexionsprozesse könnten einen episodenhaften Materieauswurf von Materie, den dabei sporadisch verstärkten Abtransport des Drehimpuls und damit auch die Ausbildung der knotenförmigen Aufhellungen im Jet-Kanal durch wiederholte Schocks erklären.

Magnetische Instabilitäten, die die lang gestreckten Jet-Strukturen in bestimmten Abständen immer wieder einengen, werden ebenfalls als mögliche Verursacher dieser Knotenbildungsprozesse angesehen. Wenn die magnetisierte Materie der rotierenden protostellaren Jets mit Geschwindigkeiten von bis zu einigen 100 km pro Sekunde in die pilzartige Schockfront zum umgebenden Medium schießt, wird sie abrupt abgebremst und umgelenkt. Im turbulenten und aufgeheizten Medium setzen dynamische Prozesse ein. Der Umkehrschock lässt die Materie zurückströmen, führt zur Ausbildung eines Materiekokons, der den Jet-Kanal umhüllt und mit ihm wechselwirkt.

Magnetischer Einfluss auf die Planetenentwicklung Die in der Gasmaterie der Akkretionsscheibe driftenden Staubkörner kollidieren in unterschiedlichen Abständen vom Protostern unter veränderten Bedingungen miteinander. Sie verhaken sich aufgrund der zwischen ihnen wirkenden Kontaktkräfte und werden zunehmend massereicher. Beim Zusammenstoß Kilometer großer Planetesimale entstehen durch die wirkenden Gravitationskräfte bis zu etwa tausendfach größere Planetenembryos. Durch Kollisionen dieser Protoplaneten können sich die erdähnlichen festen Planeten und nach Anlagerung einer aus der Umgebung oder dem frühen Sternenwind aufgenommenen Gashülle auch die Gas- sowie die äußeren Eisplaneten bilden.

Die Beobachtung extrasolarer Planetensysteme zeigt, dass Planeten im Laufe ihrer Entwicklung häufige Migrationsbewegung im protoplanetaren System durchführen. Als „heiße Jupiter" bezeichnet man dabei massereiche Gasplaneten, die auf den Zentralstern zugewandert sind und ihn auf besonders engen Orbits umkreisen. Hier sind sie einem starken Strahlungsdruck des Sterns ausgesetzt.

Magnetfelder in den Akkretionsscheiben nehmen durch die Magneto-Rotationsinstabilität deutlichen Einfluss auf die Dynamik des turbulenten Gases. Dies kann Auswirkungen auf die Koagulation und den Entkopplungsprozess der Staubkörner von dem sie umgebenden Gas haben. Entlang magnetischer Feldstrukturen erfolgt die Sedimentation von Plasmamaterie zur Äquatorebene der Scheibe. Die Bildung von Planetesimalen gelingt in Gebieten mit reduzierter Turbulenz und schwachen vertikal ausgerichteten Magnetfeldern, wo Staub ungehinderter koagulieren kann.

Scheibenfelder steuern den Ablauf des Akkretionsprozesses und damit auch den Umfang, die Art und Lage der Planetenentstehung relativ zum Protostern. Zumindest in der Nähe des Zentralsterns können sie Einfluss auf die Migrationsbewegungen vor allem massereicher, gasförmiger und mit Magnetfeldern durchsetzter Protoplaneten nehmen. Wenn diese sich der ausgedehnten und kräftigen Magnetosphäre des jungen Zentralsterns zu sehr nähern, können in Rekonnexions- und Flare-Prozessen gewaltige Mengen an magnetischer Energie freigesetzt werden. Teile der protoplanetaren Gashüllen würden dabei vom Protostern verschluckt werden. Es könnte zu Polarlichterscheinungen kommen. Vielleicht wird ein junger Planet nach einem Zusammenstoß mit der stellaren Magnetosphäre auch wieder in den interplanetaren Raum zurückgeworfen.

In einer Vielzahl extrasolarer Planeten werden Dynamoprozesse über unterschiedlich lange Zeiträume planetare Magnetosphären erzeugt haben. Sie schützen die entstandenen Planetenatmosphären vor den von jungen Sternen ausgehenden starken Winden und magnetisch vermittelten, besonders heftigen stellaren Eruptionen. Solche extremen Weltraumwetter-Bedingungen führen zu intensiver Aufheizung, Ionisation, zur chemischen Modifikation und zum möglichen Abtrag oberer Schichten der Planetenatmosphären. Die Entwicklung biologischen Lebens auf einem extrasolaren Planeten wird in einer frühen Phase der Sternentstehung vermutlich stark behindert sein.

Entstehung massearmer und massereicher Sterne Einzelsterne wie die Sonne sind aufgrund von gravitativen Wechselwirkungsprozessen mit anderen Sternen aus einem Sternhaufen wahrscheinlich schon in der Sternentstehungsphase hinauskatapultiert worden. Besonders viele Sterne sind sonnenähnlich oder haben eine noch geringere Masse von mindestens aber etwa 0,07 Sonnenmassen. Als Braune Zwerge werden die noch masseärmeren sternähnlichen Himmelsobjekte bezeichnet, bei denen spezielle Fusionsprozesse nur kurzzeitig zünden. Besonders massereiche, heute selten zu findende Sterne können vermutlich bis zu etwa 100-mal so schwer wie die Sonne sein. Ganz anders als die Sonne leben diese Sterne nur wenige Millionen Jahre. Sie haben große Oberflächentemperaturen, vergeuden ihre Energie in schnell hintereinanderablaufenden unterschiedlichen Fusionsprozessen, produzieren starke Sternwinde und erbrüten bei der Nukleosynthese besonders schwere Elemente.

Die Bedingung für die Entstehung der ersten Sterne im frühen Universum war dadurch geprägt, dass die Gaswolken im Wesentlichen nur aus den leichten Elementen Wasserstoff, Helium und in Spuren aus Lithium zusammengesetzt waren. Schwerere Elemente, aus denen sich auch Staub hätte bilden können, standen damals zur Unterstützung von Kühlungsprozessen durch verstärkte Abstrahlung nicht zur Verfügung. Es wird heute davon ausgegangen, dass erste Sternentstehungsprozesse erst nach Zusammenballung besonders großer Materiemengen erfolgen konnten. Möglicherweise besaßen viele der ersten Sterne Massen von einigen 100 Sonnenmassen. Kernfusionsprozesse und damit auch die gesamte Sternentwicklung müssten danach besonders schnell und dynamisch, unter Ausbildung massereicher stellarer Schwarzer Löcher nach gewaltigen Supernova-Explosionen abgelaufen sein.

Anhand von Beobachtungen, mithilfe von Messdaten und aus Ergebnissen von zunehmend realistischeren Simulationsrechnungen lässt sich zeigen, dass die Entstehung von Sternen mit ganz unterschiedlichen Massen heute und im frühen Universum im Prinzip anhand des gleichen Protostern-Scheiben-Jet-Szenarios erklärt werden kann. Man hat Akkretionsscheiben um Braune Zwerge gefunden, von denen bipolare Jets ausgehen. Und in Simulationsrechnungen werden die Erzeugung zugrunde liegender Magnetfelder, magnetisch unterstützte Akkretions- und Drehimpulstransportprozesse erfolgreich studiert. Massereiche Sterne bilden sich in engen Gruppen. Diese Tatsache und ihr schneller Entwicklungsprozess hin zur Hauptreihe erschweren ihre Beobachtung. Sie sind in dichte Staub- und Gaswolken eingehüllt. Wenn der erwartet hohe Strahlungsdruck massiver Sterne größer wäre als der Gravitationsdruck des auf sie fallenden Materials, dann könnten solche massereichen Sterne gar nicht erst entstehen. Sie existieren aber, und Ausflüsse aufgrund von Sternwinden können beobachtet werden.

Für den Akkretionsprozess in besonders massereichen protostellaren Systemen existieren zwei Modellvorstellungen. Entweder erfolgt die Materiezufuhr in einem besonders dichten Sternhaufen durch Verschmelzung eng benachbarter, masseärmerer Protosterne. Oder es findet eine effektive Materieakkretion in einer besonders massereichen zirkumstellaren Scheibe statt. Modellrechnungen zu den frühen Phasen der Bildung solcher massereichen Sterne zeigen, dass hierbei magnetische Prozesse protostellare Materieausflüsse nach dem Kollaps des massereichen Kerns einer Molekülwolke treiben können.

Magnetozentrifugale Beschleunigungsprozesse entlang poloidaler Feldstrukturen erweisen sich ebenfalls als verantwortlich für das Anheben des Plasmas aus der Scheibe. Die frühen Phasen solcher Entwicklungsszenarien für Sternwinde massereicher Sterne sind allerdings durch eine relativ geringe Kollimation geprägt. In größerer Höhe übernehmen dann Lorentzkräfte sowohl die Bündelung als auch die Beschleunigung der Sternenwinde. Ergebnisse von Simulationsrechnungen für kleinskalige turbulente Dynamoprozesse deuten darauf hin, dass die hierfür dynamisch so wichtigen Magnetfelder bereits während der Entstehung der ersten Sterne im frühen Universum in den Akkretionsscheiben solcher massereichen Protosterne erzeugt werden können.

3.3 Entwicklung der Sternsysteme

Die Entwicklungswege unterschiedlich massereicher Sterne unterscheiden sich gravierend voneinander (BT 10). Dies umso mehr, wenn sie voneinander abweichende Rotationsgeschwindigkeiten, andere chemische Zusammensetzungen ihrer Materie aufweisen oder – wie häufig – in Mehrfachsternsystemen vorkommen. Aus protostellaren Systemen entstehen stabile Sterne, die in ihrer Hauptreihenphase mit zunehmender Masse in zunehmend kürzeren Zeiträumen Energie aus dem Wasserstoffbrennen gewinnen. Danach durchlaufen sie unterschiedliche Entwicklungsphasen, in denen sie sich zu Stern-Riesen aufblähen, Sternwinde abblasen, weitere Fusionsprozesse zünden und Pulsationen durchführen.

Sie beenden ihr Leben als Braune, Rote oder Weiße Zwerge, als Neutronensterne oder stellare Schwarze Löcher, können in gewaltigen Explosionen vollständig zerstört werden. Sonnenähnliche Sterne präsentieren am Ende einen farbenprächtigen Planetarischen Nebel um sich herum. In besonders massereichen Sterne werden

Supernova-Explosionen gezündet, finden Gammastrahlen-Ausbrüche statt. Bei all diesen Entwicklungen laufen Prozesse ab, in denen schwere Elemente durch Nukleosynthese auch als Grundlage für die Entstehung neuer Sterngenerationen erzeugt werden. Sterne in Doppelsternsystemen tauschen bei solchen Prozessen untereinander Materie aus. Wenn sie miteinander kollidieren, verschmelzen oder sich gegenseitig zerstören, laufen in der Regel besonders hochenergetische Prozesse ab.

Schon die protostellare Entwicklungsphase hat gezeigt, dass magnetische Prozesse für die Entstehung der jungen Sterne ganz unterschiedlicher Massen von herausragender Bedeutung sind. Magnetfelder können die Sternentstehung zwar verzögern. Aber ohne ihren positiven Einfluss beispielsweise auf den Abtransport des Drehimpulses wäre ein effektiver Akkretionsprozess, ein Anwachsen der Sternmasse in dieser Phase der Entwicklung gar nicht möglich. Es zeigt sich, dass kosmische Magnetfelder auch in den folgenden Lebensphasen der Sterne in vielfältiger Weise wesentlichen Einfluss nehmen. Überall dort, wo die magnetische Energiedichte vergleichsweise groß ist, lenken und steuern die Magnetfelder wichtige kosmische Entwicklungen. Sie können Auslöser, Beschleuniger und Kollimator besonders hochenergetischer Prozesse sein, wenn Sterne ihr Leben beenden, miteinander wechselwirken oder schließlich kollidieren.

Magnetische Prozesse in sonnenähnlichen Sternen Sterne mit einer von der Sonne wenig abweichenden Masse werden eine ähnliche Entwicklung wie unser „Heimatstern" durchlaufen. In Abb. 3.5 ist in einem Hertzsprung-Russell-Diagramm der mögliche Entwicklungsweg eines solchen Sterns veranschaulicht. Für jeden Entwicklungszeitpunkt des Sterns, vom Kollaps der Molekülwolke bis zur Entstehung des von einem Planetarischen Nebel umgebenen Weißen Zwergs lässt sich aus einem solchen Diagramm seine jeweilige Oberflächentemperatur und Leuchtkraft ablesen.

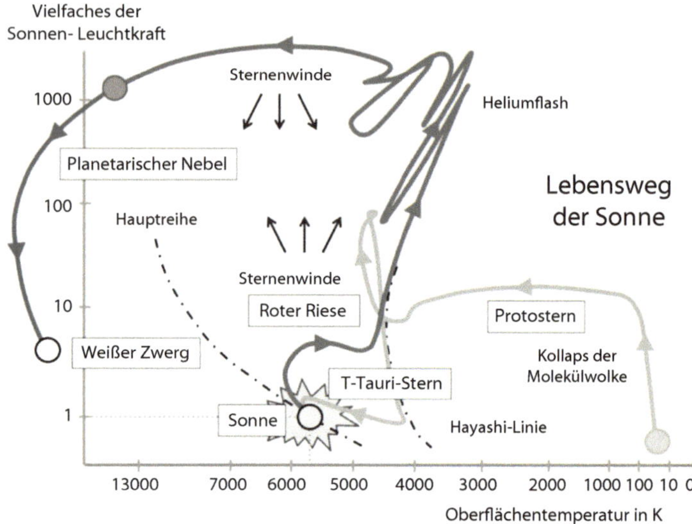

Abb. 3.5 Lebensweg der Sonne im Hertzsprung-Russell-Diagramm. Aus diesem, anhand von Modellrechnungen gewonnenen Diagramm lässt sich für die Sonne ablesen, welche typische Oberflächentemperatur und Leuchtkraftstärke sie zu verschiedenen Zeitpunkten ihrer Entwickelung angenommen hat beziehungsweise in Zukunft annehmen wird. Nach dem Kollaps der Molekülwolke entstand die Sonne als Protostern. Bei der Entwicklung entlang der sogenannten Hayashi-Linie erfolgte der Energietransport der Protosonne im gesamten Inneren durch Konvektionsströmungen. Während der T-Tauri-Phase fand in den Scheiben-Jet-Strukturen des jungen Sterns ein effektiver Drehimpuls-Abtransport statt. In den Akkretionsscheiben bildeten sich die Protoplaneten aus. Im Zentrum des sich noch weiter verdichtenden Sterns setzte die Energieerzeugung durch Fusion des Wasserstoffs zu Helium ein. Nach der viele Milliarden Jahre andauernden Hauptreihenphase mit stabilem Wasserstoff-Brennen wird sich der Stern ausdehnen. In der Rote-Riesen-Phase blasen starke Sternwinde Hüllenmaterie des Sterns in den interstellaren Raum hinaus. Nach einem blitzartig erfolgenden Heliumflash setzt im Sterninnern die Helium-Fusion mit Bildung von Kohlenstoff und Sauerstoff ein. Starke Sternpulsationen aufgrund abwechselndem Kern- und Schalenbrennen führen zu starken Leuchtkraftschwankungen und zum epochenartigen Ausstoß starker Sternwinde. Wenn der heiße Kern des Sterns freigelegt ist, werden die Planetarischen Nebel in den entweichen Staubwolken zum Leuchten angeregt. Nach dem Erlöschen der Fusionsprozesse kühlt sich der entstandene heiße und grell leuchtende Weiße Zwergstern über viele Milliarden Jahre hinweg langsam ab. (© U. v. Kusserow)

Für die Sternentstehungs- sowie für die Hauptreihenphase, in der sich unsere Sonne gerade befindet, sind die Eigenschaften und die Bedeutung magnetischer Felder und Prozesse in den vorangegangenen Buchabschnitten bereits dargestellt worden. Ambipolare Diffusion, magnetischer Auftrieb, die Magneto-Rotationsinstabilität, magnetische Abbremsung, bipolare Ausflüsse, konvektive Dynamos, magnetosonische Wellen, Stoß- sowie magnetische Rekonnexions- und Beschleunigungsprozesse nehmen dabei Einfluss auf wichtige Prozessabläufe.

Auf den Oberflächen sonnenähnlicher Sterne können heutemagnetische Flussdichten im Kilogauß-Bereich, ungewöhnlich große Sternflecken und Flare-Ausbrüche mithilfe hoch entwickelter spektroskopischer Methoden nachgewiesen werden. In Abb. 3.6 sind die mittels einer sogenannten Zeeman-Doppler-Imaging-Methode gewonnenen Erkenntnisse über den Verlauf magnetischer Feldstrukturen des aktiven Sterns II Peg veranschaulicht, dessen Masse mit etwa 0,7 Sonnenmassen etwas geringer als die der Sonne sein könnte.

Wegen der im Sterninneren geltenden Eingefrorenheit magnetischer Feldstrukturen in das Plasma ist es nicht verwunderlich, dass schwache Oberflächenfelder auch in der Umgebung Roter Riesen am Ende der Entwicklung sonnenähnlicher Sterne spektroskopisch nachgewiesen werden können. Es ist von daher zu erwarten, dass alle Weißen Zwerge und Planetarischen Nebel als charakteristisches Endprodukt des Lebens sonnenähnlicher oder auch etwas schwerer Sterne zumindest Reste stellarer Magnetfelder aufweisen. Tatsächlich besitzen etwa 10 % aller Weißen Zwergsterne sehr viel stärkere Magnetfelder als die Sonne.

Auch die besonders charakteristische und komplexe Struktur des Katzenaugennebels (BT 14 *oben*) mit ihren jetartigen Materieauswürfen deutet auf den möglichen Einfluss solcher Felder bei den zugrunde liegenden Strukturbildungsprozessen hin. Schwache ma-

Abb. 3.6 Magnetfeldstrukturen eines aktiven Sterns. Mithilfe einer leistungsfähigen Inversionsmethode konnte aus Spektren der ungefähre Verlauf der magnetischen Feldstrukturen des aktiven Sterns II Peg rekonstruiert werden. Die magnetische Flussdichte im Bereich der linken oberen Hemisphäre ist deutlich verstärkt. Anhand des ermittelten Temperaturverlaufs lässt sich hier die Existenz eines besonders großflächigen polaren Sternflecks nachweisen. Der Blick ins Innere des Sterns soll die mögliche Verteilung der dort anzutreffenden magnetischen Flussröhren veranschaulichen. (© R. Arlt, K. Strassmeier und Th. Carroll, AIP)

gnetische Flussdichten konnten in einigen Planetarischen Nebeln nachgewiesen werden. Der Ameisennebel (Abb. 3.7) gilt als ein „heißer" Kandidat dafür, dass in ihm magnetische Prozesse dynamisch und formgebend wirken könnten. Im Zentrum dieses hantelförmigen Nebels erkennt man den Weißen Zwerg. Längliche, kollimierte und leicht diffuse Strukturen prägen sein Erscheinungsbild beidseitig in größerer Entfernung vom Zentralstern. Die bipolaren Bäuche dieses Nebels entstehen oberhalb und unterhalb einer Akkretionsscheibe, die sich durch Materiefluss von einem aufgeblähten Rote-Riesen-Begleitstern oder einem um den Weißen Zwerg kreisenden massereichen Gasplaneten gebildet haben könnte.

Wenn der kompakte Zentralstern ein starkes Magnetfeld besitzt, dann sollte der Drehimpuls ähnlich wie bei einem protostellaren System

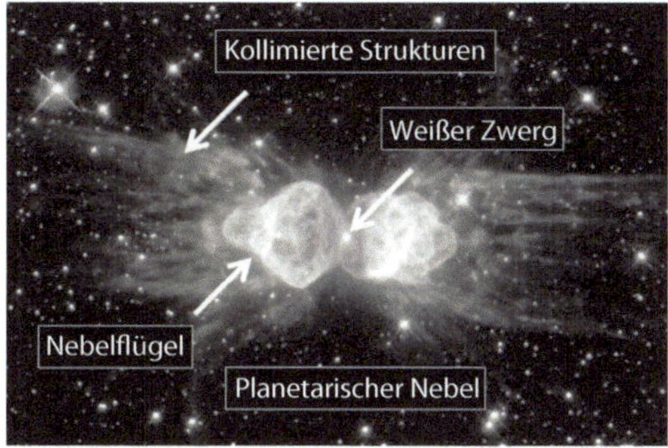

Abb. 3.7 Strukturen eines Planetarischen Nebels. Anhand der Aufnahme des Ameisennebels lassen sich die charakteristischen, oft sehr symmetrischen Formen Planetarischer Nebel veranschaulichen. Der Weiße Zwergstern im Zentrum wird von einer bipolaren, hantelförmigen Wolkenstruktur umgeben. Länglich kollimierte, faserförmige Nebelbänder kennzeichnen den Außenbereich dieses Planetarischen Nebels. Im Ameisennebel (siehe BT 14) wurden magnetische Felder nachgewiesen. Über deren strukturbildende und dynamische Einflussnahme auf das spektakuläre Erscheinungsbild dieses Nebels wird noch spekuliert. (© NASA, ESA & the Hubble Heritage Team (STScI/AURA), Bearbeitung: U. v. Kusserow)

gebündelt in jetartiger Form aus der gebildeten Akkretionsscheibe abtransportiert werden können. Wenn der Weiße Zwerg mit einer schräg ausgerichteten Magnetosphäre propellerartig besonders schnell rotiert, dann könnte die vom Begleiter einströmende und beim Auftreffen aufgeheizte Materie „funkenflugartig" nahezu senkrecht zur Akkretionsscheibe zu beiden Seiten wegfliegen. Bildtafel 15 veranschaulicht postulierte magnetische Prozesse, die die Formgebung besonders symmetrischer Planetarischer Nebel mitbestimmen könnten.

Massereichere „seltsame" Sterne Der erste nach der Sonne von H. Babcock im Jahre 1946 entdeckte magnetische Stern trägt den Namen 78 Virginis. Er gehört zur Gruppe der sogenannten Ap-Sterne, die mit 2 bis 3 Sonnenmassen oberhalb des G-Sterns Sonne höher auf der Hauptreihe liegen. Als Stern des Spektraltyps A weisen sie daher eine deutlich größere Oberflächentemperatur und Leuchtkraft auf. Der Buchstabe p steht für „peculiar" und betont besondere chemische Eigentümlichkeiten dieser Sterne. Sie weisen je nach Oberflächentemperatur eine beachtliche Überfülle oder einen Mangel an speziellen chemischen Elemente in ihrer Atmosphäre auf. Untersuchungen mit hoch entwickelten spektroskopischen Methoden zeigen, dass sich diese Häufigkeitsanomalien dabei auf spezielle Gebiete auf der Oberfläche dieser Sterne konzentrieren.

Inzwischen wurden mehr als 200 Ap- oder noch massereicherer, heißerer und leuchtkräftigerer Bp-Sterne entdeckt. Auf all diesen Sternen können Magnetfelder mit durchschnittlichen Stärken von etwa 300 G nachgewiesen werden. Während die normalen A- und B-Sterne magnetische Flussdichten von maximal einigen 10 G aufweisen, liegen die magnetischen Flussdichten dieser seltsamen Sterne meist deutlich über 100 G. Den höchsten Wert erreicht ein bereits 1960 entdeckter Stern dieser Klasse mit 34 kG. Darüber hinaus variiert die Stärke dieser Felder periodisch, oft einhergehend mit Veränderungen sowohl der Leuchtkraft als auch spezieller Intensitäten einzelner Spektrallinien. Es ist geklärt, dass die Perioden dieser synchronen Variationen mit den jeweiligen Rotationsperioden der Sterne übereinstimmen. Ap-/Bp-Sterne sind dabei mit Periodenlängen meist zwischen einem und zehn Tagen im Vergleich zur Sonne besonders schnell rotierende Sterne.

Für eine Vielzahl solcher Sterne konnten inzwischen genauere Vermessungen der unterschiedlichen magnetischen Feldkomponenten durchgeführt werden. Es wird davon ausgegangen, dass die untersuchten Feldstrukturen einen dominierenden Dipolanteil aufweisen. Wegen der gleichlaufend periodisch schwankenden Magnetfeldstärke, Leuchtkraft und Ausprägung der Eigenschaften einzelner Spektrallinien unterstellt man die Wirkungsweise eines „schiefen Rotators". Die Drehachse des Sterns und die Symmetrieachse des Magnetfeldes bilden einen Winkel miteinander. Aufgrund der Rotation dieser Sterne blickt der Beobachter daher, periodisch sich ändernd, auf jeweils unterschiedliche Gebiete der Oberfläche dieser Himmelsobjekte.

Der Auf- und Abstieg unterschiedlich schwerer und ionisierter Atome durch das Sterninnere oder in der Sternatmosphäre kann durch unterschiedliche, vor allem auch durch magnetische Prozesse ausgelöst werden. Für das gleichzeitige und periodische Auftreten sowohl starker Magnetfelder als auch lokaler chemischer Anomalien in diesen „seltsamen" Ap-/Bp-Sternen bietet dieser Sachverhalt einen möglichen Erklärungsansatz. Könnten nicht dort, wo starke Magnetfeldstrukturen die Sternoberfläche durchdringen, bevorzugt auch besondere chemische Häufigkeitsverteilungen entstehen? Der entscheidende Mechanismus, der einen solchen Zusammenhang für die magnetischen Ap-Sterne befriedigend erklären könnte, wurde bisher aber noch nicht gefunden.

Natürlich stellt sich auch die Frage nach dem Ursprung des Magnetfeldes dieser massereicheren und besonderen Sterne. Handelt es sich bei dem Feld des schiefen Rotators um ein nur langsam zerfallendes, dynamisch besonders stabiles fossiles Magnetfeld, das in vorangegangenen Entwicklungsphasen erzeugt wurde? Oder wird es in einem aktuellen Dynamoprozess immer wieder regeneriert? Ein solcher Prozess würde dabei unter Umständen anders ablaufen als auf der Sonne. In massereicheren Sternen finden nämlich die für die Wirkung des α-Induktionseffekts förderlichen Konvektionsströmungen höchstens im tiefen Inneren des Sterns statt. Prozesse, ausgelöst durch sogenannte Tayler-Instabilitäten, magnetischen Auftrieb oder Magneto-Rotationsinstabilitäten könnten die notwendige Erzeugung poloidaler Feldkomponenten selbst in Strahlungszonen des Sterninneren von Ap-/Bp-Sternen bewerkstelligen.

Neutronensterne, Pulsare und Magnetare Neutronensterne entstehen beim Kernkollaps massereicher Sterne von mindestens achtfacher Sonnenmasse nach dem Ende der Energieerzeugung durch

Kernfusion. Die von außen auf den sich ausbildenden kompakten Proto-Neutronenstern einfallenden, stoßfrontartig reflektierten Materieschalen werden stark aufgeheizt. Für den Bruchteil einer Sekunde können Konvektionsströmungen den Energietransport in den Oberflächenstrukturen des besonders heißen Zentralobjekts übernehmen. Differenzielle und besonders turbulente Rotationsmuster prägen die Bewegungsabläufe in dieser dynamischen Entwicklungsphase. Für einen sehr kurzen Zeitraum sind hier die Grundlagen für die Erzeugung extrem starker Magnetfelder in Dynamoprozessen geschaffen. Tatsächlich können heute in Neutronensternen Magnetfelder mit Flussdichten bis zu 10^{14} G oder mehr nachgewiesen werden.

Die bis zu etwa zwei Sonnenmassen schweren Neutronensterne mit typischen Durchmessern von etwa 20 bis 30 km werden bezüglich der Neutronen-Entartung ihrer Materie vor einem totalen Kollaps bewahrt. Es gibt besonders schnell rotierende Neutronensterne mit starken Magnetfeldern von typischerweise etwa 10^{12} G, die als „schiefer Rotator" im konstanten Rhythmus pulsartig Signale zum Beobachter senden. Abbildung 3.8 veranschaulicht die typischen magnetosphärischen Strukturen eines solchen als Pulsar bezeichneten kompakten Objekts. Der Begriff „Pulsar" wurde dabei als Abkürzung für die englische Bezeichnung dieser Objekte als „Pulsating source of radio emision" gewählt. Tatsächlich senden die rotierenden Lichtkegel im Magnetfeld erzeugte Synchrotonstrahlung vorwiegend im Radiobereich aus. Der Crab-Pulsar (BT 17) im Zentrum des Krebsnebels ist ein solcher Pulsar, der präzise etwa alle 33 Millisekunden Strahlungsimpulse über das gesamte elektromagnetische Spektrum hinweg aussendet. Wiederholt werden in letzter Zeit gewaltige flareartige Ausbrüche im Gammastrahlen-Bereich beobachtet.

Die Periode, mit der ein Pulsar rotiert, kann sich im Laufe der Zeit verändern. In der Regel nimmt sie mit der Zeit ab, weil die Energie-

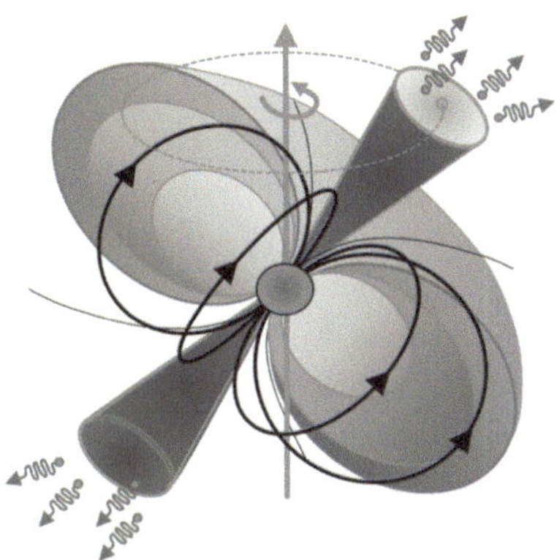

Abb. 3.8 Magnetische Feldstrukturen eines Pulsars. Pulsare sind schnell rotierende Neutronensterne, bei denen die Symmetrieachse der Magnetosphäre gegenüber der Rotationsachse geneigt ist. Entlang dieser Dipolachse wird die im Magnetfeld erzeugte Synchroton-Strahlung emittiert. Wie ein Leuchtturmfeuer trifft der extrem regelmäßig rotierende, vorwiegend im Radiobereich strahlende Lichtkegel in kurzen Abständen die Detektoren der Beobachter. Durch magnetisch vermittelte Abbremsung nimmt die Rotationsperiode des Neutronensterns in der Regel im Laufe der Zeit ab. Dies begrenzt die Lebensdauer der Pulsare auf kaum mehr als 10 Mio. Jahre. (© U. v. Kusserow)

verluste, durch magnetische Prozesse vermittelt, Einfluss auf die Rotationsgeschwindigkeit nehmen. Starke magnetische Spannungen in der starren Oberfläche des Neutronensterns können hier kleine Beben (sogenannte "glitches") auslösen, durch die die äußere Kruste des kompakten Objekts abrupt verformt wird. Wegen der Erhaltung des Drehimpulses führt eine plötzliche Verkleinerung des Sternradius zu einer Zunahme der Rotationsgeschwindigkeit. Besonders schnell rotierende, sogenannte Millisekunden-Pulsare, erhalten ihren zusätzlichen Drehimpuls durch Materieakkretion von einem sich aufblähenden Begleitstern. Der Massen- und Drehimpulstransport erfolgt dabei entlang magnetosphärischer Feldstrukturen. Die Zuführung von Drehimpuls von außen führt zur beobachteten Beschleunigung mancher Neutronensterne.

Als Magnetare bezeichnet man Neutronensterne mit Rotationsperioden von 1 bis zu 10 s, die ein besonders starkes Magnetfeld mit Flussdichten von mehr als 10^{14} G aufweisen. Die auf der Oberfläche eines solchen kompakten Objekts ablaufenden dynamischen Prozesse lösen immer wieder Sternbeben und heftige Ausbrüche im Röntgen- und Gammastrahlen-Bereich aus. Rekonnexionsprozesse und andere magnetische Instabilitäten in der komplex strukturierten Magnetosphäre der Magnetare führen bereits auf Zeitskalen von einigen 1000 Jahren zum Abbau der ursprünglich starken Felder sowie zur Abnahme der magnetischen Aktivität. Während bis heute etwa 1700 Pulsare entdeckt wurden, beschränkt sich die Zahl der nachgewiesenen Magnetare auf 10 bis 20 Neutronensterne mit entsprechend hoher magnetischer Flussdichte.

Ein einziger eleganter Mechanismus, der die Entstehung so starker Magnetfelder in den unterschiedlichen Neutronensternen erklären könnte, ist bis heute nicht gefunden. Ernstzunehmende Hypothesen gehen von ihrer Ausbildung bereits im massereichen Vorgänger-Stern oder während des Kernkollapses im Proto-Neutronenstern aus. Auch magnetisch unterstützte Wechselwirkungsprozesse bei der Verschmelzung kompakter Objekte in engen Doppelsternsystemen kämen hierfür infrage. Allein die Verdichtung fossiler Felder im Inneren kontrahierender Sterne kann die Entstehung solcher Neutronenstern-Felder aber nicht erklären. Wirksame Dynamoprozesse sind erforderlich, um die nachgewiesene Existenz starker Magnetarfelder zu bewirken.

Magnetfeldstrukturen im Bereich stellarer Schwarzer Löcher
Nach der Theorie können stellare Schwarze Löcher entweder nach einer Supernova-Explosion am Ende des Sternenlebens eines mehr als etwa 30 Sonnenmassen schweren Sterns oder beim Verschmelzen von Neutronensternen in einem Doppelstern-System entstehen. Es gibt keine Kraft, die den ungebremsten Kernkollaps solcher besonders massereichen kompakten Objekte nach Erlöschen der Fusionsreaktionen im Sterninneren verhindern kann. Um die entstandene

Singularität, die die Masse des Schwarzen Loches in einem zentralen Punkt repräsentiert, hat sich ein sogenannter Ereignishorizont gebildet. Wenn ein Objekt diesen Horizont durchlaufen hat, dann ist eine Rückkehr unmöglich. Innerhalb des Horizontes ausgesandtes Licht kann nicht nach außen vordringen.

Die charakteristischen Eigenschaften eines Schwarzen Lochs werden von der Theorie her allein durch seine Masse, seinen Drehimpuls und seine Ladung bestimmt. Ein rotierendes Schwarzes Loch bildet um seinen Ereignishorizont herum eine sogenannte Ergosphäre. Kein Objekt in diesem Bereich kann sich der vom Schwarzen Loch aufgezwungenen Rotationsbewegung widersetzen. Ein Schwarzes Loch kann zwar kein eigenes Magnetfeld erzeugen. Die magnetischen Feldstrukturen in der das stellare Schwarze Loch umgebenden Akkretionsscheibe können aber mit der einströmenden Materie in die Ergosphäre des kompakten Objekts vordringen (Abb. 3.9).

Durch das in der Ergosphäre um das rotierende Schwarze Loch erfolgende Mitreißen der Raumzeitgeometrie werden die magnetischen Feldstrukturen aufgewickelt. Dadurch kann hier zwar kein Dynamoprozess die Regenerierung stärkerer Magnetfelder bewirken. Die von den Vorgängen in den protostellaren Scheiben-Jet-Strukturen bekannten Beschleunigungs- und Kollimierungsprozesse ermöglichen aber auch bei Schwarzen Löchern den Abtransport des Drehimpulses in magnetisch getriebenen Jets. Der magnetische Einfluss ermöglicht die Umwandlung der Rotationsenergie des Schwarzen Lochs und der beim Akkretionsprozess frei werdenden Gravitationsenergie in den elektromagnetischen Energiefluss sowie die Bewegungsenergie der in den Jet-Strukturen beschleunigten Teilchen. Anders als bei der Sternentstehung müssen bei der Analyse hochenergetischer Prozesse in der Umgebung Schwarzer Löcher verstärkt relativistische Effekte berücksichtigt werden.

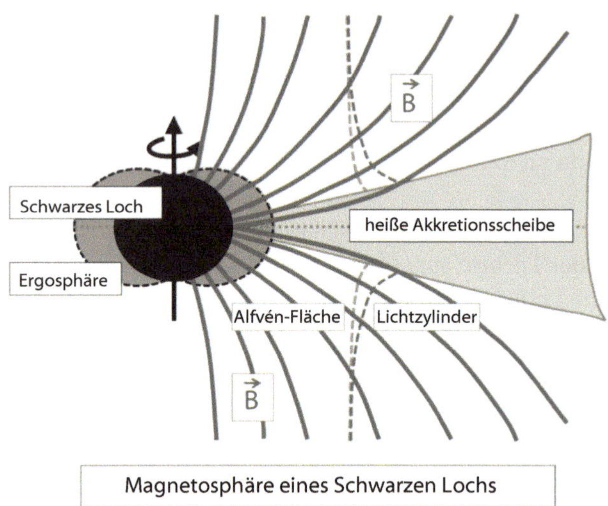

Abb. 3.9 Magnetosphäre eines Schwarzen Lochs. Der Ereignishorizont eines rotierenden Schwarzen Lochs ist von der Ergosphäre umgeben. Jedem Objekt wird hier die Rotationsbewegung des Raumes aufgezwungen. In der Akkretionsscheibe strömt heiße, mit Magnetfeldstrukturen durchsetzte Plasmamaterie zum Schwarzen Loch. Dadurch regeneriert sich ständig dessen Magnetosphäre. In der Ergosphäre werden die Magnetfeldstrukturen aufgrund der starken differenziellen Rotation toroidal aufgewickelt. Innerhalb der Alfvén-Fläche wird die Materie gezwungen, sich entlang der magnetischen Feldlinien zu bewegen. Im Bereich des Lichtzylinders würden die mit den rotierenden Magnetfeldstrukturen bewegten Partikel bereits Lichtgeschwindigkeit erreicht haben. Hier findet stattdessen eine azimutale Aufwickelung der Felder statt. (© M. Camenzind, Bearbeitung: U. v. Kusserow)

Doppelsternsysteme und Mikroquasare Auch in Doppelsternsystemen können nicht allzu massereiche Sterne nach dem Erlöschen der Fusionsprozesse einen Planetarischen Nebel erzeugen und sich danach als Weißer Zwerg über langsame Zeiträume stetig abkühlen. Wenn sein Begleitstern sich jedoch im Laufe der Entwicklung zum Roten Riesen entwickelt, setzt aufgrund der wirkenden Gravitationskräfte ein Überlauf von Materie in Richtung zum kompakten Objekt ein. Bei großem Drehimpulses des einströmenden Plasmas bildet sich eine Akkretionsscheibe um den Weißen Zwerg aus. Wenn sich genügend Materie auf der Oberfläche dieses alten Sterns gesammelt hat, kann es zu einem als Nova bezeichneten kataklysmischen Prozess kommen. Kurzfristig wird auf seiner Oberfläche in lokalen Fusionsprozessen Energie freigesetzt. Ein über wenige Wochen andauerndes Aufleuchten des Sternsystems findet statt. Wenn sich dabei so viel Materie ansammeln kann, dass die Masse des Weißen Zwergs auf mehr als die sogenannte Chandrasekharsche Grenzmasse von etwa 1,4 Sonnenmassen anwächst, dann kommt es zu einer Supernova-Explosion vom Typ Ia. Der Stern wir dabei vollständig zerrissen. Aktuelle Forschungsergebnisse zeigen, dass die Grenzmasse für das Einsetzen einer solchen Explosion aufgrund magnetischer Einflussfaktoren möglicherweise merklich höher liegen könnte.

Etwa 25 % aller Weißen Zwerge in solchen Doppelsternsystemen haben nachweisbar teilweise recht starke Magnetfelder. Der vermessene Rekord liegt bei einer Flussdichte von 500 Mio. Gauß. Ein riesiger Sternfleck wird bei diesem Stern offensichtlich durch 10^6 G starke Magnetfelder erzeugt. Die stellaren Felder solcher Sterne dringen tief in die Akkretionsscheibe ein. Bei den als Polare bezeichneten Kataklysmischen Doppelsternsystemen strömt die vom Begleiter abgezogene Materie auf direktem Weg in die Magnetosphäre des Weißen Zwergs und löst hier mögliche „katastrophale" Prozesse aus.

Ein dynamisch besonders aktives Doppelsternsystem, das seine Energie vor allem auch im Röntgenbereich abstrahlt, wird als Röntgendoppelstern bezeichnet. Die von einem Begleitstern (Donator) zu einem kompakten Objekt (Akkretor) durch Sternwinde oder Akkretion transferierte Materie erzeugt diese hochenergetische

Strahlung. Ist der Donator-Riesenstern massereich, so erfolgt der Materieübertrag überwiegend durch den Sternenwind. Von masseärmeren Begleitern gelangt die Materie hauptsächlich durch Zufluss über einen sogenannten Lagrange-Punkt, in dem sich die gravitativen Einflussbereiche der beiden Sternpartner in der Äquatorebene des Systems berühren. Als mögliche Akkretoren kommen Weiße Zwerge, Neutronensterne oder stellare Schwarze Löcher infrage.

Bei den Kataklysmischen Veränderlichen mit einem Weißen Zwerg als kompaktem Objekt wird weiche Röntgenstrahlung ausgesandt. Ein Doppelsternsystem mit Neutronensternen strahlt den überwiegenden Teil der Energie unter anderem auch im harten Röntgenbereich aus. Bei den sogenannten Mikroquasaren vermutet man ein Schwarzes Loch als Akkretor. Wie bei den als Quasare bezeichneten aktiven Kernen von Galaxien beobachtet man auch bei diesen stellaren Objekten in ihrer Intensität schwankende bipolare, jetartige Radioemissionen.

Da die kompakten Objekte solcher Doppelsternsysteme in der Regel von besonders starken Magnetfeldern durchsetzt sind, kann davon ausgegangen werden, dass sie entscheidenden Einfluss auf die ablaufenden Materietransport- und Strahlungsprozesse nehmen. Der Materieeinstrom auf die Akkretoren wird hauptsächlich entlang magnetischer Feldstrukturen verlaufen. Die in den Magnetosphären dieser Objekte einsetzenden Instabilitäten werden wesentlich auch magnetischer Natur sein. Röntgenpulsare in „schiefen" Rotator-Systemen senden ihre Signale entlang ihrer magnetischen Symmetrieachsen aus. Und von dem sogar Gammastrahlung aussendenden Mikroquasar Cygnus X-1 gehen vermutlich magnetisch getriebene bipolare Jets aus (BT 18). Magnetische Prozesse sind für die Erzeugung der besonders hochenergetischen Strahlung in solchen aktiven Doppelsternsystemen verantwortlich.

3.4 Supernova-Explosionen und Gammastrahlen-Ausbrüche

Das Leben der in Sternhaufen, Doppel- und Vielfach-Sternsystemen oder als Einzelobjekte im Universum anzutreffenden massereichen Sterne endet entweder während eines Kernkollapses nach Beendigung der Fusionsprozesse (BT 16) durch „zu" starke Materieakkretion oder bei einer Sternkollision in einer mehr oder weniger heftigen Explosion. Entweder entstehen dabei Neutronensterne oder Schwarze Löcher als Endprodukte der Sternentwicklung, oder die Explosion zerreißt alles. Die Voraussetzungen für den Ablauf dieser dynamischen Prozesse waren im frühen Universum vor allem aufgrund der veränderten Materiezusammensetzung im Vergleich zu heute sehr unterschiedlich.

Bei Supernova-Explosionen und Gammastrahlen-Ausbrüchen wird Plasmamaterie bewegt, werden gewaltige Mengen an Strahlungsenergie freigesetzt und Teilchen der kosmischen Strahlung auf relativistisch hohe Geschwindigkeiten beschleunigt. Dies kann in vielfältiger Weise gravierend zerstörerische, möglicherweise aber auch positiv unterstützende Auswirkungen auf die in der Umgebung ablaufenden Prozesse haben.

Die Ausführungen in den vorangegangenen Abschnitten haben gezeigt, welchen wichtigen Einfluss kosmische Magnetfelder auf die dabei ablaufenden dynamischen Vorgänge nehmen können. Im Folgenden soll noch einmal veranschaulicht werden, welche besondere Bedeutung magnetische Prozesse für die Teilchenbeschleunigung und die Erzeugung hochenergetischer Strahlung am Ende des Sternenlebens haben können.

Supernova-Exlosionen Vom chemischen Erscheinungsbild her unterscheidet man Supernova-Explosionen des Typs I, bei denen im

Wesentlichen kein Wasserstoff im abgestoßenen Überrest nachgewiesen werden kann, von denen des Typs II, die einen merklichen Wasserstoffgehalt aufweisen. In Supernovae-Überresten vom Typ 1a kann einfach ionisiertes Silizium nachgewiesen werden. Diese Explosionen entstehen nach Überschreitung der kritischen Masse von Weißen Zwergen in Doppelsternsystemen und führen zur vollständigen Zerstörung des kompakten Objekts. Bildtafel 14 (*unten*) zeigt die Überreste einer Supernova vom Typ II, die nach einem Kernkollaps eines massereichen Sterns entstand. Auf der Röntgenaufnahme erkennt man das kompakte Objekt im Zentrum des komplex strukturierten und von Stoßfronten nach außen begrenzten Überrestes. Aus ihm herausragende, jetartig geformte Wolkenstrukturen deuten auf die mögliche Wirkung magnetisch getriebener Beschleunigungs- und Kollimierungsvorgänge hin.

Anhand ihrer jeweils charakteristischen Spektren lässt sich die Vielzahl unterschiedlicher Typen der Kernkollaps-Supernovae systematisch klassifizieren. Ein extrem heftiger Explosionsprozess am Lebensende besonders massereicher Sterne wird als Hypernova bezeichnet. Eine Variante des Kernkollaps-Szenarios haben Theoretiker für die 130 bis 250 Sonnenmassen schweren, fast nur aus den Elementen Wasserstoff und Helium bestehenden massereichen Sterne des frühen Universums entwickelt. Sie enden nach einer Paarinstabilitäts-Supernova vermutlich mit einer vollständigen Zerstörung. Aus dem heißen Inneren dieser Sterne stammende besonders hochenergetische Gammaquanten werden hierbei paarweise in freie Elektronen und Positronen umgewandelt. Eine dadurch bedingte Reduzierung des thermischen Drucks führt zum teilweisen Kollaps des Sterns, zu einer dadurch bedingten Aufheizung und Beschleunigung der thermonuklearen Brennvorgänge. In einer gewaltigen Explosion kann das Zentralobjekt dabei vollständig zerrissen werden.

Die Abfolge der Mechanismen, die die beobachtete Supernova-Explosion auslösen können, ist heute noch nicht endgültig verstanden.

Allein der Rückstoß der einfallenden Materie beim Aufprall auf die Oberfläche des extrem verdichteten Proto-Neutronenstern genügt dafür nicht. Die weggeschleuderte Materie wird durch noch fortlaufenden Materieeinstrom von außen in der sich ausbildenden Stoßfront abgebremst. Die bei diesen Prozessen auf Zeitskalen von wenigen Sekunden freigesetzte und kurzfristig gestaute Energie der Neutrinos könnte allerdings ausreichen, um den Mechanismus der Supernova-Explosion etwas verzögert schließlich doch in Gang zu setzen. Dreidimensionale Modellrechnungen bilden eine solche Explosion durch Neutrino-Einfluss aber bisher häufig noch nicht wirklich zufriedenstellend nach.

Instabilitäten im Plasmafluid sowie starker magnetischer Feldeinfluss werden in aktuellen Simulationsrechnungen zusätzlich berücksichtigt. Dipolare beziehungsweise turbulente Felder können durch einsetzende differenzielle Rotation beim ungleichmäßigen Kollaps im besonders schnell rotierenden Proton-Neutronenstern-System toroidal aufgewickelt und verstärkt werden. In chaotischen Magnetfeldstrukturen auch auf die Neutrinoheizung Einfluss nehmende Rekonnexionsprozesse sowie explosionsartig sich ausbreitende magnetische Kompressionswellen kämen dann als zusätzlicher Auslöser der gewaltigen Explosion infrage. Starke Magnetfelder könnten durch die Magneto-Rotationsinstabilität in der differenziell rotierenden Materie erzeugt werden.

Im Ablauf der Entwicklung massereicher Sterne werden in den Sternriesenphasen immer wieder magnetisch durchsetzte Materiehüllen epochenartig in Form von Sternwinden in den interstellaren Raum abgestoßen. Sehr viel stärkere und sich aufgrund von Kompressionsvorgängen zunehmend verdichtende Magnetfeldstrukturen sind in den explosionsartigen Auswürfen der Supernova enthalten. Wenn solche unterschiedlich beschleunigten magnetisierten Sternwinde aufeinandertreffen, bilden sich Stoßfronten aus. Modellrechnungen zeigen, dass die in diesen dynamischen Fronten enthaltenen

Magnetfelder noch wesentlich verstärkt werden. In solchen bewegten „magnetischen Flaschen" können Partikel besonders effektiv Fermi-beschleunigt werden (siehe Kap. 2.6). Wiederholtes Hin- und Herpendeln in den magnetisch durchsetzten und sich weiter ausbreitenden Stoßfronten bringt die geladenen Teilchen auf immer höhere Geschwindigkeit. Auf extrem hohe Energien beschleunigt, können sie schließlich als kosmische Strahlung entweichen.

1054 konnte am Taghimmel eine im Sternbild Stier aufleuchtende Supernova-Explosion beobachtet werden. Auf Röntgenaufnahmen von diesem Gebiet kann man heute die Umgebung des sogenannten Crab-Pulsars im Zentrum des Krebs-Nebels betrachten (BT 17). Man erkennt die Position des besonders schnell rotierenden Neutronensterns, der von spiralförmig aufgewickelten Wolkenstrukturen umgeben ist. In Zeitrafferaufnahmen kann man Entwicklungen der von der Magnetosphäre des Pulsars ausgehenden, magnetisch getriebenen Jet-Strukturen verfolgen. Im Gammastrahlen-Bereich werden gewaltige, durch magnetische Prozesse ausgelöste Flare-Ausbrüche beobachtet. Im umgebenden Nebel bewegt sich die Materie mit etwa einem Drittel der Lichtgeschwindigkeit vom Zentralobjekt weg. Sicherlich spielen dabei auch magnetische Rekonnexionsprozesse eine zentrale Rolle für die Beschleunigung geladener Partikel in dem magnetischen Pulsar-Akkretionsscheiben-Jet-System.

Gammastrahlen-Ausbrüche Mit leistungsfähigen Teleskopen lassen sich von Satelliten aus nahezu gleichverteilt aus allen Richtungen des Universums kommende kurze Gammablitze registrieren. Ihr Auftreten ist wie das der Supernova-Explosionen mit extrem hochenergetischen Prozessen am Ende des Lebens besonders massereicher Sterne verknüpft. Die bei solchen Gammastrahlen-Ausbrüchen in entfernten Galaxien freigesetzten gewaltigen Energiemengen ermöglichen das Studium auch von Vorgängen aus der Frühzeit des Universums. Ein 2009 entdeckter Gammablitz muss von einer Sternexplosion ausgegangen sein, die vor mehr 13 Mrd. Jahren stattfand. Die dabei in einem extrem kurzen Zeitraum freigesetzten Energiebeträge waren so gewaltig, dass man davon ausgehen muss, dass sie am Explosionsherd nur extrem gebündelt, jetförmig in zwei entgegengesetzte Richtungen mit einem schmalen Öffnungswinkel von nur etwa 5 Grad ausgesandt worden sein können. Die für eine isotrop, das heißt in alle Richtungen gleich stark erfolgende Aussendung berechneten Energiebeträge wären unvorstellbar zu groß.

Gammablitze, die zwischen 2 und etwa 1000 s andauern, werden als lange Gammastrahlen-Ausbrüche bezeichnet. Sie entstehen nachgewiesenermaßen in Galaxien in aktiven Sternentstehungsgebieten sehr wahrscheinlich beim Kernkollaps von besonders massereichen Sternen von vermutlich mehr als 20 Sonnenmassen. Es wird davon ausgegangen, dass sich dabei ein schnell rotierendes stellares Schwarzes Loch gebildet hat, das von einer Akkretionsscheibe umgeben ist. In einer von der Ergosphäre dieses Schwarzen Lochs ausgehenden, magnetisch gesteuerten Jet-Struktur wird Plasmamaterie oder elektromagnetischer, sogenannter Poynting Energiefluss ausgestoßen, werden Teilchen beschleunigt und Gammablitze ausgelöst. Beim länger andauernden Nachleuchten wird elektromagnetische Strahlung unter anderem auch im Röntgen- und UV-Bereich freigesetzt.

Die nur zwischen 0,1 und 2 s dauernden, als kurz bezeichneten Gammastrahlen-Ausbrüche werden häufig in Galaxien beobachtet, in denen die Sternentstehungsrate gering ist. Theoretisch könnten sie in einem engen Doppelsternsystem bei der Verschmelzung eines Neutronensterns mit einem anderen Neutronenstern oder stellaren Schwarzen Loch entstanden sein. Bildtafel 19 zeigt die Ergebnisse von Simulationsrechnungen, die die Entwicklung der Verschmelzung zweier magnetischer Neutronensterne nachvollziehen. Wenn sich die beiden Sterne zu nahekommen, bildet sich tatsächlich innerhalb von Bruchteilen einer Sekunde ein Schwarzes Loch. In dessen Ergosphäre haben sich dabei starke magnetische Feldstrukturen entwickelt. Sie breiten sich jetartig beidseitig der entstandenen Akkretionsscheibe nach oben und unten aus.

Die Gesamtenergie, die ein Gammablitz im Zeitraum von Sekunden freisetzt, ist von der gleichen Größenordnung wie die einer Supernova, die allerdings summiert über einige Monate emittiert wird. Anders als die Supernova-Explosionen erfolgen die Gammastrahlen-Ausbrüche relativistisch. Die besonders hochenergetische Strahlung ist nicht thermisch. Einige lang andauernde Gammastrahlen-Ausbrüche stehen offensichtlich auch mit der Auslösung von Kernkollaps-Supernovae besonders massereicher Sterne im Zusammenhang.

Für die Entstehung und das Nachglühen der Gammastrahlen-Ausbrüche gibt es eine Reihe theoretischer Modelle. Im allgemein anerkannten Bild wird davon ausgegangenen, dass in diesem katastrophenartig ablaufenden Szenario gewaltige Mengen an Strahlungs-, thermischer und elektromagnetischer Energie in besonders kurzer Zeit aus einer einige 10 km großen Region freigesetzt werden. Dazu müssen relativistische Beschleunigungsprozesse ausgelöst worden sein. Die ursprünglich optisch wenig durchlässige Materie expandiert und kühlt sich dabei ab. Wenn in einiger Entfernung von der den Ausbruch treibenden „Maschine" die Materie dünner wird, kann die Gammastrahlung entweichen. Wenn der Materie- und Energieausfluss den Widerstand des umgebenden Mediums spürt, mit ihm in Wechselwirkung tritt, erfolgt das Nachglühen niederfrequenter Strahlung unter anderem auch im Röntgen- und UV-Bereich. Es stellt sich heute insbesondere die Frage nach der relativen Bedeutung der drei Komponenten (Materie, Magnetfeld, Photonen) des Ausflusses dieser so gewaltigen Explosionen. Sehr wahrscheinlich sind auch relativistische Rekonnexionsprozesse überall im stark magnetisierten und turbulenten Plasma für die Erzeugung der verschiedenen Strahlungskomponenten von großer Bedeutung.

Zurzeit gibt es im Wesentlichen drei Modelle, die den Ablauf der beschriebenen Vorgänge für kurze und lange Gammastrahlen-Ausbrüche in mehr oder weniger stark voneinander abweichender Weise zu erklären versuchen (siehe im Folgenden BT 20). Neben dem Feuer- und Kanonenball-Modell wird auch ein elektromagnetisches Modell diskutiert. Beim traditionellen Feuerball-Szenario spielt das Magnetfeld kinematisch keine dominierende Rolle. Die magnetisierten, sich schalenförmig mit unterschiedlich hohen relativistischen Geschwindigkeiten ausdehnenden und mit magnetischen Feldern durchsetzten Plasmastrukturen erfahren interne Schocks. Sie sind im kollisionsfreien Plasma nur durch magnetischen Einfluss vermittelbar. In den Schockfronten werden auch die Magnetfelder wesentlich verstärkt. Sie ermöglichen die Fermi-Beschleunigung der Partikel auf hohe Energien. In Form von polarisierter Synchrotonstrahlung, deren Frequenz durch Übertrag von Energie durch Teilchen noch erhöht werden kann, erfolgt die Aussendung der Gammastrahlung. In der im umgebenden Medium erzeugten äußeren Schockfront laufen die Emissionsprozesse für das Nachglühen solcher Gammablitze ab.

Beim elektromagnetischen oder magnetohydrodynamischen Modell wird davon ausgegangen, dass das Plasma extrem stark magnetisiert ist und dass ein global geordnetes Magnetfeld kinematisch von Bedeutung ist. Durch ein solches Magnetfeld kann die Rotationsenergie des zentralen Schwarzen Lochs effektiv abgeführt werden. Anders als beim Feuerball-Modell ermöglichen stromgetriebene oder magnetische Instabilitäten eine direkte Beschleunigung der Teilchen ohne Ausbildung einer Stoßfront sowie die Erzeugung der Gammastrahlung.

Das Kanonenball-Modell wird vor allem zur Erklärung langsamer Gammastrahlen-Ausbrüche nach Hypernova-Explosionen schnell rotierender, extrem massereicher Sterne angewandt. Eine besonders heftige Supernova-Explosion steht dabei im engen Zusammenhang mit dem epochenartigen Einstrom größerer energiereicher Materiemengen aus der umgebenden Akkretionsscheibe. Danach erfolgende jetartig gerichtete, kanonenballartige Auswürfe werden dann auch durch den Einfluss starker Magnetfelder ermöglicht. In internen als auch externen Schockfronten beim Zusammenstoß mit dem vorher ausgestoßenen Supernova-Überrest ablaufende Synchrotonstrahlungs-Prozesse sorgen für die Emission der Gammastrahlung beziehungsweise langwelligerer Strahlungsanteile. Mit dem Kanonenball-Modell ließe sich so die teilweise beobachtete Koinzidenz von Supernova-Explosionen und Gammastrahlen-Ausbrüchen erklären.

Untersuchungen der vorwiegend auch von weit entfernten Galaxien ausgehenden Gammablitze ermöglichen den Wissenschaftlern neben Erkenntnissen über die Eigenschaften massereicher Stern- und Sternsysteme auch Einblicke in die frühen Phasen der Galaxienentstehung. Gammastrahlen-Ausbrüche könnten auch gewinnbringend als Standardkerzen für Entfernungsbestimmungen, zur Sondierung kosmologischer Prozesse im Universum genutzt werden.

Weiterführende Literatur

Belvedere G (Hrsg) (1989) Accretion disks and magnetic fields in astrophysics. Kluwer Academics Publishers, Dordrecht
Beskin VS (2010) MHD Flows in Compact Astrophysical Objects – Accretion, Winds and Jets. Springer, Berlin
Bouvier J, Appenzeller I (Hrsg) (2007) Star-Disk Interaction in Young Stars – IAU Symposium 243. Cambridge University Press, Cambridge
Camenzind M (2007) Compact Objects in Astrophysics – White Dwarfs, Neutron Stars and Black Holes. Springer, Berlin
Camenzind M (2012) Gravitation – Elementarkraft des Universums. Max Camenzind, Julius-Maximilians-Universität, Würzburg

Frebel A (2012) Auf der Suche nach den ältesten Sternen. S. Fischer Verlag GmbH, Frankfurt am Main

Gómez de Castro A I u. a. (Hrsg) (2004) Magnetic Fields and Star Formation – Theory versus Observation. Kluwer Academic Publishers, Dordrecht

Janka HT (2011) Supernovae und kosmische Gammablitze – Ursachen und Folgen von Sternexplosionen (Astrophysik aktuell). Spektrum Akademischer Verlag, Heidelberg

Kippenhahn R (1993) The birth, life and death of the stars. Princeton Science Library, Princeton

Kippenhahn R, Weigert A, Weiss A (2012) Stellar Structure and Evolution. Springer, Berlin

Klessen R (2006) Sternentstehung – Vom Urknall bis zur Geburt der Sonne (Astrophysik aktuell). Springer – Spektrum Akademischer Verlag, Heidelberg

Meier DL (2012) Black Hole Astrophysics – The Engine Paradigm. Springer, Berlin

Mestel L (1999) Stellar Magnetism. Clarendon Press, Oxford

Müller A (2010) Schwarze Löcher – Die dunklen Fallen der Raumzeit (Astrophysik aktuell). Spektrum Akademischer Verlag, Heidelberg

Strassmeier KG (1997) Aktive Sterne – Laboratorien der solaren Astrophysik. Springer, Wien

Thorne KS (1994) Gekrümmter Raum und verbogene Zeit – Einsteins Vermächtnis. Droemer Knauer Verlag, München

Thorne KS, Price RH, MacDonald DA (1986) Black Holes – The Membrane Paradigm. Yale University Press, New Haven

Weiss A (2008) Sterne – Was ihr Licht über die Materie im Kosmos verrät (Astrophysik aktuell). Springer – Spektrum Akademischer Verlag, Heidelberg

Kapitel 4

Magnetische Galaxien und Galaxienhaufen

„Je stärker das Magnetfeld, umso größer ist unsere Unkenntnis."
Virginia Trimble, 1995

Die Kosmologie ist die Wissenschaftsdisziplin, die den Ursprung, die Struktur und bisherige Entwicklungen sowie das zukünftige Schicksal des Universums auf Basis zugrunde liegender Naturgesetze verstehen möchte. Die „Steady State"-Theorie ist ein heute weitgehend nicht mehr akzeptiertes kosmologisches Modell, weil es nachgewiesene Entwicklungsprozesse im Kosmos nicht erklären kann. Dieses Modell benötigt anders als die Theorie vom Urknall keine primordiale Feuerballphase, in der das Universum entstanden ist. Es dehnt sich im Laufe der Zeit zwar auch aus, durch kontinuierliche Neuerzeugung von Materie bleibt die Materiedichte dabei aber stets unverändert. Nach dem Standardmodell für den sogenannten Urknall entstanden demgegenüber Materie, Raum und Zeit gemeinsam vor etwa 13,8 Mrd. Jahren nach einer gewaltigen Explosion aus einem, mathematisch formal betrachtet, singulären Punkt.

Es gibt triftige Argumente für die Gültigkeit dieser Theorie. So kann heute die Existenz der von diesem Ereignis ausgehenden kosmischen Hintergrundstrahlung nachgewiesen und zunehmend präziser vermessen werden. Die Häufigkeit der nach dieser Theorie zu Beginn entstandenen Wasserstoff-, Helium- und Lithium-Atome stimmt mit den Beobachtungsergebnissen überein. Die Rotverschiebung entfernter Galaxien lässt sich durch eine stetige Expansion des Universums gut erklären. Und die Leuchtkraftmessungen mehr oder weniger weit entfernter, in Supernova-Explosionen vom Typ Ia zerstörter weißer Zwergsterne bestätigen die Voraussagen des Modells.

Die heutigen Erkenntnisse über die Verteilung großräumiger Strukturen, von Galaxien, Galaxienhaufen sowie der intergalaktischen Materie, erfordern nach Ansicht vieler Wissenschaftler das Vorhandensein zusätzlicher Materie-Energieformen neben der bekannten normalen Materie. Die zur Klärung unterschiedlicher Sachverhalte postulierte Dunkle Materie wechselwirkt allein aufgrund der Gravitationskräfte. Sie kann anhand direkter Aussendung von elektromagnetischer Strahlung nicht nachgewiesen werden. Die starke Einflussnahme sogenannter Dunkler Energie wird als notwendig erachtet, um eine anhand umfangreicher Messkampagnen anscheinend nachgewiesene Zunahme der Expansionsgeschwindigkeit des Universums verständlich zu machen. Nach den üblichen Vorstellungen über die Explosion normaler Materie würde man im Laufe der Zeit eher eine Geschwindigkeitsabnahme erwarten. Die vielen Wissenschaftlern erforderlich erscheinenden Erweiterungen des Urknall-Modells gestalten dem Kosmologen heute ein in sich weitgehend konsistentes Bild von den Strukturbildungsprozessen im Universum.

Nach dem gängigen Modell konnten sich die Photonen der kosmischen Hintergrundstrahlung als Zeugen des Urknalls erst nach fast 400.000 Jahren zwischen den erstmals gebildeten neutralen Wasserstoff- und Heliumatomen frei hindurchbewegen. Zu Beginn des Big Bangs waren die vier fundamentalen Kräfte des Universums (Gravitation, Elektromagnetismus, schwache und starke nukleare Wechselwirkungen) noch nicht unterscheidbar. In der großen Unifikations-Epoche separierte die Gravitation als eigenständige Fundamentalkraft. In der elektroschwachen Epoche konnten schließlich auch die Wirkungen der schwachen und starken Nuklearkraft getrennt wahrgenommen werden. Bereits etwa 10^{-32} s nach dem Urknall war eine sogenannte Inflationsphase bereits beendet. Nach dieser Theorie blähte sich das noch extrem kleine Universum in dieser Phase plötzlich exponentiell auf. Ungleichmäßigkeiten glichen sich dabei aus, das Universum wurde flacher, homogener und isotroper. Danach dominierte die Strahlung, ermöglichte die Bildung von Quarks, Elektronen und Neutrinos, in der Hadronen-Epoche die von Protonen und Neutronen. Bereits drei Minuten nach dem Urknall begann die Nukleosynthese der Wasserstoff-, Helium- und weniger Lithium-Atome. Erst 380.000 Jahre später fand in der Rekombinationsphase des sich weiter abkühlenden Universums der Einfang der Elektronen und die Ausbildung neutraler Atome statt. Die kosmische Hintergrundstrahlung konnte entsendet werden (BT 21).

Zu Beginn des folgenden Dunklen Zeitalters verdichtete sich die Materie unter Einfluss von Gravitationskräften, wurden im Kosmos die Voraussetzungen für die Entwicklung früher Strukturen geschaffen. Nach etwa 100.000 bis 200.000 Jahren durchstieß das Licht der ersten, besonders massereichen Sterne diese Dunkelheit. Aufgrund der in dieser frühen Phase für Kühlungsprozesse fehlenden schwereren Atome und Staubpartikel erforderte der protostellare Kollaps die Verdichtung besonders großer Materiemengen. Die als Population-III-Sterne bezeichneten ersten entstandenen Himmelsobjekte waren mit häufig mehr als 100 Sonnenmassen vermutlich deutlich schwerer als die heutigen Sterne. Diese besonders schnellen Rotatoren werden heute auch als „Spinstars" bezeichnet. Ihre Strahlung und die von ihnen ausgehenden Sternwinde läuteten die Phase der Reionisierung der Materie ein. Atome in den umgebenden Gaswolken wurden verstärkt erneut wieder ionisiert.

Nach Beendigung der Fusionsprozesse explodierten die Population-III-Sterne schon nach wenigen Millionen Jahren unter Aussendung starker Gammablitze in gewaltigen Supernova-Explosionen. Wenn sie bei einer Paarinstabilitäts-Supernovae nicht vollständig zerstört wurden, entstanden besonders massereiche, von Akkretionsscheiben umgebene stellare Schwarze Löcher. Bei der Nukleosynthese wurden die schwereren Elemente für zukünftige Sterngenerationen erbrütet. Fortlaufende Sternentstehung in direkter Umgebung solcher gewaltigen Detonationen war wohl zunächst sehr unwahrscheinlich.

Aus Sicht der Wissenschaftler, die diese frühe kosmische Entwicklungsphase erforschen, entstanden die ersten Protogalaxien etwa 300 bis 400 Mio. Jahre nach dem Urknall. Benachbarte massereiche stellare Schwarze Löcher waren inzwischen möglicherweise miteinander verschmolzen und unterstützten die stetige Kontraktion der sie umgebenden, mehrere 100 Mio. Sonnenmassen schweren Gaswolken. Aufgrund des Drehimpulses des zum Zentralobjekt einströmenden Plasmas bildeten sich Akkretionsscheiben aus, in denen neue Sterne entstehen konnten. Die Masse dieser jungen Galaxien, mit einem relativen Masseanteil von in der Regel etwa 0,2 % einhergehend damit auch die der zentralen Schwarzen Löcher, vergrößerte sich zunehmend. Bei Kollisionen mehrerer solcher noch relativ irregulär erscheinenden jungen Galaxien entstanden später mehr oder weniger wohlstrukturierte erste Spiralgalaxien.

Modellrechnungen zeigen, wie sich bei Zusammenstößen der mit wendelförmigen Armen versehenen „Grand Design"-Spiralgalaxien die sehr viel chaotischer strukturierten elliptischen Galaxien ausbilden konnten. Beim Blick in das ferne, frühe Universum erscheinen diese aktiven und lichtstarken Kerne solcher massereichen Galaxien mit ihren supermassereichen Schwarzen Löchern im Zentrum als sogenannte Quasare, als besonders leuchtstarke „quasistellare Objekte". Aufgrund der im Kosmos anfänglich filament- und netzartigen Materieverteilung gruppieren sich die mit Sternsystemen, Gas- und Staubwolken gefüllten Galaxien heute meist in Haufen- und Superhaufen-Strukturen (BT 22).

In allen Galaxien, im inter- und intragalaktischen Medium, in den Galaxienhaufen und Superhaufen lassen sich magnetische Felder nachweisen. In den Spiralgalaxien orientieren sie sich an der Ausrichtung der Spiralarme. In Sternentstehungsgebieten im Bereich aktiver Galaxienkerne ragen sie beidseitig nach oben und unten aus der Galaxienscheibe heraus. Es stellt sich dabei die Frage, wann sie erstmals im frühen Kosmos entstanden sein könnten. Um kosmische Magnetfelder in Dynamoprozessen erzeugen zu können, bedarf es dafür ja unbedingt der Existenz magnetischer Saatfelder. Wie genau wurden diese damals erzeugt, und welche Prozesse sind heute für die Regenerierung galaktischer Magnetfelder verantwortlich?

Sehr wahrscheinlich haben magnetische Felder im ganz frühen Universum zwar keinen dynamisch wichtigen Einfluss auf die ersten großräumigen Strukturbildungsprozesse nehmen können. Aber schon bei den ersten Supernova-Explosionen und Gammastrahlen-Ausbrüchen waren sie vermutlich treibendes Element für die dabei ablaufenden hochenergetischen Prozesse. Die von aktiven Galaxien wie Centaurus A oder M 87 ausgehenden beeindruckenden galaktischen Jet-Strukturen (BT 27, 28) werden unter dem Einfluss magnetischer Prozesse beschleunigt und kollimiert. Die extrem hochenergetische kosmische Strahlung entsteht in Quasaren und an Schockfronten bei der Kollision von Galaxienhaufen wesentlich auch unter magnetischem Einfluss.

4.1 Galaktische Magnetfelder

Vor mehr als 50 Jahren wurde die Existenz magnetischer Felder in unserer Milchstraße nachgewiesen. Anhand der Vermessung der Gesamtintensität beziehungsweise der des linear polarisierten Anteils der von hochenergetischen Elektronen ausgesandten Synchroton-Strahlung im Radiobereich kann die Stärke des Gesamtfeldes sowie seines großskaligen, regulären Anteils ermittelt werden. Die Milchstraße ist das naheliegendste kosmische Labor, in dem die turbulenten Anteile galaktischer Magnetfelder in Sternentstehungsgebieten studiert werden können. Mithilfe des Faraday-Effekts, dem von der

Wellenlänge abhängenden Rotationsmaß der Schwingungsebene der zum Beispiel von Pulsaren ausgesandten linear polarisierten Radiostrahlung, lässt sich die großräumige Verteilung der Felder in unserer Galaxie ermitteln. Auf die Eigenschaften solcher regulären Felder kann ergänzend auch aus der Lage der Schwingungsebene polarisierter Radiostrahlung, die von im Magnetfeld ausgerichteten Staubkörnern ausgeht, geschlossen werden. Verteilungen besonders starker Felder etwa in Molekülwolken in den Spiralarmen unserer Milchstraße lassen sich begrenzt auch anhand des Zeeman-Effektes analysieren (siehe Kap. 1.4).

Mit leistungsfähigen Radioteleskopen wie dem 100-m-Spiegel bei Bad Münstereifel-Effelsberg lassen sich heute reguläre Muster großskaliger Magnetfelder in nahe gelegenen Galaxien und entfernteren aktiven Radiogalaxien nachweisen und vermessen. Hinsichtlich der topologischen Strukturen ihrer Magnetfelder unterscheiden sich Spiral-, Balken-, irreguläre, elliptische und Galaxien mit verstärkter Sternentstehung mehr oder weniger deutlich voneinander (BT 25). Schwächere intergalaktische Magnetfelder findet man zwischen den Galaxien und in den Galaxienhaufen. Es wird davon ausgegangen, dass auch der „leere" Raum zwischen großen galaktischen Superhaufen mehr oder weniger homogen von magnetischen Feldern durchsetzt ist. Auffallend ist die Tatsache, dass die Stärke der magnetischen Flussdichten in galaktischen Feldern kaum mehr als eine Größenordnung, also um den Faktor 10, nach oben oder unten von einem Mikrogauß abweicht. Die magnetischen Energiedichten entsprechen damit in etwa den Energiedichten der turbulenten Gasbewegungen und der kosmischen Strahlung.

Spiral- und Balkengalaxien Scheibenförmige Galaxien mit klar ausgeprägten, leuchtenden spiralförmigen Armen werden als Spiralgalaxien bezeichnet. Innerhalb dieser Arme entstehen in dunkel erscheinenden Staub- und Molekülwolken in Sternentstehungsgebieten immer wieder neue, unterschiedlich massereiche und leuchtstarke Sterne. Gasnebel werden durch diese jungen Sterne der sogenannten Population I zum Leuchten angeregt. Kernfusionsprozesse im Inneren der Sterne erzeugen zunehmend schwerere Elemente durch Nukleosynthese. Sternwinde und Supernova-Explosionen transportieren Materie in den interstellaren Raum, nehmen aktiven Einfluss auf ihre Umgebung.

Der mit hell leuchtenden, älteren Sternen dicht besetzte Zentralbereich der Spiralgalaxien wölbt sich in der Regel weit über die Scheibenebene hinaus. Bei weit entfernten Galaxien ist nur noch diese zentrale Ausbuchtung zu erkennen. Spiralgalaxien, bei denen beidseitig und symmetrisch breite, streifenförmige, mit hell leuchtenden Sternen besetzte Gebiete an die Ausbuchtung angrenzen, werden als Balkengalaxien bezeichnet. Es gibt Theorien darüber, wie sich Spiral- und Balkengalaxien wechselseitig über lange Zeiträume ineinander umwandeln. Der Halo einer Galaxie bezeichnet den eine Galaxie nahezu kugelförmig umschließenden „Lichthof". In ihm bewegen sich aufgrund ihrer Form als Kugelsternhaufen bezeichnete Ansammlungen alter Sterne der Population II, die nur relativ wenige schwere Elemente enthalten.

Die Magnetfelder in den Spiralgalaxien verlaufen meist parallel zur galaktischen Scheibe und organisieren sich wie die im optischen Licht beobachtbaren Galaxienarme in großräumigen spiralförmigen Strukturen. Die aus der Stärke der regulären und turbulenten Feldanteile zusammengesetzte Gesamtstärke des Magnetfeldes ist generell in den Spiralarmen am größten. Bei den hier ablaufenden Sternentwicklungsprozessen werden vorwiegend kleinskaligere und verwirbelte Felder im turbulenten Plasma erzeugt. Die stärksten geordneten, großskaligen Felder findet man in Gebieten zwischen den Spiralarmen. Hier bilden sich teilweise deutlich ausgeprägte „magnetische Arme" aus (Abb. 4.1).

In den Balkenstrukturen der Spiralgalaxien richten sich die Magnetfelder am Materiestrom ins Galaxienzentrum aus (BT 25 *rechts unten*). In den zentralen Regionen solcher Galaxien entstehen Scher-

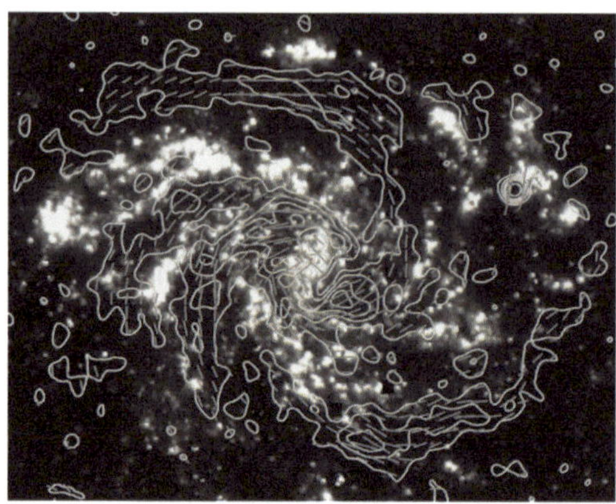

Abb. 4.1 Magnetische Arme einer Spiralgalaxie. Die im New General Catalogue (NGC) unter der Nummer 6946 aufgeführte Spiralgalaxie besitzt sogenannte magnetische Arme. Der Abbildung dieser Galaxie sind Konturlinien der polarisierten Radioemission sowie gerade, die Stärke und Ausrichtung des magnetischen Feldvektors charakterisierende Linien überlagert. Sie verdeutlichen die Konzentration relativ starker Feldkomponenten insbesondere auch im Raum zwischen den sichtbaren Spiralarmen der Galaxie. (© VLA, MPIfR Bonn, R. Beck)

strömungen. Es bilden sich Stoßfronten aus, wenn die hier schneller rotierenden Gasmassen auf die Balkenstrukturen treffen. Geordnete Magnetfelder können dabei zusammengedrückt und verstärkt werden. Nahe dem Galaxienzentrum übernehmen die Felder die spiralförmige Orientierung der im optischen Licht sichtbaren dunklen Staubfilamente. Durch starke magnetische Flussdichten mit Werten um 50 µG können die Felder hier merklichen Einfluss auf den Einstrom des Plasmas nehmen, zum Beispiel bei der „Fütterung" eines zentralen Schwarzen Loches.

Messkampagnen haben für Spiralgalaxien einen Mittelwert von knapp 10 µG für die Gesamtflussdichte des Magnetfeldes ergeben. In den Spiralarmen werden aber teilweise bis zu doppelt so hohe

Werte ermittelt. Der Mittelwert für die magnetische Flussdichte geordneter Felder liegt mit 1 bis 5 µG deutlich niedriger. Am Rand des inneren Spiralarms der mit einer Partnergalaxie wechselwirkenden „Whirlpool"-Galaxie findet man aber mit bis zu 15 µG deutlich stärkere geordnete Felder (BT 23 *oben*, BT 24).

Die Milchstraße und ihr galaktisches Zentrum Anders als bei der etwa 2,5 Mio. Lichtjahre entfernten Andromeda-Galaxie (BT 23 *rechts*) ermöglicht die spezielle Lage unseres Sonnensystems in der Milchstraße keine Gesamtschau von außen. Uns erscheint die mehr als 100.000 Lichtjahre große Milchstraße mit ihren 100 bis 200 Mrd. Sternen als von Dunkelwolken, Gasnebeln und leuchtstarken Sterne durchzogene bandförmige Aufhellung am Nachthimmel (BT 23 *links*). Die ebenfalls zu den „Grand Design"-Spiralgalaxien zählende Andromeda-Galaxie ist das fernste Himmelsobjekt, das wir von der Erde aus mit bloßem Auge noch erkennen können. Sie gehört wie die Milchstraße zur Lokalen Gruppe und wird ebenfalls von mehreren kleineren Begleitgalaxien umgeben. Nach neuesten Erkenntnissen ist sie aber deutlich größer als unsere Galaxie und enthält vermutlich mehrere 100 Mrd. Sterne.

Beide Galaxien bewegen sich mit großen Geschwindigkeiten aufeinander zu. Sie könnten in geschätzten 4 Mrd. Jahren frontal miteinander kollidieren und zu einer großen elliptischen Galaxie verschmelzen. Wie bei der Andromeda-Galaxie geht man auch bei der Milchstraße von der Existenz eines supermassereichen Schwarzen Lochs in ihrem galaktischen Zentrum aus. Verborgen hinter Dunkelwolken liegt die besonders kompakte und helle Radioquelle Sagittarius A* im Sternbild des Schützen. Die hohe Geschwindigkeit der diesen Punkt unter dem Einfluss gewaltiger Gravitationskräfte auf engen Ellipsenbahnen umkreisenden Sterne sowie die rasche Bewegung und Auslöschung von Materie unter Freisetzung gewaltiger Energiemengen sprechen für die Existenz eines etwa 4,3 Mio. Sonnenmassen schweren Schwarzen Lochs.

Während der magnetische Feldverlauf in der Andromeda-Galaxie (BT 23 *rechts unten*) durch eine außergewöhnlich symmetrische, ringförmige Struktur gekennzeichnet ist, zeigt die Magnetfeldstruktur der Milchstraße die eher typischen Erscheinungsformen großer Spiralgalaxien. Die lokalen Felder liegen parallel zur galaktischen Ebene und folgen den Spiralarmen. Während die Orientierung der Magnetfelder zwischen den unterschiedlichen Armen der Spiralgalaxien in der Regel gleichförmig ist, lassen relativ hoch aufgelöste Daten für die Milchstraßen-Galaxie auf eine Umkehrung der Orientierung zwischen benachbarten Armen schließen. Anders als im Perseus-Arm verläuft die Ausrichtung der großskaligen Magnetfelder im Sagittarius-Arm entgegen dem Uhrzeigersinn (BT 23 *links oben*). In der Nähe der Sonne beträgt die Gesamtstärke der magnetischen Flussdichten etwa 6 μG. Im inneren Galaxienbereich steigt sie bis auf etwa 10 μG an. In besonders dichten Staubwolken konnten Feldstärken sogar bis in den Milligauß-Bereich gemessen werden. In filamentartigen Strukturen nahe dem galaktischen Zentrum existieren offensichtlich ins Galaxienhalo reichende Felder mit Magnetfeldkomponenten, die senkrecht zur galaktischen Scheibe ausgerichtet sind. Deren Stärken können einige 100 μG betragen. Wahrscheinlich besitzen die meisten großen Spiralgalaxien wie die Milchstraße solche filamentartigen Strukturen, die von ihrem galaktischen Zentrum senkrecht zur Galaxienscheibe hervortreten.

Irreguläre, Sterngeburt- und elliptische Galaxien In „flockigen" Scheibengalaxien ohne ausgeprägte Spiralarme, in denen nur lückenhaft Gas- und Staubwolken mit leuchtenden Sterngebieten sichtbar sind, existieren dennoch spiralförmige Magnetfeldmuster. Deren Flussdichten sind teilweise mit denen der „Grand Design"-Spiralgalaxien durchaus vergleichbar. In irregulären, langsam oder teilweise in chaotischen Mustern rotierenden Zwerggalaxien kann die Energiedichte des magnetischen Feldes ausreichend groß sein, um die Entwicklung des gesamten Systems mit zu beeinflussen

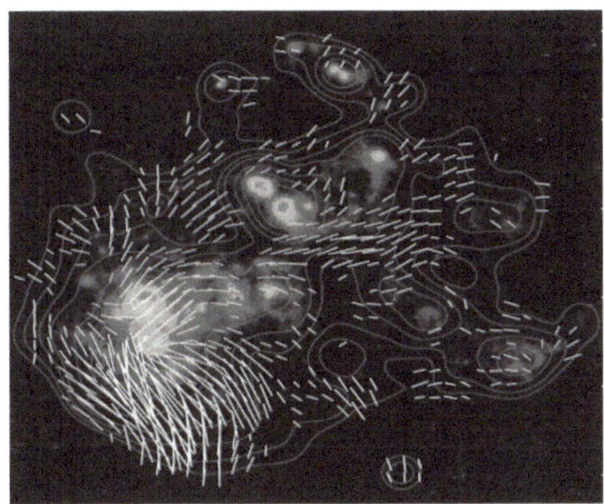

Abb. 4.2 Magnetfeldstrukturen einer irregulären Zwerggalaxie. In der irregulären Zwerggalaxie IC 10 laufen schnelle Sternentstehungsprozesse ab. Die Stärkeverteilung und komplexe Geometrie der zugrunde liegenden Magnetfelder lässt sich anhand der Intensität und Richtung der gesamten beziehungsweise polarisierten Radiostrahlung veranschaulichen. (© VLA, K. T. Chyzy, MPIfR Bonn R. Beck, D. Bomans, Univ. Bochum)

(Abb. 4.2). Auch die Magellansche Wolke, die der Milchstraße am nächsten gelegene irreguläre Galaxie, besitzt großskalige Magnetfeldkomponenten.

Bei der Begegnung wechselwirkender Galaxien kann es im Extremfall zu einer nahezu vollständigen Galaxienverschmelzung und Ausbildung einer größeren elliptischen Galaxie kommen. Gezeitenkräfte reißen dabei Spiralarme und Sternsysteme auseinander. Innerhalb von Kollisionsfronten werden heftige Sternentstehungs-Aktivitäten ausgelöst. Bei diesen in Sterngeburt-Galaxien ablaufenden Prozessen können sich die ins Plasma eingefrorenen galaktischen Magnetfelder stark verwirbeln. Im Mittel findet bei diesen Galaxien eine Verdopplung der Gesamtstärke des Feldes statt. In den durch drastisch zunehmende Sterngeburten ausgezeichneten Zentren solcher wechselwirkenden Galaxien befördern Sternwinde auch die eingelagerten Magnetfelder ins Galaxienhalo (BT 25 *links unten*).

Elliptische Galaxien mit ihrer ellipsoidalen Form und einem eher strukturlosen Helligkeitsprofil sowie Galaxien sogenannter Hubble-Typen Sa enthalten sehr viel ältere Sterne als die Spiralgalaxien und sind von einer Vielzahl von Kugelsternhaufen umgeben. Die magnetischen Felder solcher Galaxien sind wegen der weitgehend fehlenden interstellaren Materie sehr viel schwieriger zu erforschen. In der mit einem dunklen Staubring umgebene Sombrero-Galaxie M 104 vom Typ Sa können aber doch schwache und geordnete Felder nachgewiesen werden (BT 25 *rechts oben*).

Galaxienhaufen und Superhaufen Die Galaxienhaufen sind die größten gravitativ gebundenen Strukturen des Universums. Um meist besonders große elliptische Galaxien in ihrer dichten Zentralregionen gruppieren sich jeweils bis zu mehrere Tausend, häufig spiralförmige Galaxien. So liegt das von uns etwa 60 Mio. Lichtjahre entfernte helle Messier-Objekt Nummer 87 (BT 28) als größte elliptische Galaxie im Zentralbereich des Virgo-Galaxienhaufens. Von seinem aktiven Galaxienkern gehen besonders energiereiche Jets aus, deren Entstehungshintergrund anhand von Aufnahmen im Radio- und Röntgenlicht sowie im optischen Bereich des elektromagnetischen Spektrums erforscht werden kann.

Solche ausströmenden relativistischen Jets produzieren vorgelagerte „Hotspots", wo sie im umgebenden intragalaktischen Gas an Stoßfronten abgebremst werden. Die zurückströmende turbulente Materie erzeugt dabei großräumige, kokonartige Umhüllungen der Jet-Kanäle. Röntgenaufnahmen (Radioaufnahmen) registrieren hier ohrenförmige Hohlräume mit relativ geringer (großer) Strahlungsintensität. In Zentrumsnähe oder im Außenbereich einiger besonders aktiver Galaxienhaufen existieren längliche Radioquellen außerhalb der Galaxien. Diese als Radiorelikte bezeichneten Objekte treten offensichtlich dort auf, wo in Stoßfronten relativistische Teilchen beschleunigt werden.

In Galaxiensuperhaufen versammeln sich bis zu einige Tausend kleinere Galaxiengruppen und Galaxienhaufen, die untereinander gravitativ kaum gebunden sind, zu einer extrem ausgedehnten Gesamtheit. Filamentartig gruppieren sie sich in schalenförmigen Komplexen, die dazwischenliegende „leere" Raumbereiche mit auffallend wenigen Galaxien umhüllen. Die Erforschung der Struktur dieser Hunderte von Millionen Lichtjahren großen Superhaufen ermöglicht Erkenntnisse über die Entwicklung der ersten Galaxien im frühen Universum.

Bis heute gibt keinen ganz widerspruchsfreien Nachweis für ein überall existentes reguläres Magnetfeld im intergalaktischen Medium. Aufgrund fehlender oder nicht ausreichend zuverlässiger Daten kann aber nicht ausgeschlossen werden, dass die Flussdichte hier nur einen sehr niedrigen Wert annimmt. Theoretische Überlegungen anhand von Abschätzungen relativer Energiedichten sprechen für stärkere Felder von etwa 40 µG im Bereich der Radioohren im Zentrum der Galaxienhaufen. Dass hier sowie in den Radiohalos und Radiorelikten bestehende Magnetfelder in kollisionsfreien Stoßprozessen verstärkt werden können und dadurch eine Beschleunigung kosmischer Teilchenstrahlung auf die beobachteten relativistischen Geschwindigkeiten bewirken, steht heute außer Frage.

Neue leistungsfähige Radioteleskope werden in Zukunft Aufschluss über die mögliche Stärke kosmischer Magnetfelder in den Filamenten und Leerräumen der galaktischen Superhaufen geben. Vorläufige Abschätzungen gehen von magnetischen Flussdichten zwischen 0,1 und 1 µG aus. Offensichtlich werden alle kosmischen Strukturen zu allen Zeiten von magnetischen Feldstrukturen durchzogen. Dann könnten sie bereits im frühen Universum durch geeignete Prozesse erzeugt oder von Galaxien ausgeworfen worden sein.

4.2 Ursprung galaktischer Magnetfelder

Kleinskalig turbulente oder auf großen Längenabmessungen kohärente Magnetfelder findet man überall im Kosmos, in Planeten, Sternen, Galaxien, Galaxienhaufen, im interstellaren und intergalaktischen Medium, sogar in den frühen protogalaktischen Wolken. Sie tragen wesentlich zum Gesamtdruck der Gasmaterie bei, der sich mächtigen Gravitationswirkungen entgegenstellen kann. Magnetfelder regulieren und lenken Plasmaströme, ermöglichen die Beschleunigung hochenergetischer Teilchen. Sie beeinflussen die Stabilitätsverhältnisse und dynamischen Entwicklungen in den Gaswolken. Dadurch, dass sie den Abtransport des Drehimpulses bewerkstelligen, ermöglichen sie die Entstehung der Sterne und Planeten. In der Umgebung aktiver Himmelsobjekte bestimmen sie das Weltraumwetter. Sie prägen die dynamischen Prozesse in Scheiben-Jet-Strukturen um extrem unterschiedliche kompakte Objekte. Explosive Prozesse im Universum werden durch vielfältige magnetisch vermittelte Instabilitäten ausgelöst. Magnetische Prozesse bewirken die Aufheizung von Materie und steuern den Energietransport. Auch wenn ihr direkter dynamischer Einfluss wahrscheinlich vernachlässigbar ist, so können magnetische Felder indirekt doch merklichen Einfluss selbst auf die Strukturbildungsprozesse im frühen Universum nehmen.

Trotz ihrer weitreichenden Präsenz und vielfältigen Bedeutung ist die Geschichte vom Ursprung der kosmischen Magnetfelder heute noch nicht zufriedenstellend geklärt. Natürlich können die stationären oder oszillierenden Magnetfelder der Planeten, Sterne und sicherlich auch der Galaxien durch unterschiedlichste Induktionsprozesse regeneriert werden. Die für die Wirkung solcher Dynamos erforderlichen Saatfelder müssen aber vorher unbedingt erst einmal erzeugt worden sein. Es stellt sich die Frage, wie die ersten Magnetfelder im frühen Universum anders als in einem Dynamoprozess überhaupt entstanden sein können.

Waren es besonders exotische Prozesse, die die Erzeugung der sogenannten primordialen Felder vor Entstehung der ersten Sterne und Galaxien möglich machten? Oder wirkten eher thermoelektrische Prozesse in kosmischen Batterien für die Erzeugung von Strömen, die ausreichend starke und ausgedehnte Saatfelder in den Protogalaxien produzierten? Wie genau liefen anschließend die ersten Dynamoprozesse ab? Und welche anderen Möglichkeiten gibt es noch, um kosmische Magnetfelder in den unterschiedlichsten Himmelsobjekten zu verstärken und zu ordnen?

Primordiale Magnetfelder Galaktische Dynamos benötigen Saatfelder, die generell zwei Grundvoraussetzungen erfüllen müssen. Ihre Stärke sollte mindestens 10^{-22} G betragen, ihre als Kohärenzlänge bezeichnete typische Längenabmessung größer als etwa 30.000 Lichtjahre sein. Saatfelder, die bereits vor der unterstellten, extrem schnellen und großskaligen inflationären Ausdehnungsphase im frühen Universum entstanden sind, hätten danach zwar den Vorteil, das ihre Kohärenzlänge genügend groß wäre. Sie müssten aber besonders stark sein, um nach der gewaltigen frühen Expansion des Universums nicht wieder allzu schwach zu werden.

Manche der später ablaufenden Szenarien der Magnetogenese könnten zwar genügend starke Felder für folgende Dynamoprozesse bereitstellen. Häufig haben die erzeugten Saatfelder dann aber keine ausreichend große Kohärenzlänge. Indirekte Hinweise auf 10^{-15} G starke und ausgedehnte Feldstrukturen im leeren intergalaktischen Raum sprechen für die Existenz solcher frühen Magnetfelder. Eine Fülle exotischer und astrophysikalischer Modellvorstellungen über deren Entstehung wird heute diskutiert und erprobt.

Wurden die ersten primordialen Magnetfelder bereits direkt nach dem Urknall während der Inflationsphase erzeugt? Eine Vielzahl mehr oder weniger spekulativer Theorien versucht darauf eine Antwort zu geben, ohne dass die Möglichkeit der experimentellen Überprüfung daraus abgeleiteter Schlussfolgerungen besteht. Vielversprechender sind Ideen über die Magnetfelderzeugung in den folgenden Übergangsphasen vor der Ausbildung der ersten Atome. Unterschiedliche Prozesse werden für die systematische Separation positiver und negativer Ladungsträger verantwortlich gemacht, die das Fließen eines elektrischen Stromes und damit auch die Erzeugung magnetischer Saatfelder ermöglichen könnten. Besitzen kleinskalige primordiale Felder bereits eine geeignete Verdrillung, eine als magnetische Helizität bezeichnete physikalische Eigenschaft, dann erleichtert deren generell geltende Erhaltung im leitfähigen Plasma auch die gewünschte Erzeugung großskaligerer Saatfelder. Sehr wahrscheinlich existierten solche schwachen kosmischen Magnetfelder bereits vor Entstehung der Population-III-Sterne und der ersten Protogalaxien.

Protogalaktische Magnetfelder Temperaturgradienten und Dichtevariationen im Wasserstoffgas des frühen Universums bewirkten Materieströme. Wenn solche Ströme aufeinandertrafen, bildeten sich turbulente Strömungsprofile und Stoßfronten aus. Nicht immer stimmte dabei die Richtung des stärksten Anstiegs der Temperatur – und damit auch des Gasdrucks – mit der der Dichte überein. Solche Bedingungen sind geeignet, um in einem als „Biermann-Batterie" bezeichneten Prozess kleinskalige Magnetfelder auch ohne vorhandenes Saatfeld zu erzeugen. Es lässt sich mathematisch zeigen, dass die für ein aus Protonen und Elektronen zusammengesetztes leitfähiges Gas hergeleitete Induktionsgleichung einen zusätzlichen Induktionsterm enthält, der dies möglich macht (Einschub 7). Genügend starke Saatfelder können danach in protogalaktischen Systemen dort erzeugt werden, wo in mehr oder weniger gekrümmten Stoßfronten Druck- und Dichtegradienten unterschiedliche Ausrichtungen aufweisen.

? Einschub 7: Die Funktionsweise einer „Biermann-Batterie"

Ausgangsvoraussetzung für den Start eines Dynamoprozesses ist stets das Vorhandensein eines ausreichend starken magnetischen Saatfeldes. Wenn ein bereits vor Ausbildung der ersten Strukturen im frühen Universum in exotischen Prozessen entstandenes primordiales Feld einen Mindest-Grenzwert nicht erreicht, dann ließen sich solche Saatfelder doch durch einen als „Biermann-Batterie" bezeichneten Prozess in der protogalaktischen Entwicklungsphase erzeugen. Dieser astrophysikalische Prozess nutzt mögliche Unterschiede in der Mobilität von Elektronen und Ionen aus. Dadurch entsteht eine Potenzialdifferenz, die das Fließen elektrischer Ströme und damit auch die Erzeugung eines Magnetfeldes bewirkt.

Das Funktionsprinzip einer solchen „Batterie" erfordert eine partielle Aufhebung der engen Kopplung zwischen positiven und negativen Ladungsträger im idealisierten magnetohydrodynamischen Modell. Das Plasma muss dazu in einem anfangs von Magnetfeldern freien Raum als ein Zwei-Komponenten-Fluid betrachtet werden. Die Bewegungsgleichungen zur Ermittlung der zeitlichen Entwicklung der Geschwindigkeitsfelder müssen jeweils getrennt für Ionen und Elektronen betrachtet werden. Das den Zusammenhang von Stromdichte und elektrischer Feldstärke beschreibende Ohm'sche Gesetz enthält dadurch zusätzliche Terme. Unter anderem tritt jetzt ein wirksamer Druckgradient der Elektronenkomponente des Fluids in Erscheinung. In guter Näherung lässt sich dann die folgende Induktionsgleichung herleiten:

$$\frac{\partial \vec{B}}{\partial t} = \vec{\nabla} \times (\vec{v} \times \vec{B}) + \eta \vec{\nabla}^2 \vec{B} + k_1 \frac{\vec{\nabla}p \times \vec{\nabla}\rho}{\rho^2}, \quad k_1 = \text{konstant} \quad (7.1)$$

Sie enthält im Vergleich zu der in Einschub 2 hergeleiteten Gleichung einen zusätzlichen Term, der proportional zu $(\vec{\nabla}p \times \vec{\nabla}\rho)/\rho^2$ ist. Selbst wenn ursprünglich kein Magnetfeld vorhanden ist, die Terme $\vec{\nabla} \times (\vec{v} \times \vec{B})$ und $\eta \vec{\nabla}^2 \vec{B}$ also nicht existent sind, kann aufgrund dieses Zusatzterms doch ein Magnetfeld erzeugt werden. Überall dort, wo das Kreuzprodukt $\vec{\nabla}p \times \vec{\nabla}\rho$ ungleich null ist, gilt dann auch $\partial \vec{B}/\partial t \neq \vec{0}$. Dies passiert immer dann, wenn die Gradienten- ▶

▶ vektoren des Drucks p und der Dichte ρ im Plasma nicht parallel zueinander verlaufen.

Für die sogenannte Vortizität $\vec{\omega} = \vec{\nabla} \times \vec{v}$, die die Wirbelstärke des Geschwindigkeitsfeldes $\vec{v}$ beschreibt, lässt sich aus der Bewegungsgleichung für die Materie näherungsweise eine adäquate Differenzialgleichung herleiten.

$$\frac{\partial \vec{\omega}}{\partial t} = \vec{\nabla} \times (\vec{v} \times \vec{\omega}) + \nu \vec{\nabla}^2 \vec{\omega} + k_2 \frac{\vec{\nabla}p \times \vec{\nabla}\rho}{\rho^2}, \quad k_2 = \text{konstant} \quad (7.2)$$

Anstelle des magnetischen Diffusionsterms $\eta \vec{\nabla}^2 \vec{B}$ steht in der Gleichung für die zeitliche Entwicklung der Vortizität ein Reibungsterm, dessen Stärke unter anderem von der kinematischen Viskosität ν des Mediums abhängt. Wieder existiert ein Term, der proportional zu $(\vec{\nabla}p \times \vec{\nabla}\rho)/\rho^2$ ist.

Genügend starke Magnetfelder können in protogalaktischen Systemen nach dem Prinzip der Biermann-Batterie genau dort erzeugt werden, wo eine durch unterschiedliche Ausrichtung der Druck- und Dichtegradienten bewirkte Verdrillung von Geschwindigkeitsfeldern auftritt. Gravitationskräfte allein produzieren zwar keine Vortizität. Gasdynamische Prozesse in gekrümmten Schockfronten ermöglichen aber die Bildung der für Dynamoprozesse ausreichend starken kosmischen Magnetfelder auch ohne ein vorhandenes Saatfeld.

Aufgrund der elektrischen Leitfähigkeit der im frühen Universum besonders heißen Materie sind die primordialen oder durch den Biermann-Batterie-Prozess erzeugten Magnetfelder in das strömende Plasma eingefroren. Turbulente Strömungen und die zunehmende Kontraktion der protogalaktischen Materie bewirken sowohl die Verformung als auch die Verstärkung dieser Feldstrukturen unterschiedlicher Längenskalen. Großskaligere Magnetfelder nehmen danach bereits an der Verdichtung riesiger protostellarer Molekülwolken teil. Sie unterstützen damit möglicherweise auch den Trend zur Ausbildung besonders massereicher Population-III-Sterne. Sie behindern die Fragmentation der sich um die Protosterne bildenden Akkretionsscheiben und damit auch die Entstehung deutlich masseärmerer Sterne.

Während der nur wenige Millionen Jahre dauernden Entwicklung dieser ersten Sterne konnten großskalige Magnetfelder in üblichen Dynamoprozessen wesentlich verstärkt werden. Sternenwinde sowie die am Ende des Sternenlebens einsetzenden gewaltigen Supernova-Explosionen transportierten die Felder in die sie umhüllenden protogalaktischen Wolken. Wenn ein solcher Stern in einer Paarinstabilitäts-Supernova nicht vollständig zerrissen wurde, dann bildete sich im Zentrum ein besonders massereiches stellares Schwarzes Loch mit einer umgebenden Scheiben-Jet-Struktur aus. Gammastrahlen-Ausbrüche trieben turbulente magnetische Stoßfronten vor sich her, in denen Magnetfelder verstärkt und Teilchen beschleunigt wurden.

Die Verschmelzung mehrerer Schwarzer Löcher zu einem zentralen supermassereichen Schwarzen Loch sowie die Kontraktion der umgebenden Wolkenstrukturen könnte schließlich die Ausbildung einer jungen Protogalaxie bewirkt haben. Durch den in der galaktischen Scheibe ablaufenden Akkretionsprozess nahm deren Masse und einhergehend damit auch die Masse des Schwarzen Lochs weiter zu. In den Sternentstehungsgebieten entstanden innerhalb der Galaxienarme fortlaufend neue Sterngenerationen. Die heute in den Galaxien vermessenen Magnetfelder wurden bereits damals in galaktischen Dynamoprozessen erzeugt und immer wieder regeneriert.

Galaktische Dynamos Es wird heute allgemein akzeptiert, dass die in Spiralgalaxien zu beobachtenden galaktischen Magnetfelder in Dynamoprozessen erzeugt werden können. In den turbulenten und differenziell rotierenden galaktischen Scheiben sind die notwendigen Strömungsmuster für den Betrieb eines klassischen $\alpha\omega$-Dynamos vorhanden. Der Verlauf der Rotationskurve der meisten Galaxien zeigt dabei aber kein typisches Kepler-Profil. Einer starren Rotation entsprechend steigt die Umlaufgeschwindigkeit der Himmelsobjekte im inneren Bereich mit zunehmendem Abstand r vom Galaxienzentrum zunächst nahezu linear an. Statt weiter außen, aber proportional zu $1/\sqrt{r^{0,5}}$ stetig abzunehmen, bleibt sie hier häufig nahezu konstant.

Turbulenzen werden durch Sternwinde, Supernova-Explosionen und andere dynamische Prozesse im interstellaren Medium ausgelöst. Die Dynamik der kosmischen Partikelstrahlung führt zur effektiven Verstärkung magnetischer Felder in der galaktischen Scheibe. Azimutal ausgerichtete Magnetfelder, in die von hochenergetischen Teilchen aufgeheiztes Plasma eingelagert ist, erfahren einen magnetischen Auftrieb. Im Sinne des α-Effekts erzeugen Corioliskräfte in der rotierenden Galaxienscheibe daraus die helikal verformten magnetischen Flussröhren. In Rekonnexionsprozessen verschmelzen mehrere kleinskalige zu großskaligeren poloidalen Magnetfeldstrukturen. Die differenzielle Rotation regeneriert die toroidalen Flussröhren entsprechend dem ω-Effekt. Primordiale oder protogalaktische Magnetfelder dienen dabei als Saatfelder.

Supernova-Explosionen, Akkretionsprozesse aufgrund der wirkenden Gravitationskräfte sowie die Rotationsbewegungen des Systems liefern die notwendige Energie für solche Dynamoprozesse. Ähnlich wie in Akkretionsscheiben um Sterne können galaktische Magnetfelder in der differenziell rotierenden und von schwachen Saatfeldern durchsetzten Scheibe auch aufgrund einsetzender Magneto-Rotationsinstabilitäten entstehen.

Die für ideales Plasma mit theoretisch unendlicher Leitfähigkeit geltende Konstanz der magnetischen Helizität bereitet dem Modellkonzept des α-Effekts generell einige Schwierigkeiten. Durch diesen Induktionseffekt wird bei der Umwandlung toroidaler in poloidale Feldstrukturen tatsächlich großskalig eine solche Helizität erzeugt. Die Erhaltung dieser physikalischen Messgröße erfordert dann aber gleichzeitig auch die Erzeugung einer gleich großen Helizität mit umgekehrtem Vorzeichen. Aufgrund theoretischer Überlegungen müsste eine solche auf kleinen Skalen wirksame Helizität allerdings zu einer unerwünschten, drastischen Abschwächung der Wirkung des α-Effekts führen. Um den Dynamoprozess dennoch wirksam am Leben zu erhalten, müsste dieser kleinskalige Anteil der magnetischen Helizität aus dem Magnetfeld erzeugenden Bereich effizient abgeführt werden. Magnetisch getriebene galaktische Winde und fontänenartige Auswürfe von Supernova-Explosionen in den Halos der Galaxien könnten hierfür infrage kommen.

Für die Entstehung galaktischer Magnetfelder in turbulenten Dynamoprozessen gibt es gute Argumente. Aktuelle 3-D-Simulationsrechnungen reproduzieren heute die beobachtete Existenz starker magnetischer Felder auch zwischen den optisch sichtbaren Spiralarmen. Ergebnisse solcher Modellrechnungen bestätigen auch die großen Anstellwinkel dieser Felder relativ zur Senkrechten der Verbindungslinie zum Galaxienzentrum. Wenn die zeitliche Verstärkung und Ausrichtung eingefrorener galaktischer Magnetfelder im Wesentlichen aufgrund von Scherbewegungen im differenziell rotierenden Plasma erfolgen würde, dann ließe sich die beobachtete Ausrichtung der Scheibenfelder nicht erklären. Um die gemessene Stärke der Felder zu erreichen, müssten die Felder viele Male aufgewickelt werden, was sehr kleine Anstellwinkel zur Folge hätte.

Für die Ausbildung der spiralförmigen Strukturen der Galaxienarme wird unter anderem die Ausbreitung von Dichtewellen im Gas der galaktischen Scheibe verantwortlich gemacht. Ihr Einwirken sollte die Bildung massereicher und leuchtkräftiger Sterne in den Sterbentstehungsgebieten zur Folge haben. Nahe dem Galaxienzentrum könnten es dann die dort stärkeren Magnetfelder sein, die durch magnetohydrodynamische Beeinflussung solcher Wellen für die beobachtete Koinzidenz optischer und magnetischer Arme sorgen.

Abb. 4.3 Galaktische Dynamotypen. Schematisch sind die Magnetfeldstrukturen („Moden") dargestellt, die ein galaktischer Dynamo produzieren kann. *Oben links*: axisymmetrische Spirale (Mode 0), *oben rechts*: bisymmetrische Spirale (Mode 1), *unten links*: Überlagerung der Moden 0 und 1, *unten rechts*: quadrisymmetrische Spirale (Mode 2). Die roten Pfeile geben jeweils die Magnetfeldrichtung an. (© R. Beck, MPIfR Bonn)

In Dynamomodellrechnungen lassen sich die unterschiedlichen Stärken und Geometrien galaktischer Magnetfelder in den Spiralarmen reproduzieren. Für einen $\alpha\omega$-Dynamo beschreiben unterschiedliche Moden die verschiedenen azimutalen und vertikalen Symmetrien in der Scheibe beziehungsweise senkrecht dazu. Mehrere Moden können in einer Galaxie überlagert realisiert sein. Ein konzentrisches Ring-Modell kann die Felder der Andromeda-Galaxie erklären, ein bisymmetrisches Spiral-Modell die unterschiedliche Ausrichtung der Magnetfelder in benachbarten Spiralarmen der Milchstraßen-Galaxie (Abb. 4.3).

Dynamoprozesse in elliptischen Galaxien und Galaxienhaufen
Das Vorhandensein von mikrogaußstarken Magnetfeldern in ellip-

tischen Galaxien und Galaxienhaufen erfordert Überlegungen über deren Ursprung auch in möglichen Dynamoprozessen. Die Tatsache, dass diese Systeme wenig geordnet und relativ langsam differenziell rotieren, schränkt diese Möglichkeiten aber ein. Der klassische α-Effekt erfordert eine ausreichend starke Wirkung der Corioliskraft. Und ohne schnelle Rotation erzeugt ein turbulenter Dynamoprozess nur Magnetfelder mit kleinen Kohärenzlängen.

Genügend starke Saatfelder und Energiequellen stehen allerdings ausreichend zur Verfügung. Sternwinde, Supernovae und aktive Galaxienkerne liefern einen magnetischen Fluss, der global verteilte Flussdichten von 10^{-16} G gewährleistet. Die Durchmischung des interstellaren Gases durch regellose Bewegungen der Sterne sowie die Explosionen und Kollisionen von Sternen und Galaxien sind die Quellen der Turbulenz und liefern mehr als genügend Energie für einen wirksamen Dynamoprozess.

Im interstellaren Medium innerhalb elliptischer Galaxien könnten nach dem Konzept des „fluktuierenden" Dynamos relativ kleinskalige Magnetfelder erzeugt werden. Im chaotisch turbulenten Medium lassen sich nach dieser Modellvorstellung lokale Magnetfeldstrukturen auf kurzen Zeitskalen verstärken, indem sie immer wieder gestreckt, verdreht, gefaltet, übereinandergelegt und miteinander verschmolzen werden. In einem sogenannten „bottom-up"-Szenario könnten anschließend großskaligere Turbulenzströmungen Magnetfelder der gewünschten Stärke mit größerer Kohärenzlänge erzeugen. Die Kompression magnetischer Felder beispielsweise in Stoßfronten ermöglicht zusätzliche lokale Verstärkungen bis zu einem Faktor 1000.

In einem für Galaxienhaufen vorgeschlagenen möglichen Dynamoprozess werden Magnetfelder im Kielwasser der durch das intergalaktische Medium ziehenden Galaxien erzeugt. Die im turbulent durchmischten Gas verstärkten Felder erreichen dabei allerdings nur Flussdichten von etwa 0,1 µG. Zusammenstöße und Verschmelzungen der Galaxien miteinander stellen ein viel versprechenderes Szenario dar. Im turbulenten Medium und in komplexen Stoßfronten könnten stärkere Magnetfelder mit größerer Lebensdauer erzeugt werden. Rekonnexionsprozesse im großräumigen und dünnen intergalaktischen Medium treten allerdings selten auf. Kühlende Ströme verstärken Magnetfelder nahe aktiver galaktischer Zentren durch Materieverdichtung und Verscherung der Felder.

4.3 Dynamische galaktische Prozesse

Kosmische Magnetfelder nehmen deutlichen Einfluss auf die in der galaktischen Umgebung zu beobachtenden Phänomene und zugrunde liegenden hochenergetischen physikalischen Prozesse. In miteinander wechselwirkenden Galaxien setzen intensive Sternenstehungsprozesse ein, verstärken sich Sternwinde, finden gehäuft Supernova-Explosionen statt. Aktive Galaxienkerne setzen gewaltige Mengen an Energie frei und beeinträchtigen ihre Nachbarschaft wesentlich. In Stoßfronten bei Kollisionen und Verschmelzungen von Galaxien oder Galaxienhaufen werden kosmische Teilchen auf relativistisch hohe Geschwindigkeiten beschleunigt. Magnetfelder steuern und lenken viele dieser Prozesse. Sie können zum „radikalen Element" in bestimmten Entwicklungsabläufen werden. Es stellt sich dann auch die Frage nach ihrem möglichen Einfluss auf Strukturbildungsprozesse schon im frühesten Universum.

Magnetische Prozesse in Sterngeburten-Galaxien Das durch seine Erscheinungsform auch als Zigarren-Galaxie bezeichnete Messier-Objekt 82 ist der Prototyp einer Sterngeburten-Galaxie (BT 26). Die beobachtete Verstärkung der Sternentstehungsrate könnte durch den nahen Vorbeizug und intensive Wechselwirkungsprozesse mit der Nachbargalaxie M 81 vor etwa 100 Mio. Jahren begründet sein. Die neu geformten heißen Sterne sind besonders massereich und relativ kurzlebig. Sie erleiden starke Masseverluste in Form von

Sternwinden und heftigen Supernova-Explosionen. Fontänenartige Auswürfe in den Galaxienhalo konzentrieren sich auf besonders aktive Sternentwicklungsregionen nahe dem Galaxienkern.

Die Art der bei diesen aktiven Prozessen ausgesandten intensiven Radio- und Röntgenstrahlung lässt eindeutig auf die verstärkte Einwirkung magnetischer Felder schließen. Die Sternwinde sind von magnetischem Fluss durchsetzt, und die kompakten Objekte am Ende des Lebens solcher massereichen Sterne besitzen extrem starke Magnetfelder in ihrem Inneren und in ihrer Magnetosphäre. Das dynamische Weltraumwetter in Sterngeburtengalaxien wird deshalb wesentlich auch von magnetischen Prozessen getrieben.

Magnetische Jets in Galaxienkernen Die in etwa 12 Mio. Lichtjahren Entfernung von der Erde gelegene riesige elliptische Galaxie Centaurus A enthält den uns nächsten, damit auch recht gut beobachtbaren aktiven Galaxienkern (BT 27). Diese Galaxie ist von einem dichten, leicht verwundenen ungewöhnlichen Staubband umgeben, das vom intensiven blauen Leuchten junger und heißer Haufensterne durchbrochen wird. Oberhalb und unterhalb davon leuchtet Materie im Galaxienhalo, erzeugen Materiewinde blasenförmige Auswölbungen. Von ihrem mehr als 200 Mrd. Sonnenmassen schweren Kern gehen gewaltige Materiejets aus, deren Länge ungefähr 1 Mio. Lichtjahre betragen. Die Jet-Kanäle dieser Radiogalaxie zeigen im Röntgenlicht auffallende knotenartige Aufhellungen. Dort, wo die Jets auf den Widerstand der galaktischen Umgebung treffen, bilden sich bugstoßartige Wolkenstrukturen, wird das Medium in „Hotspots" aufgeheizt.

Es spricht einiges dafür, dass die besondere Gestalt und Aktivität dieser Galaxie Folgen einer kosmischen Kollision mit einer anderen Galaxie sind. Dies erklärt die Herkunft und Krümmung des Staubbandes, den Feuersturm der Sterngeburten und die aktuelle Intensität der jetartigen Winde. Die intensive Synchroton-Strahlung im Radiobereich wird von Elektronen ausgesandt, die mit fast Lichtgeschwindigkeit auf Spiralbahnen um starke Magnetfelder kreisen. Die Aussendung nicht thermischer Röntgenstrahlung in den Jets lässt sich durch intensive Teilchenbeschleunigung vor Ort erklären. Als wirksame Energiequelle kommt dafür das Magnetfeld infrage. Stoß- und Rekonnexionsprozesse finden im kollisionsfreien, notwendigerweise magnetisierten Plasma statt.

Im Kern von Centaurus A wird ein supermassereiches Schwarzes Loch vermutet. Die Existenz solcher exotischen Himmelsobjekte kann endgültig allerdings erst bewiesen werden, wenn die Auflösung moderner Teleskope genügend groß ist, um Prozesse nahe an deren Ereignishorizont beobachten zu können. Einige wenige Wissenschaftler glauben dagegen nicht an die Existenz solcher galaktischen Schwarzen Löcher. Mithilfe von Modellrechnungen versuchen sie nachzuweisen, dass der Strahlungsdruck im heißen Inneren solcher stetig kontrahierenden kompakter Objekte so stark zunimmt, dass dadurch der endgültige Kollaps vermieden werden kann. Als ein MECO (Magnetospheric Eternally Collapsing Object) bezeichnen sie ein solches Himmelsobjekt, das langsam und endlos kontrahiert, dabei sein eigenes, starkes Magnetfeld erzeugen und erhalten kann. Der mit Q0957+561 bezeichnete Quasar wird von theoretischen Physikern als möglicher Kandidat für ein solches magnetisches Objekt angesehen. Wie bei massereichen Schwarzen Löchern würden Magnetfelder natürlich auch bei solchen MECOs für die Auslösung und Steuerung aktiver Prozesse von großer Bedeutung sein.

Cygnus A gehörte zu den ersten „Radiosternen", die schließlich als aktive Galaxien identifiziert wurden. Im Radiobereich aufgenommene Bilder ihrer Umgebung zeigen besonders lang gestreckte und kollimierte Jets (Abb. 4.4), die die Materie beim Auftreffen auf das verdichtete intergalaktische Medium aufheizen, turbulent verwirbeln und in einer für Bugstoßfronten charakteristischer Weise auseinanderdriften lassen. Der Nachweis magnetischer Flussdichten von etwa 300 µ in den entstandenen „Hotspots" macht den dominierenden Einfluss magnetischer Felder bei diesen Prozessen deutlich.

Abb. 4.4 Galaktische Scheiben-Jet-Strukturen. Supermassereiche Schwarze Löcher existieren vermutlich im Zentrum aller großen Galaxien. Gewaltige Jets werden in aktiven Phasen ausgesandt, wenn durch den Einfall von Materie in Form Gas, Staub oder Sternen gewaltige Energiemengen freigesetzt werden (*obere* Abbildung). Ergebnisse wissenschaftlicher Studien lassen vermuten, dass sich die Sternentstehungsrate in Phasen besonders starker Aktivität im Zentralbereich solcher Galaxien deutlich verringert. Nähert sich ein Stern dem galaktischen Schwarzen Loch zu sehr, so wird er von Gezeitenkräften zerrieben (*untere* Abbildung). Die zerstreute Materie sammelt sich in einer das kompakte Zentralobjekt umgebenden scheibenartigen Struktur. (© NASA/ESA/JPL-Caltech/STScI/R. Hurt (SSC), NASA, S. Gezari und J. Guillochon)

Cygnus A hat eine fundamentale Rolle bei der Entwicklung magnetischer Jet-Theorien für Radiogalaxien gespielt. Es wird davon ausgegangen, dass auch die sehr viel entfernteren Quasare im frühen Universum relativistische Teilchen in solchen magnetisch getriebenen Jet-Strukturen beschleunigt und dabei ultrahochenergetische kosmische Strahlung erzeugt haben. Als Blazare bezeichnet man in diesem Zusammenhang eine Unterklasse dieser aktiven Galaxienkerne mit vielfach erhöhter und variabler Emission von Strahlungsenergie und Teilchen. Die Beobachtungsrichtung auf ein solches Objekt stimmt bei diesen Objekten wahrscheinlich mit der Richtung des Materie- und Energieausflusses in Form relativistischer Jets

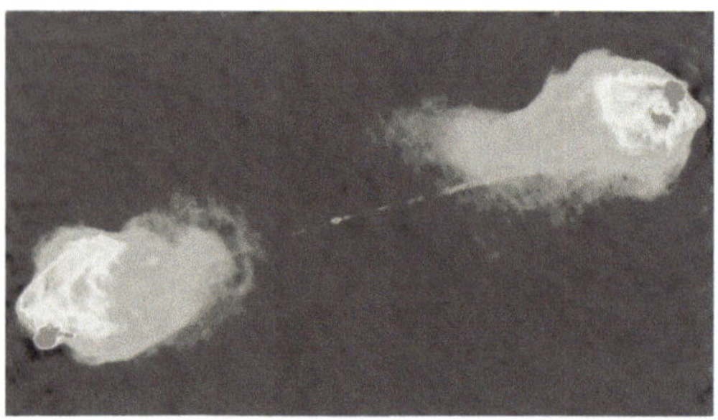

Abb. 4.5 Kollimierte Jets, „Hotspots" und Schockwolken. Cygnus A ist eine etwa 800 Mio. Lichtjahre entfernte aktive Galaxie, von der zwei eng kollimierte und in nahezu symmetrisch geformten Gaswolken endende Jets ausgehen. Abgesehen von der Sonne ist diese, im Vergleich zur Milchstraße, etwa tausendfach schwerere Galaxie die zweitstärkste Radioquelle am Himmel. Die Radioaufnahmen zeigen die charakteristischen Wolkenstrukturen in der Umgebung des zentral lokalisierten Quasars. (© R. Perley, C. Carilli und J. Dreher NRAO/AUI)

überein. Der hohe Polarisationsgrad der Strahlung spricht für den Einfluss starker magnetischer Felder (Abb. 4.5).

Dynamische Prozesse in Galaxienhaufen Galaxien bewegen sich im Galaxienhaufen durch das intergalaktische Medium hindurch, treten mit ihm und anderen Galaxien in Wechselwirkung. Magnetische Felder nehmen dabei deutlichen Einfluss auf die möglichen Prozessabläufe. Nur mithilfe begründeter Theorien, konkreter Modellbetrachtungen und umfangreicher Simulationsrechnungen am Computer lassen sich hierüber Aussagen gewinnen, deren Korrektheit sich nur durch Vergleich der berechneten Daten und Entwicklungsabläufe mit möglichst vielen zuverlässigen Beobachtungsdaten überprüfen lässt.

Wenn eine Galaxie das magnetisierte intergalaktische Medium durchquert, so bildet sich an ihrer Frontseite ein Staudruck aus. Die auf sie zubewegende intergalaktische Materie wird dabei abgebremst und strömt außen an der Galaxie vorbei. Die an sie gekoppelten Magnetfelder können dabei deutlichen Einfluss auf die Formbildung der sich hinter der Galaxie entwickelnden Plasmaschweife nehmen. Ergebnisse von Simulationsrechnungen zeigen ausgeprägte filamentartige Strukturen anstelle der eher klumpigen Strukturen in Rechnungen ohne Magnetfeldeinfluss (BT 29 *oben*). Es bilden sich lang gestreckte Doppelschweife hinter der Galaxie aus. Der Materieabtrag beim Abgleiten aufgrund des Staudrucks ist in Gegenwart einer magnetischen Umhüllung deutlich verstärkt. Die um die Galaxie gefalteten Magnetfeldstrukturen zerren offensichtlich am Plasma. Erste Beobachtungen bestätigen die Resultate der Modellrechnungen. Hinter einer Galaxie im Coma-Galaxienhaufen zeigen sich die vermuteten filamentartigen Strukturen.

Auch bei Wechselwirkungsprozessen zwischen mehreren Galaxien oder Galaxienhaufen darf der Einfluss kosmischer Magnetfelder nicht vernachlässigt werden. Modellrechnungen zur Frontalkollision zweier Galaxienhaufen (BT 29 *unten*) verdeutlichen die dabei einhergehende Entwicklung der magnetischen Felder. Wenn sich die beiden Galaxienansammlungen durch die zunehmenden Gravitationskräfte verstärkt aufeinanderzubewegen, richten sich die Magnetfeldstrukturen in ihrem Kielwasser zunächst filamentartig aus. Nach dem Aufeinandertreffen erhöhen sich Dichte und Temperatur des Mediums sowie die magnetische Flussdichte des dann im Wesentlichen parallel zur Schockfront ausgerichteten Feldes. Seitlich laufen Stoßwellen aus diesem Zentralbereich heraus.

Simulationsrechnungen sollen dazu beitragen, die im Radio- und Röntgenlicht in den Außenbereichen von Galaxienhaufen zu beobachten Phänomene besser zu verstehen. Wie entstehen die Radio-Relikte im Bereich der Stoßfronten? Wie gelingt hier die Magnetfeldverstärkung und Beschleunigung der ultrahochenergetischen Teilchen?

Elektronen, Protonen und schwerere Ionen werden bei magnetischen Rekonnexionsprozessen oder in Stoßfronten in der

Heliosphäre, bei Supernova-Explosionen oder Gammastrahlen-Ausbrüchen im galaktischen oder extragalaktischen Raum auf hohe Geschwindigkeiten beschleunigt. In Galaxienhaufen gibt es drei mögliche Phänomenbereiche, in denen insbesondere auch die ultrahochenergetischen Teilchen in Stoßfronten erzeugt werden können. Dies passiert sicherlich in Kollisionsprozessen von Galaxien oder Galaxienhaufen. Dies kann sich in Akkretionsstoßfronten auch dort ereignen, wo kühle intergalaktische Materie auf die heißeren Zentralbereiche eines Galaxienhaufens trifft. Schließlich werden gewaltige Materieblasen und Jets von besonders aktiven Galaxienkernen ausgestoßen, in deren Schockfronten im angrenzenden intergalaktischen Raum die Teilchen besonders stark beschleunigt werden.

Bei all diesen Prozessen im stoßfreien Medium spielen magnetische Felder eine zentrale Rolle. Solche Magnetfelder bewirken leider auch, dass die Wissenschaftler den genauen Entstehungsort der hochenergetischen Teilchen oft nur schlecht lokalisieren können. Mit Ausnahme einiger weniger ultrahochenergetischer Teilchen erzwingen kosmische Magnetfelder deren Bewegung im Wesentlichen parallel zur jeweils lokalen Feldausrichtung. Informationen über die genaue Richtung, aus der die Quelle diese Teilchenstrahlung ursprünglich ausgesandt hat, gehen dadurch in der Regel verloren.

4.4   Kosmologische Magnetfeldeinflüsse

Ziel der Kosmologie ist es, ein tieferes Verständnis über den Ursprung und die Entwicklung des Universums als Ganzem zu gewinnen. Als wichtiges Indiz für die Entstehung des Universums in einem Urknall gilt heute der Nachweis der kosmischen Hintergrundstrahlung. Unter anderem für die Erklärung der flachen Rotationskurven von Spiralgalaxien wird die Existenz der Dunklen Materie postuliert. Die anhand von Messungen der Helligkeit und Entfernung charakteristischer Supernova-Explosionen unterstellte Zunahme der

Expansionsgeschwindigkeit des Universums versucht man durch die bisher unerklärliche Dunkle Energie zu deuten. Im Rahmen der umstrittenen String-Theorie sollen nicht nur die vier fundamentalen Naturkräfte in einem zusammenfassend einheitlichen Bild beschrieben werden. In wissenschaftlichen Arbeiten versuchen die Forscher damit auch, die Entwicklung des Universums auf besonders abstrakt mathematische Weise zu verstehen.

Möglicherweise extrem starke, aber besonders kleinskalige magnetische Felder könnten schon kurz nach dem Urknall entstanden sein. Kosmische Turbulenzen und spontan auftretende Ladungskonzentrationen in besonders heißen Plasmen erfüllten ja auf kleinen Längeskalen die Grundvoraussetzungen für das Fließen elektrischer Ströme und die Erzeugung erster kosmischer Magnetfelder. Die postulierte inflationäre Ausdehnung hätte dann zwar für eine genügend große Kohärenzlänge dieser Felder gesorgt. Die Stärke der Felder müsste dabei aber gewaltig reduziert worden sein. Wahrscheinlich haben derart schwache Magnetfelder die Strukturbildungsprozesse im besonders frühen Universum dynamisch kaum beeinflusst. Wissenschaftler gehen aber heute davon aus, dass solche Felder durch ihre lenkende Wirkung indirekt durchaus Einfluss auf die Ausprägung der Feinstrukturen, auf die Temperatur- und Polarisations-Anisotropie der kosmischen Hintergrundstrahlung genommen haben könnten. Anzeichen hierfür gilt es zu entdecken, um Abschätzungen über die Stärke primordialer Magnetfelder zu gewinnen.

Während bisher der Einfluss der Gravitationskräfte als allein dominierend für den Ablauf der Prozesse im frühen Universum angesehen wurde, versuchen jetzt theoretische Physiker verstärkt auch die Wirkung elektromagnetischer Prozesse im Kontext der Allgemeinen Relativitätstheorie zu berücksichtigen. So wird die mögliche Rolle einer modifizierten elektromagnetischen Theorie im Zusammenhang mit dem Problem der Dunklen Energie diskutiert, die Erzeugung früher Magnetfelder im Rahmen der kosmischen String-Theorie behandelt.

Die vermessene Rotationskurve der Andromeda-Galaxie M 31 zeigt im größeren Abstand von ihrem galaktischen Zentrum einen überraschenden Anstieg der Umlaufgeschwindigkeiten der Sterne und Gaswolken. Dieses Phänomen lässt sich durch die gravitative Wirkung Dunkler Materie allein nur schwer erklären. Neben einem modifizierten Gravitationsgesetz bietet auch der Einfluss galaktischer Magnetfelder einen möglichen Erklärungsansatz für stark von der Kepler-Rotation abweichende Rotationskurven.

Mit zunehmendem Abstand r vom Galaxienzentrum nehmen Gravitationskräfte proportional zu $1/r^2$, magnetische Kräfte aber nur proportional zu $1/r$ ab. Ab einem bestimmten Radius dominiert dann die magnetische Energiedichte. Eine Scheibe unter relativ starkem Einfluss azimutaler Felder müsste aufgrund der magnetischen Spannungskräfte eine radiale Kontraktion zum Zentrum hin erfahren. Nach dem Drehimpulserhaltungssatz würde dies die zu erklärende Erhöhung der Umlaufgeschwindigkeit zur Folge haben. Dort, wo die magnetische Energiedichte dominiert, darf der Einfluss kosmischer Magnetfelder nicht unterschätzt werden.

Die Bemühungen um neue Erkenntnisse über die Rolle galaktischer Magnetfelder auf die kosmologischen Entwicklungsprozesse im frühen Universum sind groß. Aber erst wenn die Wissenschaftler noch tiefer ins Universum blicken können, sich die relevanten magnetischen Einflussfaktoren in Computersimulationen realistischer berücksichtigen lassen, besteht die Chance eines tieferen Verständnisses der zugrunde liegenden kosmologischen Prozessabläufe.

Weiterführende Literatur

Dermer CD, Menin G (2009) High energy radiation from black holes – Gamma ray, Cosmic ray and neutrinos. Princeton University Press, Princeton

Feitzinger JV (2007) Galaxien und Kosmologie – Aufbau und Entwicklung des Universums. Franckh-Kosmos Verlags-GmbH & Co. KG, Stuttgart

Hetznecker H (2007) Expansionsgeschichte des Universums – Vom heißen Urknall zum kalten Kosmos (Astrophysik aktuell). Springer – Spektrum Akademischer Verlag, Heidelberg

Hetznecker H (2009) Kosmologische Strukturbildung – Von der Quantenfluktuation zur Galaxie (Astrophysik aktuell). Spektrum Akademischer Verlag, Heidelberg

Pauldrach A (2010) Dunkle kosmische Energie – Das Rätsel der beschleunigten Expansion des Universums (Astrophysik aktuell). Spektrum Akademischer Verlag, Heidelberg

Punsly B (2001) Black Hole Gravitohydromagnetics. Springer- Verlag, Berlin

Rosswog St, Brüggen M (2007) Introduction to high-energy astrophysics. Cambridge University Press, Cambridge

Schleicher D (2010) The early Universe – Probing primordial magnetic fields, dark matter models and the first supermassive black holes. Südwestdeutscher Verlag für Hochschulschriften AG & Co. KG, Saarbrücken

Schneider P (2006) Einführung in die Extragalaktische Astronomie und Kosmologie. Springer-Verlag, Berlin

Thorne KS, Price RH, MacDonald DA (1986) Black holes – The membrane paradigm. Yale University Press, New Haven London

Schlickeiser R (2002) Cosmic ray astrophysics. Springer Verlag, Berlin

Wielebinski R, Beck R (Hrsg) (2005) Cosmic magnetic fields. Springer-Verlag, Berlin

Kapitel 5

Magnetische Erkenntnisgewinnungsprozesse

*„Gibt es in einem Arbeitsgebiet Fortschritte, weil es eine Wissenschaft ist,
… oder ist es Wissenschaft, weil es hier Fortschritte gibt?"*

Thomas Kuhn

„Verborgene Attraktion" ist der Titel eines englischsprachigen Buchs des Radioastronomen G. L. Verschuur über die Geschichte und die Mysterien des Magnetismus. Er berichtet darin über persönliche Dramen und Geistesblitze, über tiefe Einsichten und Fehleinschätzungen, über hartes Arbeiten, aber auch reine Glücksmomente, die die Erforschung der bemerkenswertesten Naturphänomene begleitet haben. In Würdigung des manchem Astronomen lästig und unnötig schwierig erscheinenden Umgangs mit magnetischen Prozessen soll der bekannte Astrophysiker Fritz Zwicky (1898–1974) sogar die Korrektur eines Bibelzitats propagiert haben: „Dann sprach Gott: Lichter sollen am Himmelsgewölbe sein, um Tag und Nacht zu scheiden… und magnetische Felder". Tatsächlich ist die Erkenntnisgewinnung über Vorgänge im allzu fernen Universum generell schon nicht einfach. Wie viel schwieriger fällt den Astrophysikern dann ergänzend die Berücksichtigung der auf den ersten Blick so unsichtbaren magnetischen Einflussfaktoren!

5.1 Von der Beobachtung zur Theorienbildung

Im Rahmen des klassischen Erkenntnisgewinnungsprozesses möchten Wissenschaftler ein beobachtetes Phänomen oder einen Prozessablauf ergründen, indem sie mithilfe von Laborexperimenten aufgestellte Hypothesen überprüfen. Sie führen in der Regel Messreihen durch, finden verschiedene Gesetzmäßigkeiten heraus und entwickeln eine übergreifende, mathematisch handhabbare Theorie.

Mit besonders hochauflösenden Teleskopen beobachten Astronomen im Weltall heute eine Vielzahl faszinierender Phänomene und Vorgänge, deren Struktur und Entwicklungsprozesse viele Menschen verstehen wollen. Von modernen Satelliten aus können in unserem Sonnensystem Messungen direkt vor Ort durchgeführt werden. Zur Gewinnung von Daten aus dem fernen Kosmos werden hoch entwickelte spektroskopische Messmethoden angewandt. Die Theoretiker entwickeln danach Modellvorstellungen über die beobachteten und mit Messdaten unterlegten Prozessabläufe. Für die Überprüfung naheliegender Vermutungen standen dem Astrophysiker aber lange Zeit keine Laborexperimente zur Verfügung. Wie sollte man auch die für Vorgänge im Universum typischen Längen- und Zeitskalen bei einem Versuch in einem kleinen Raum in kurzer Zeit realistisch nachbilden?

Numerische Simulationen auf schnellen und speicherintensiven Großrechnern haben heute die Aufgabe fehlender Experimentiereinrichtungen weitgehend übernommen. Durch das Lösen von Differenzialgleichungen unter vorgegebenen Randbedingungen werden astrophysikalische Entwicklungsvorgänge theoretisch nachvollzogen. Die Ergebnisse solcher analytischen und numerischen Modellrechnungen lassen sich anschließend mit den Beobachtungsdaten vergleichen. In sogenannten numerischen Experimenten können relevante physikalische Wirkungszusammenhänge danach so lange

Abb. 5.1 Beobachtung und Simulation von Sonnentornados. Die Aufheizung der mehr als 1 Mio. Grad heißen Sonnenkorona könnte unter anderem durch tornadoähnliche, aus der Konvektionszone der Sonne aufsteigende magnetische Wirbel verursacht sein. Solche wirbelförmigen Strukturen wurden in verschiedenen Schichten der Sonnenatmosphäre entdeckt (*Abbildung links*). Diese magnetischen Tornados mit Durchmessern von etwa 1500 km reißen die Plasmamaterie mit sich und transportieren Energie bis weit in die Korona hinein. Ergebnisse von Simulationsrechnungen (*Abbildung rechts*) zeigen, dass die mehr als 10.000 gleichzeitig in der Sonnenatmosphäre aufsteigenden Wirbel genügend Energie transportieren, um die gemessene Aufheizung der Korona zu ermöglichen. (© S. Wedemeyer-Böhm, E. Scullio, O. Steiner, L. Rouppe van der Voort, J. de la Cruz Rodrigue, V. Fedun und R. Erdélyi)

variiert werden, bis eine befriedigende Übereinstimmung der Beobachtungs- und Modelldaten erreicht ist. So kann beispielweise die Aufheizung der Sonnenkorona unter anderem durch sogenannte magnetische Tornados anhand des Vergleichs von zuverlässigen Beobachtungsdaten und Ergebnissen von Simulationsrechnungen plausibel gemacht werden (Abb. 5.1).

Trotz großer Erfolge zeigen sich auch die Grenzen numerischen Experimentierens. Realistische Parameterbereiche für bestimmte physikalische Größen lassen sich in Simulationsrechnungen vermutlich auch in den kommenden Jahrzehnten trotz exponentiellem Anstieg der Computerkapazitäten noch nicht verwenden. Numerisch bedingte Instabilitäten können real wirksame physikalische Prozesse „verunreinigen", die erhaltenen Ergebnisse unsicher machen. Schließlich lassen sich physikalisch noch nicht befriedigend verstandene Phänomene wie die Turbulenzerscheinungen immer noch nicht präzise genug modellieren. Um manche dieser Unzulänglichkeiten auszugleichen, werden heute mehr und mehr Laborexperimente durchgeführt, um unter anderem auch die Entstehung und Wirkungsweise kosmischer Magnetfelder tiefer zu verstehen.

5.2 Magnetische Laborexperimente

In asymmetrisch gekrümmten Schockfronten können kosmische Magnetfelder nach dem Prinzip der Biermann-Batterie erzeugt werden. Sie stellen die Saatfelder für Dynamoprozesse bereit, die für die Erzeugung und Entwicklung der in Planeten, Sternen und Galaxien zu beobachtenden Magnetfelder verantwortlich sind. Die Magneto-Rotationsinstabilität ermöglicht den dabei notwendigen Abtransport des Drehimpulses. Magnetfelder bestimmen die Dynamik in den unterschiedlichsten Scheiben-Jet-Strukturen um kompakte Zentralobjekte entscheidend mit. Und magnetische Rekonnexionsprozesse heizen die Plasmamaterie auf, lösen Flares und Eruptionen aus. Sie bestimmen das Weltraumwetter fast überall im Universum. All diese magnetisch vermittelten kosmischen Prozesse können beobachtet, im Rahmen gesichert erscheinender Theorien modelliert und in Simulationsrechnungen möglichst realistisch nachvollzogen werden. Zur Analyse all dieser Vorgänge werden heute aber zusätzlich auch Laborexperimente durchgeführt, die die Rolle magnetischer Prozesse ergänzend aus einer neuen Perspektive betrachten.

Im Laboratoire pour l'Utilisation de Lasers Intenses (LULI) wurde ein Kohlestab in einer mit dünnem Gas gefüllten Kammer impulsartig mit einem besonders heftigen Laserstrahl beschossen. Die lokale Konzentration gewaltiger Energiemengen führte zur Aufheizung und schockartigen Ausbreitung des verdampften Kohlematerials (BT 30 *links oben*). Die asymmetrische Ausprägung der Stoßfront konnte visualisiert, die Erzeugung und charakteristische Ausrichtung bis zu 30 G starker Magnetfelder anhand detaillierter Messungen nachgewiesen werden. Die Ergebnisse dieses Laborexperiments wurden danach unter Zuhilfenahme von Simulationsrechnungen interpretiert. Die Wirkung des **Biermann-Batterie**-Effekts zur Erzeugung schwacher Magnetfelder in einem turbulenten Expansionsschock mit räumlich gesehen variabler Krümmung konnte so bestätigt werden. Magnetohydrodynamische Skalierungstechniken wurden angewandt, um die erhaltenen Laborergebnisse auf die Verhältnisse in einer protogalaktischen Umgebung umzurechnen. Ausreichend starke magnetische Flussdichten von etwa 10^{-21} G könnten danach in einer solchen kosmischen Umgebung tatsächlich erzeugt werden.

Astrophysiker und Techniker arbeiten heute gemeinsam daran, **kosmische Dynamos** in einer Art „Bonsai-Form" im Labor zu realisieren. Anstelle des Plasmas füllen sie diese potenziellen Generatoren, eher den Verhältnissen im Erdinneren entsprechend, bisher nur mit flüssigen, homogen verteilten und elektrisch gut leitfähigen Metallen. Aufgrund seiner besonders hohen Leitfähigkeit und geringen Dichte eignet sich hierfür flüssiges Natrium am besten. Propellerähnliche oder helikale Bewegungsabläufe erzwingende Vorrichtungen sollen die für den Dynamoprozess erforderlichen turbulenten Strömungen des Fluids erzeugen. Erstmals im Jahre 1999 konnte im Riga-Experiment in Lettland ein selbsterregter Dynamo angeregt werden. Mit verschiedenen Magnetfeld-Sensoren wurde in der Folgezeit unter anderem die Abhängigkeit der Stärke des Magnetfeldes von der Rotationsrate des Propellers sowie die sich einstellenden Sättigungswerte von typischerweise etwa 1000 G ermittelt.

In den das Experiment begleitenden numerischen Modellrechnungen wurden die durch Lorentzkräfte bewirkten Rückwirkungen der Feldkomponenten auf das Strömungsprofil untersucht. Im gleichen Jahr gelang auch die Magnetfeld-Selbsterregung im Karlsruher Dynamoexperiment. In dem aus 52 Zellen bestehenden Dynamomodul strömte das flüssige Natrium durch abwechselnd geradlinig und spiralförmig verlaufende Kanäle und erzeugte ein bis zu etwa 70 G starkes dipolartiges Magnetfeld. Das Experiment wurde leider zu früh entsorgt, sodass die Voraussetzungen für mögliche Umpolungen des Dynamos experimentell nicht mehr untersucht werden konnten. Im sogenannten VKS-Dynamo („Von Kármán Sodium"-Dynamo) in Cadarache (Frankreich) gelang 2006 der Nachweis von bis zu etwa 250 G starken Magnetfeldern. Bei geeigneten, unterschiedlichen Rotationsraten der den Dynamo antreibenden beiden Propeller polte sich das erzeugte Magnetfeld, den Vorgängen im Erdmagnetfeld entsprechend, häufiger in chaotischer Weise um.

Eine Reihe weiterer Dynamoexperimente wird zurzeit durchgeführt oder befindet sich in der Aufbauphase. Am Institut für Bergbau und Technologie in Neu Mexiko (USA) soll die mögliche Erzeugung von Magnetfeldern in aktiven Galaxienkernen in einem $\alpha\omega$-Akkretionsscheibenszenario studiert werden (BT 30 *rechts unten*). Mit dem DRESDYN-Experiment am Helmholtz-Zentrum in Dresden-Rossendorf beginnt gerade der Bau eines Dynamos, bei dem die Bewegung des metallischen Fluids nicht durch Propeller oder durch geeignet geformte Kanäle erzwungen wird. In einer um zwei Achsen unterschiedlich schnell rotierenden Kammer können die für den Dynamoprozess erforderlichen turbulenten Strömungsmuster durch die Präzessionsbewegungen erzeugt werden (Abb. 5.2).

An der Universität von Wisconsin, Madison (USA) wird erstmals an einem Dynamoexperiment gearbeitet, bei dem Induktionsprozesse in einem kugelförmigen, 3 m großen und mit Plasma gefüllten Behälter ablaufen sollen. Starke Permanentmagnete in multipolarer Konfiguration werden das eingeschossene und durch Mikrowellen

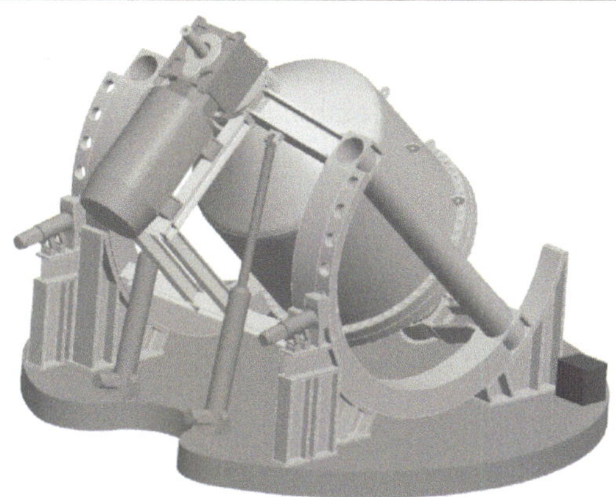

Abb. 5.2 Das DRESDYN-Dynamo-Experiment. In dem Dresdener Dynamo-Experiment DRESDYN (DRESden Sodium facility for DYNamo and thermohydraulic studies) soll untersucht werden, ob kosmische Magnetfelder in rotierenden Himmelsobjekten durch Präzessionsbewegungen der Materie erzeugt werden können. Die *obere Abbildung* zeigt das Design dieser mehrere Meter großen Maschine, deren mit flüssigem Natrium gefüllte Trommel um zwei zueinander geneigte Achsen mit einer beziehungsweise zehn Umdrehungen pro Sekunde rotieren kann. In der *unteren Abbildung* ist der Aufbau eines kleineren, analogen Experiments dargestellt, in dem die sich durch Präzessionsbewegungen entwickelnden Strömungsstrukturen in der mit Wasser gefüllten Trommel untersucht werden können. (© DRESDYN/HZDR, U. v. Kusserow)

aufgeheizte Plasma in einen sphärischen und feldfreien Innenbereich mit einem Radius von 1,3 m einbinden. Simulationsrechnungen zeigen, dass von außen angelegte elektrische Felder im Zusammenspiel mit den Permanentmagneten die für den Dynamoprozess erforderlichen laminaren und turbulenten Bewegungsmuster im Plasma erzeugen können. Die Auswirkung von Drehmomenten auf das magnetisierte Plasma im Randbereich des Behälters wird dabei durch Reibungsprozesse auf die Partikel im feldfreien Bereich übertragen.

Experimente mit flüssigen Metallen liefern eine Reihe weiterer wichtiger Erkenntnisse im Zusammenhang mit der Erforschung kosmischer Magnetfelder. Durch Änderungen des experimentellen Designs kann der Wissenschaftler mehr über die Rolle turbulenter Prozesse, spezieller Randbedingungen und unterschiedlicher Quellen von Dynamoprozessen lernen. Er kann beispielsweise „vor Ort" erfahren, wodurch die sich einstellenden Sättigungswerte der Magnetfelder bestimmt sind. Er kann herausfinden, unter welchen Bedingungen dieses Feld eher stationär, konstant bleibt, wann es oszilliert und wie es rückwirkend Einfluss auf die turbulenten Eigenschaften des Mediums nimmt. Magnetische Instabilitäten, die Ausbreitung von Wellen und Vorgänge an Schockfronten lassen sich im Experiment systematisch studieren.

Im Potsdam-Rossendorf-Magnetic-InStability-Experiment (PRO-MISE) konnte die **Magneto-Rotationsinstabilität** für den Spezialfall eines angelegten Magnetfeldes mit axialer und azimutaler Komponente nachgewiesen werden (BT 30 *Mitte links*). In einem weiteren Dresdner Experiment konnte jüngst die Tayler-Instabilität nachgewiesen werden, die ein zentrales Element eines alternativen Dynamomodells für massereiche Sterne ohne Konvektionszonen darstellt. Experimente zur **Magnetischen Rekonnexion** haben im Zusammenspiel mit numerischen Simulationen auch anschaulich deutlich machen können, welche besondere Rolle magnetische Prozesse bei der Auslösung von Flares, solaren Eruptionen und jetartigen Auswürfen spielen (BT 30 *links unten*, *rechts oben* und *Mitte rechts*).

Für magnetohydrodynamische Laborexperimente mit flüssigen Metallen oder Plasmamaterie gibt es auch eine Vielzahl technischer Anwendungsbereiche. Elektromagnetische Felder werden bei der Kristallzüchtung und im Stahlguss eingesetzt. Sie dienen als Grundlage tomografischer Messverfahren für die Geschwindigkeitsfelder von Flüssigmetallströmungen, können Erstarrungsvorgänge metallischer Legierung im industriellen Umfeld beeinflussen. Damit große Flüssigmetall-Batterien in Zukunft zum geeigneten Speichermedium für regenerative Energien werden können, wird im Helmholtz-Forschungszentrum Dresden-Rossendorf gerade der bei allzu starkem Stromfluss hinderliche Einfluss der magnetischen Tayler-Instabilität erforscht. Turbulente Plasmaströme und fluktuierende Magnetfelder in zukünftigen Fusionsreaktoren können unerwünschte Dynamoeffekte, magnetische Rekonnexionsprozesse oder andere Instabilitäten zur Folge haben. Um dies zu verhindern und den sicheren Einschluss heißen Plasmas in geeigneten Magnetfeldern in solchen Reaktoren zukünftig zu gewährleisten, müssen weiterhin umfangreiche Forschungsarbeiten durchgeführt werden. Wenn Astronauten in ferner Zukunft doch noch einmal auf dem Mars landen möchten, dann sollte vorher das theoretische Konzept ihres möglichen Schutzes vor kosmischer Strahlung durch Magnetfelder in geeigneten Laborexperimenten zumindest einigermaßen zufriedenstellend erprobt worden sein.

5.3 Die Zukunft der Erforschung kosmischer Magnetfelder

Um insbesondere die im fernen Universum im Zusammenhang mit Magnetfeldern ablaufenden Strukturbildungs-, Entwicklungs- und hochenergetischen Prozesse in Zukunft besser verstehen zu können, ist der Einsatz hoch entwickelter Simulationsrechnungen und umfangreicher Laborexperimente sicherlich von großer Bedeutung. Wesentliche Verbesserungen, sogar mögliche Paradigmenwechsel die theoretischen Grundlagen betreffend, sind aber erst zu erwarten, wenn sich in Zukunft die Beobachtungsmöglichkeiten, die Teleskope, Messinstrumente und Bildbearbeitungstechniken noch deutlich verbessern lassen. Solange die zu erforschenden Phänomene und Prozessabläufe in ganz unterschiedlichen Wellenlängenbereichen räumlich, zeitlich und spektral nicht genügend hochaufgelöst werden können, besteht die Gefahr, dass im Wesentlichen nur theoretische Spekulationen den Erkenntnisprozess dominieren.

Große Fortschritte zum Verständnis magnetischer Prozesse hat es in den vergangenen Jahrzehnten beim Studium der in der Erdmagnetosphäre, der Sonnenkorona und der Heliosphäre zu beobachtenden Phänomene gegeben. Aufgrund der großen Nähe zur Erde sind die mit Teleskopen und hoch entwickelten Messinstrumenten gewonnenen Bildsequenzen und Daten relativ hochaufgelöst. Sie können von Satelliten aus teilweise vor Ort gewonnen werden. Zeitlich schnell ablaufende Entwicklungen der in unserem Sonnensystem zu beobachtenden Phänomene können dabei häufig zeitnah verfolgt werden. Durch Vergleich besonders umfangreichen und qualitativ hochwertigen Datenmaterials mit den Ergebnissen von Simulationsrechnungen konnten hierdurch die Theorien zum Dynamoprozess, zur magnetischen Rekonnexion, über Heizungs-, Beschleunigungs- und Eruptionsprozesse sowie über die Rolle der Wellenausbreitung wesentlich verbessert werden. Im Umfeld der Sonne gewonnene Erkenntnisse über die Bedeutung kosmischer Magnetfelder finden heute verstärkt Anwendung in fast allen anderen Bereichen der Astrophysik.

Zur Bildkorrektur mit adaptiver und aktiver Optik ausgestattete bodengestützte moderne **Sonnenteleskope** können heute magnetische Feldstrukturen mit Abmessungen kleiner als 100 km aufgelöst werden. Mit hoch entwickelten Messinstrumenten gewonnene engmaschige Zeitserien von Aufnahmen in unterschiedlichen Frequenzbändern ermöglichen die Analyse der dabei ablaufenden Prozesse. Technisch zunehmend ausgereiftere Sonnensatelliten beobachten die Sonne inzwischen in allen den Frequenzbereichen, die durch

Beobachtung vom Erdboden aus nicht zugänglich sind. Heute gehören der Schwedische Sonnenturm SST auf La Palma (BT 31 *links oben*), das neue NST Sonnenteleskop im amerikanischen Big Bear Solar Observatory und das 2012 fertiggestellte deutsche GREGOR-Teleskop auf Teneriffa zu den leistungsfähigsten Sonnenteleskopen auf unserem Planeten (BT 31 *rechts oben*). Das Solar Dynamics Observatory (SDO) und der japanisch-amerikanische Satellit HINODE liefern aus dem Weltall hervorragende Aufnahmen und umfangreiches Datenmaterial sowohl im optischen als auch im ultravioletten beziehungsweise Röntgen-Bereich.

Ende dieses Jahrzehnts werden die Sonnensatelliten Solar Orbiter der ESA (BT 31 *Mitte rechts*) und Solar Probe Plus der NASA (BT 31 *Mitte links*) unserem Heimatstern sehr viel näher kommen. Wie die geplanten 4-m-Sonnentelekope ATST (Advanced Technology Solar Telescope) (BT 31 *unten links*) der Amerikaner und EST (European Solar Telescope) (BT 31 *unten rechts*) der Europäer sollen sie die in der Atmosphäre und im Inneren der Sonne ablaufenden, stark magnetisch beeinflussten Prozesse erforschen.

Teleskope wie das Hubble-Weltraum-Teleskop (HST) der NASA und das Very Large Telescope (VLT) der ESO in Chile haben uns faszinierende Blicke in das ferne Universum ermöglicht. Unter anderem mithilfe der MAGIC-Teleskope auf La Palma und der Satelliten CHANDRA, XMM-Newton und FERMI können heute magnetisch getriebene, hochenergetische kosmische Prozesse registriert und analysiert werden. Stärke und Verlauf der magnetischen Felder in der Milchstraße, in entfernteren Galaxien oder im frühen Universum lassen sich im Wesentlichen aber nur durch Vermessung der von diesen Objekten ausgehenden Radiostrahlung ermitteln. Beobachtungen mit Radioteleskopen wie dem in Effelsberg, dem Very Large Array (VLA) in den Vereinigten Staaten oder seit Kurzem mit dem über ganz Mitteleuropa verteilten LOw Frequency ARray (LOFAR) haben unsere heutigen Vorstellungen über die Struktur und Rolle galaktischer Magnetfelder erst möglich gemacht.

Das gerade fertiggestellte Radio-Teleskopfeld ALMA (Atacama Large Millimeter/ submillimeter Array) der Europäischen Südsternwarte (ESO) in Chile (BT 32 *rechts unten*) sowie das in Südafrika und Australien zu installierende, im Zentimeter- bis Meter-Wellenbereich arbeitende Radioteleskop SKA (Square Kilometre Array) werden diese Feldstrukturen in Zukunft sehr viel hochaufgelöster darstellen können (BT 32 *links unten*). Zukünftige Röntgen-Weltraumteleskope nach Art des Advanced Telescope for High Energy Astrophysics (ATHENA) (BT 32 *Mitte links*) oder Gammastrahlen-Detektorfelder wie das für die südliche Hemisphäre geplante Cerenkov Telescope Array (CTA) (BT 32, *Mitte rechts*) werden dann die „magnetischen“ Quellen der besonders hochenergetischen kosmischen Strahlung genauer erforschen. Das E-ELT (European Extremely Large Telescope), das bodengestützte 40-m-Teleskope der ESO (BT 32 *links oben*) und das JWST (James Webb Space Telescope) (BT 32 *rechts oben*), das für seinen Einsatz Ende dieses Jahrzehnts geplante neue 6,5-m-Weltraumteleskop der NASA, können schließlich auch die Magnetfelder von Sternen mit Methoden der Spektropolarimetrie zunehmend hochaufgelöster erforschen.

5.4 Faszination und Grenzen der Erkenntnisgewinnung

Nicht nur die alten Griechen erlebten die Wirkung des Magnetismus im wahrsten Sinne des Wortes als „wunder“-voll. Von seinen „unsichtbaren“ anziehenden und abstoßenden Kräften geht auch für den Menschen von heute eine große Faszination aus. Wie ist es nur möglich, dass sich ein als „Levitron“ bezeichneter rotierender Kreisel über einem „versteckten“ Magneten trotz des Einflusses der Gravitationskraft frei schwebend in der Luft halten kann (Abb. 5.3)?

Unser modernes Leben wäre ohne die Nutzung dieser magischen Kraft nicht möglich. Ohne Generatoren, Transformatoren und Mo-

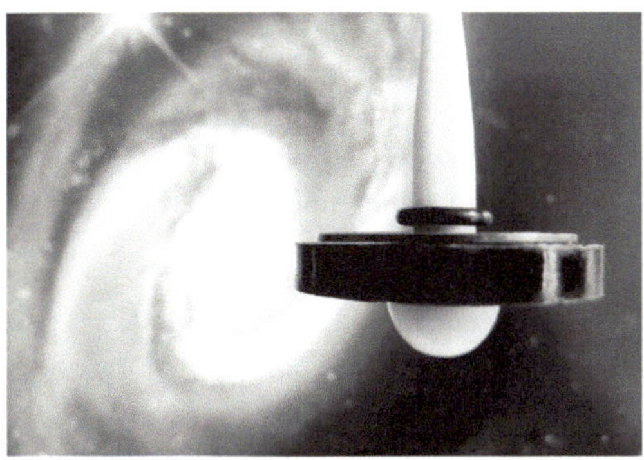

Abb. 5.3 Levitron, ein schwebender magnetisierter Kreisel. Ein rotationssymmetrischer, von einer Metallscheibe durchsetzter Körper lässt sich auf einer Glasplatte über einem Magneten in Rotation versetzen. Hebt man die Glasplatte vorsichtig an und zieht sie in geeigneter Höhe seitlich unter dem Körper weg, so schwebt dieser Kreisel über der magnetischen Grundplatte. Es hat sich ein Gleichgewichtszustand eingestellt, bei dem Gravitations- und magnetische Kräfte sowie Rotationsbewegungen wie bei Vorgängen im magnetischen Kosmos miteinander wechselwirken. (© U. v. Kusserow, HST/NASA)

toren, ohne die hoch entwickelten Technologien der Strom- und Energieversorgung, der Informationsverarbeitung und Übertragung sowie für den Verkehrstransport würde unsere heutige Zivilisation zusammenbrechen. Unseren Alltag ohne elektrische Beleuchtung, ohne Handys, Laptops, Fernseher, Haushaltsgeräte, Autos und Düsenjets für den Flug in den Urlaub müssten wir radikal anders gestalten. Ist es nicht faszinierend, wie die moderne Medizin mithilfe der Magnetoresonanztomografie und anderer bildgebender Diagnoseverfahren heute tiefe Einblicke in den menschlichen Körper ermöglicht? Wie wenig bewusst ist uns bei all dem aber der Einfluss magnetischer Felder?

Wir sind von den farbenprächtigen Polarlichtern, der filigran strukturierten Sonnenkorona bei einer totalen Finsternis oder großen hellen Kometen mit ihren lang gestreckten Schweifen mächtig beeindruckt, ohne dass wir hierbei an die Wirkung magnetischer Prozesse denken. Anstelle einer plausiblen Erklärung für ihren Ursprung rankten sich früher eher bildhafte, teilweise blutrünstige Mythen um diese faszinierenden Himmelserscheinungen. Götter oder Geister waren die Verursacher und wollten dem Menschen damit etwas mitteilen.

Als einer der wichtigsten Meilensteine in der Entwicklungsgeschichte der Physik müssen die von Petrus Peregrinus in ersten Experimenten mit Magneten gewonnenen Erkenntnisse über die Rolle ihrer Polaritäten gelten, die er 1269 in seinem „Brief über die Magnete" veröffentlichte. Das Geheimnis um die Magnetkraft lüftete sich weiter, als William Gilbert um 1600 Experimente durchführte und dabei Daten sammelte. Er fand heraus, dass der Magnetismus im eisenhaltigen Magnetit-Gestein remanent verankert ist. Von einem sphärisch geformten Magnetstein schloss er auf die Existenz eines auch der Erde innewohnenden riesigen Magneten. Als Vertreter der damaligen „Magnetischen Philosophie" ging er allerdings davon aus, dass die Erde ihren Magnetismus vom Himmel erworben haben musste. Ganz im Gegensatz zu Isaac Newton unterstellte er im Rahmen seiner „Magnetischen Astronomie" zusammen mit Johannes Kepler die Bahnbewegung der Planeten um die Sonne aufgrund magnetischer Anziehungskräfte. Er machte dafür die „wunderbare Weisheit des Schöpfers" verantwortlich.

Dass der Ursprung kosmischer Magnetfelder selbst heute noch, trotz jahrhundertelanger physikalischer Erkenntnisprozesse, teilweise auf einen göttlichen Ursprung zurückgeführt wird, verdeutlicht auch ein Tagungsbeitrag auf der „Internationalen Konferenz des Kreationismus" in Pittsburg aus dem Jahre 2008 eindrucksvoll. Ein „Wissen"-Schaftler entwickelt darin seine „mathematisch gestützte" Theorie, wonach Gott vor 6000 Jahren das Wasser erschaffen und anfangs alle Wasserstoff-Kerne in eine Richtung ausgerichtet hat. Der Stromfluss der Elektronen in den Atomen führte dadurch zur Ausbildung eines starken kosmischen Magnetfeldes, das sich jetzt langsam abbaut. In Verleugnung der Tatsache, dass solche Felder in der Regel ihre Stärke in oszillierender Weise verändern, erklärt er damit unter anderem die aktuell beobachtete Abschwächung des Erdmagnetfeldes. Er unterstellt den heute anerkannten Wissenschaftlern, dass sie, anders als er, keine wirklichen Erklärungen für die Entstehung der im Kosmos zu beobachtenden Magnetfelder haben. Er erläutert anhand seiner abstrusen Theorie, wie die Magnetfelder im Sonnensystem, in magnetischen Sternen, in Galaxien und im Kosmos generell entstanden sind.

Solche Fehlinformationen über die im magnetischen Kosmos ablaufenden Prozesse findet man in einigen Journalen. Der Glaube an Wunder, einen göttlichen Verursacher und mit speziellen Ereignissen einhergehendes, Angst erzeugendes Gefahrenpotenzial ist nicht nur in diesem Zusammenhang immer noch weitverbreitet. Das Propagieren der möglichen heilenden Wirkung von Magnetfeldern wird in mitunter unverantwortlicher Weise finanziell ausgenutzt. Aufklärung anhand der Erkenntnisse von Wissenschaftlern ist deshalb unbedingt erforderlich. Die Welt geht nicht unter, wenn uns ein magnetischer Sonnensturm trifft!

Die Auseinandersetzung der Wissenschaftler mit dem kosmischen Einfluss magnetischer Felder ist ein spannendes und ergiebiges Thema. Eine Vielzahl von Gründen spricht dafür, dass es auf das Interesse vieler Menschen stoßen sollte. Ohne den Einfluss kosmischer Magnetfelder wäre die Entstehung und Entwicklung der Planeten-, Stern- und Galaxiensysteme anders verlaufen. Ohne sie hätte sich vermutlich kein hoch entwickeltes Leben auf Planeten wie der Erde entwickeln können. Magnetfelder verhindern einen allzu starken Abtrag atmosphärischer Gase aus Planetenatmosphären. Sie schützen und moderieren den Ablauf der für die Geburt des Lebens notwendigen biochemischen Prozesse unter dem Einfluss kosmischer Strahlung. Wie weit solare und terrestrische Magnetfelder im Zusammenhang mit dieser Strahlung darüber hinaus einen klimarelevanten Einfluss nehmen können, das wird zurzeit erforscht.

Natürlich ist die Menschheit angesichts des unverantwortlichen Umgangs mit der Umwelt im Wesentlichen selbst für die Erhaltung der Lebensbedingungen auf unserem überfüllten Planeten verantwortlich. Artikelüberschriften wie „Klimamodelle immer besser" und parallel dazu „Mit der Qualität steigt die Schwankungsbreite der Vorhersagen" zum Thema Klimaforschung machen deutlich, dass die Gewinnung möglicher Erkenntnisse in der Forschung ihre Grenzen haben kann. Auch im Zusammenhang mit der Erforschung kosmischer Magnetfelder stellt sich natürlich die Frage, ob immer ausgereiftere Simulationsrechnungen auf immer leistungsfähigeren Rechnern allein den Durchbruch zu einem „endgültigen" Verständnis der vielen spannenden Zusammenhänge führen werden, ob es ein alle befriedigendes Verstehen jemals geben wird. Sicherlich können anschauliche, plausible und logische Überlegungen sowie analytische Abschätzungen dabei genauso wertvoll sein wie Ergebnisse von Computersimulationen. Die genaue Beobachtung und Ermittlung verlässlicher Daten bilden dabei die unerlässliche Basis wissenschaftlicher Forschung.

Die Faszination für die Vorgänge in unserem Universum sowie die Freude an der Gewinnung neuer Erkenntnisse müssen die Energiequelle für jeden Erkenntnisgewinnungsprozess sein. Im „magnetischen" Kosmos gibt es noch viel Beeindruckendes zu bewundern. Es ist noch längst nicht zufriedenstellend geklärt, wie genau beispielsweise das solare Magnetfeld in Dynamoprozessen erzeugt wird, welchen Einfluss es auf die Vorgänge in der Sonnenatmosphäre, in unserem Planetensystem, insbesondere auch im Zusammenhang mit der Entwicklung von Leben auf der Erde nimmt. Welche Rolle spielen die Magnetfelder bei der Entstehung, Entwicklung und am Ende des Lebens der Sterne? Welches gemeinsame „magnetische" Szenario steuert die dynamischen Prozesse in den so unterschiedlichen Scheiben-Jet-Systemen um kompakte Objekte? Welche Vorgänge in den Magnetosphären von Pulsaren, Magnetaren und in der Umgebung von Schwarzen Löchern bewirken die Beschleunigung der kosmischen Strahlung? Wie entstanden die ersten Magnetfelder im frühen Universum? Und welchen Einfluss haben sie auf die Strukturbildungsprozesse im frühen Universum, auf die Entstehung und Entwicklung der Galaxien genommen? Es ist manches verstanden, es bleibt vieles zu erforschen.

Der Autor dieses Buches organisierte 1998 einen Besuch des Astrophysikalischen Instituts in Potsdam sowie die Besichtigung des auf einem Schild fälschlicherweise als „Einsturm" angekündigten Sonnensturms. Die Teilnehmer dieser kleinen Forschungsreise bedankten sich danach bei ihm mit dem Geschenk eines Levitrons und mit einem Gedicht, dass die Bedeutung kosmischer Magnetfelder eindrucksvoll auf den $\vec{B}$-Punkt bringt.

Ob auf der Sonne, auf Sardinien, die Welt ist voll Magnetfeldlinien.
Wiewohl vom „Einsturm" observiert, benehmen sie sich ungeniert:
Sind mal gerade, mal gekrümmt, mal sogar b e i d e s – wie man's nimmt!

Zuweilen sind sie eher statisch, dann wieder rastlos und erratisch.
Mal sind sie konzentriert in Schläuchen, mal sind sie fern von ihresgläuchen...
Gäb' es nicht i h r vertracktes Muster, so wär's im Kosmos zappenduster!

,s gäb' weder Jets noch Akkretion, zu schweigen von Re-Konnexion.
Sogar vom k l e i n s t e n Galaxiechen wär' nix zu sehn und nix zu riechen!
,s gäb' keine Flora, keinen Floh – noch nicht mal Herrn von Kusserow!

Wir litten alle – frag nicht, wie – an schleichender Gausstrophobie.
rot $\vec{E} = -\mu\,\dot{\vec{B}}$ das ist die Gleichung, mit der's funkt.
So nimm als Dankesgabe von uns allen dieses L e v i t r o n !
Bernhard Arnold, 1998

So wie das Levitron als Spielgerät nur unter dem Einfluss der Gravitationskraft, dem Drehimpuls des Kreisels sowie der Kraft des „verborgenen" Magneten funktioniert, so entwickelt sich der magnetische Kosmos vor allem auch durch Einwirkung dieser drei wichtigen physikalischen Einflussfaktoren.

Weiterführende Literatur

Report of the Workshop in Plasma Astrophysics (2010) Research Opportunities in Plasma Astrophysics. Princeton http://science.energy.gov/~/media/fes/pdf/about/Wopa_report_march_2011.pdf

Radecke H-D, Teufel L (2010) Was zu bezweifeln war – Die Lüge von der objektiven Wissenschaft. Droemer Verlag, München

Stefani F, Gailitis A, Gerbeth G (2008) Magnetohydrodynamic experiments on cosmic magnetic fields. Zeitschrift für Angewandte Mathematik und Mechanik, Wiley-VCH Verlag GmbH, Weinheim

von Kusserow U (2012) LEST, GREGOR und EST – Vergangenheit, Gegenwart und Zukunft der solaren europäischen Großteleskope. Astronomie + Raumfahrt im Unterricht 128

von Kusserow U (2013, 2014) Kosmische Laborexperimente (Teil 1, 2). Astronomie + Raumfahrt im Unterricht 138, 139

Epilog

Mein persönliches Interesse an einer Beschäftigung mit dem Themenbereich „Magnetischer Kosmos" begann in der Pubertät. Dies war eigentlich die Zeit, in der ich mich maßlos darüber ärgerte, wie schlecht manche Lehrer etwas Spannendes erklären können. Ich nahm mir ernsthaft vor, so viel Interessantes „armen" Schülern später einmal deutlich besser zu vermitteln. Wie fasziniert war ich damals von der Erkenntnis, dass sich das Erdmagnetfeld in der Vergangenheit schon so oft umgepolt haben muss. Und wie enttäuscht war ich kurz vor dem Schulabschluss über den Physik-Unterricht, in dem es um die magnetische Induktion ging, und in dem meine Leistungen, berechtigt oder nicht, als mangelhaft bewertet wurden.

Trotzdem habe ich mich damals für das Physik-Studium entschieden. Wie glücklich war ich wenige Jahre später, als ein bärtiger Astronomie-Professor mir in der Göttinger Universitäts-Sternwarte anbot, bei ihm eine Diplomarbeit zum Thema „Stationäre sphärische $\alpha\omega$-Dynamos und das Erdmagnetfeld" zu schreiben. Die Note für meine Leistungen am Ende des Studiums zeigte auf, welche wichtige Rolle das Thema Motivation in einem geglückten Lernprozess spielen kann.

Als Lehrer und Ausbilder von Studenten beschäftige ich mich ausführlich mich didaktischen Aspekten des mathematisch-naturwissenschaftlichen Unterrichts. Als ausgebildeter Astrophysiker besuche ich Tagungen und astronomische Institute, halte Vorträge und schreibe Artikel. Wie kann ich jungen und alten, studierenden und pensionierten Menschen meine Faszination für den Themenbereich „kosmische Magnetfelder" vermitteln? Wie kann ich sie dafür begeistern, sich mehr mit physikalischen, sie selbst auch betreffenden Themen aus ihrer natürlichen Umwelt auseinanderzusetzen? Dies sind Fragen, an deren Beantwortung ich sehr interessiert bin.

Im Laufe meines bisherigen Lebens habe ich eine Menge Menschen und vor allem auch Astronomen und Astrophysiker getroffen, die mich bei der Verwirklichung meiner Lebensziele sehr unterstützt haben und bei denen ich mich herzlich bedanken möchte… die tollen Vorlesungen von Rudolf Kippenhahn über Plasmaphysik und Sternentwicklung, die herzliche und tatkräftige Unterstützung von Willi Deinzer und Michael Stix beim Schreiben der Diplomarbeit… die Artikel, wertvollen Gespräche, Vorträge von und mit Karl-Heinz Rädler, Dieter Schmitt, Eugene Parker, Axel Brandenburg und Frank Stefani über die Dynamotheorie, Manfred Schüssler, Oskar Steiner und Carsten Denker über die dynamischen Prozesse in der Sonnenatmosphäre, Eric Priest, Karl Schindler und Gunnar Hornig über magnetische Rekonnexion, Max Camenzind, Christian Fendt, Ramon Khanna und Henk Spruit über magnetische Jets und noch mehr, Norbert Langer über Sterne, Rainer Beck über Galaxien, Marcus Brüggen über Galaxienhaufen, Stephan Rosswog und Luciano Rezzolla über die Dynamik kompakter Objekte, Joachim Vogt, Karl-Heinz Glassmeier und Ulrich Christensen über das Magnetfeld der Erde und seine Auswirkungen…

Wie dankbar bin ich… Oddbjørn Engvold, Manuel Vásquez Abeledo, Manuel Collados Vera, Oskar von der Lühe, Eberhard Wiehr, Horst Balthasar und Achim Gandorfer, dass sie mich in die Welt der Sonnenbeobachtung eingeführt haben, Hans Zinnecker, Marc McCaughrean, Andreas Burkert und Günther Hasinger, dass ich durch sie auch den Weg zur Nachtastronomie finden konnte… meinem früheren Freund Peter Oesterdiekhoff, der mir in einer Lebenskrise glücklicherweise das Buch von Rudolf Kippenhahn mit dem Titel „Der Stern, von dem wir leben" geschenkt hat…, Alexander Unzicker und Eckart Marsch, mit denen ich über so manche kritischen Aspekte der heutigen Entwicklung der astrophysikalischen Forschung diskutiert habe.

Ich danke Vera Spillner, Stefanie Adam und Christine Hoffmeister vom Spektrum-Verlag für die vielen Gespräche beziehungsweise die besonders freundliche Unterstützung der Gestaltung und Korrektur dieses Buches… und natürlich vor allem auch Dieter, Christian, Rainer und Frank für ihre Bemühungen um die Richtigstellung von Fakten sowie für ihre Verbesserungsvorschläge. Danke Andi, dass Du mir letztlich die Veröffentlichung dieses Buches ermöglichst hast.

Ohne die große Unterstützung und Liebe meiner Frau Angelika hätte ich dieses Buch nicht schreiben können.

Weiterhin habe ich die Hoffnung, dass ich mit meinen Gedanken und Ideen zum Thema „Magnetischer Kosmos" Leser erfreuen kann, dass ich bei einigen von Ihnen auch Interesse an einer vertiefenden Auseinandersetzung mit Aspekten der Plasmaphysik geweckt habe. Wenn Sie Ihre Kenntnisse über kosmische Magnetfelder immer wieder vertiefen möchten, dann informieren Sie sich doch auf der Seite http://kosmischemagnetfelder.wordpress.com/ oder unter http://uv-kusserow.magix.net/website im Internet.

Anhang

BT 01   Kosmische Magnetfelder. Magnetische Prozesse nehmen deutlichen Einfluss auf die Entstehung und Entwicklung von Planeten, Sternen und Galaxien. Wissenschaftler diskutieren über die Rolle der Magnetfelder unter anderem auch auf wissenschaftlichen Tagungen. Nicht nur der interessierte Laie bewundert die filigranen Strukturen solarer Magnetfelder bei einer totalen Sonnenfinsternis. (© IAU/IAC, M. Druckmüller u.a., Brno University of Technology)

BT 02 Kometen-Strukturen. In Sonnennähe leuchten die als Koma bezeichnete gasförmige Hülle des Kometenkopfes sowie der Kometenschweif hell auf. Beim Kometen Hyakutake (*oberes Bild*) dominiert der durch Magnetfeldstrukturen gebündelte bläuliche Plasmaschweif. Beim Kometen Hale-Bopp (*unteres Bild*) unterscheidet sich der „träge" Staubschweif in seiner Struktur deutlich vom besonders filigran strukturierten Plasmaschweif. (© H. J. Leue, Hambergen)

BT 03 Polarlichter – Feuerwerk am Sternenhimmel. In elektrischen Feldern entlang von Magnetfeldstrukturen in der Ionosphäre beschleunigte Teilchen regen Atome und Moleküle zum Leuchten an. Sauerstoffatome senden gelb-grünliches und rotes Licht, Stickstoffmoleküle karminrotes Lichts aus. Die von der Internationalen Raumstation ISS beziehungsweise von Alaska aus gemachten Aufnahmen veranschaulichen typische Formen der durch den Einfluss geomagnetosphärischer Feldstrukturen geprägten Aurora-Lichterscheinungen. (© ISS/NASA, J. Strang, United States Air Force)

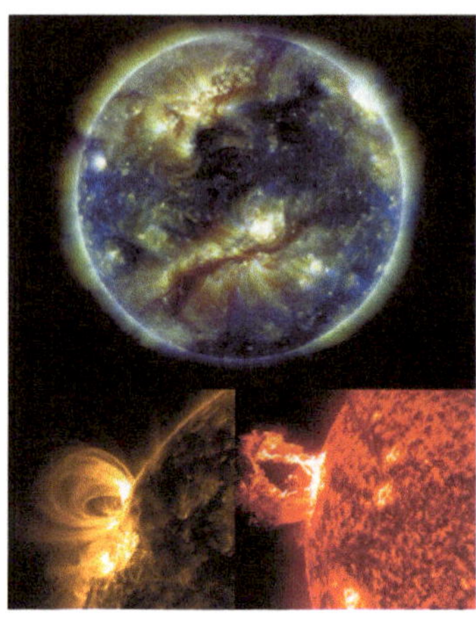

BT 04 Die dynamische Sonne im ultravioletten Licht. Wesentliche Prozessabläufe in der bis zu mehrere Millionen Grad heißen Sonnenatmosphäre werden durch den Einfluss solarer Magnetfelder bestimmt. Die mit dem Sonnensatellit SDO (Solar Dynamics Observatory) im ultravioletten Licht erstellten Aufnahmen lassen die ungeheure Dynamik erahnen, mit der besonders hochenergetische Prozesse ablaufen. In der *oberen Abbildung* veranschaulicht ein Komposit aus drei Filtergrammen die Verteilung großräumiger magnetisch gestützter Plasmawolken und der solaren Aktivitätsgebieten. Die *linke untere Abbildung* zeigt sogenannte Bogenprotuberanzen bei Temperaturen von etwa 1 Million Grad. Eruptive Prozesse werden ausgelöst, wenn die magnetischen Feldstrukturen der Protuberanzen instabil werden. Die *rechte untere*, bei Temperaturen von knapp 100 000 Grad im Licht einfach ionisierter Helium-Atome gewonnene *Abbildung* zeigt einen koronalen Masseauswurf nach der Eruption einer Protuberanz sowie dem blitzartigen Freisetzen gewaltiger Mengen an magnetischer Energie in Flare-Prozessen. (© SDO/AIA NASA/GSFC)

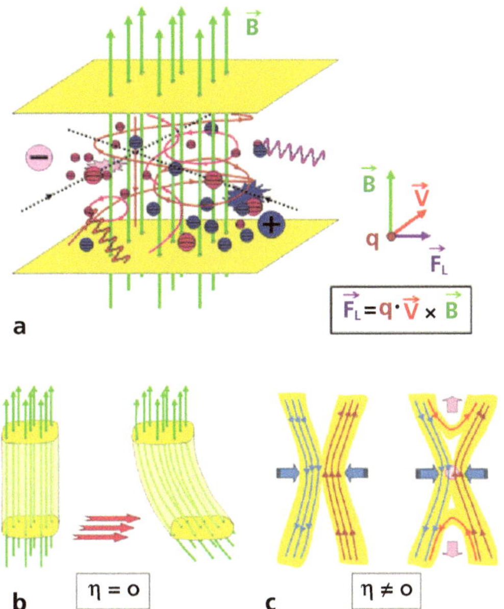

BT 05 Plasmamaterie im Magnetfeld, „Eingefrorenheit" magnetischer Feldlinien und magnetische Rekonnexion. a) Mit der Geschwindigkeit $\vec{v}$ im Magnetfeld der Flussdichte $\vec{B}$ bewegte geladene Partikel erfahren eine senkrecht zum Geschwindigkeits- und Magnetfeldvektor wirkende Lorentzkraft $\vec{F}_L$ und bewegen sich auf Spiralbahnen um die magnetischen Feldlinien. Stoßprozesse sowie Strahlungsprozesse bestimmen die Vorgänge im magnetisierten Plasma. Ladungskonzentrationen und dadurch entstandene elektrische Felder können nur lokal begrenzt auftreten. b) Die Erhaltung magnetischen Flusses sowie die „Eingefrorenheit" magnetischer Feldlinien erfordert eine theoretisch unendliche elektrische Leitfähigkeit ($\eta = 0$) im Plasma. Magnetfelder und Materie sind aneinandergekoppelt. Der magnetische Fluss bleibt erhalten. c) Beim Aufeinandertreffen magnetischer Feldstrukturen mit Feldkomponenten unterschiedlicher Orientierung setzt im resistiven Plasma mit endlicher Leitfähigkeit ($\eta \neq 0$) der dynamische Prozess der magnetischen Rekonnexion ein. (© U. v. Kusserow)

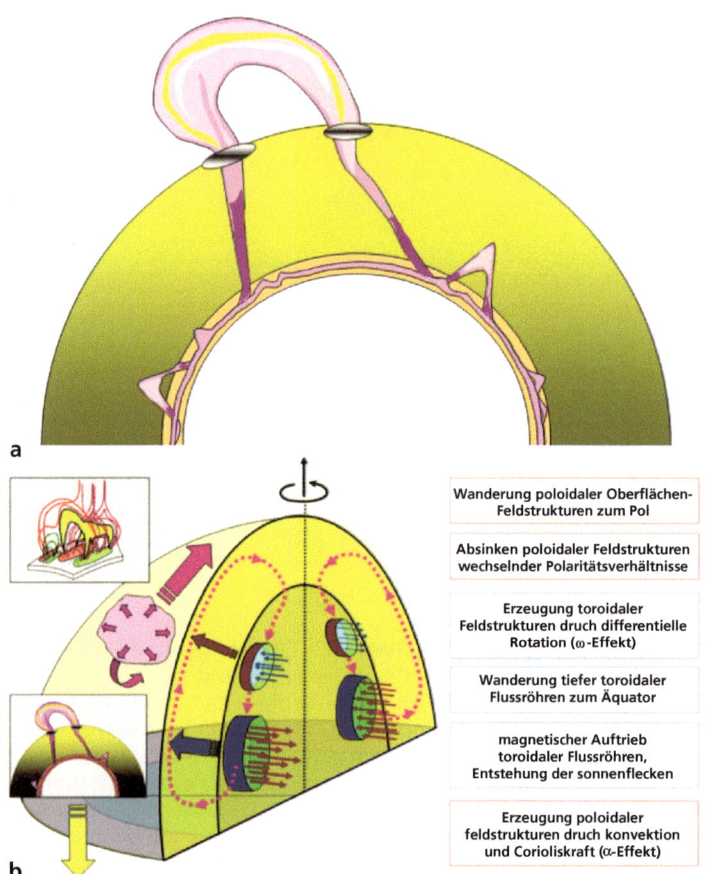

BT 06 Modellvorstellungen zur Entstehung der Sonnenflecken im 22-jährigen magnetischen Aktivitätszyklus der Sonne. a) Unterhalb der Konvektionszone der Sonne gespeicherte magnetische Flussröhren, durch Instabilitäten angehoben, erfahren einen magnetischen Auftrieb. Unter Einfluss der Corioliskraft verdreht, steigen sie durch die Konvektionszone auf. Dunkle Sonnenflecken entstehen in den kühleren Durchstoßregionen auf der Sonnenoberfläche. Die ursprünglich stärker gebündelten magnetischen Feldstrukturen weiten sich in der dünneren Sonnenatmosphäre auf, werden schwächer. b) Im Modellbild des Fluss-transport-Dynamos bewegen sich die in Fleckenstrukturen und Protu-beranzen entwickelten poloidalen Magnetfeldstrukturen im Laufe des

solaren Aktivitätszyklus aufgrund meridionaler Zirkulation polwärts. Differentielle Rotation sowie Diffusionsprozesse beeinflussen den Transportvorgang dieses magnetisierten Plasmas. In der Polgegend sammelt sich zunehmend magnetischer Fluss umgekehrter Polarität. Die poloidalen Magnetfeldstrukturen sinken hier durch die Konvektionszone ab. Aufgrund eines starken Gradienten der Winkelgeschwindigkeit in der sogenannten Tachocline-Zone im Grenzbereich zwischen der Konvektionszone und der Strahlungszone werden die Felder azimutal aufgewickelt, verstärkt und stabil gelagert. Die meridionale Strömung transportiert die toroidalen Magnetfeldstrukturen in Richtung zum Äquator. Setzen Instabilitäten ein, so steigen die Flussröhren im Zyklusverlauf in zunehmend niedrigeren heliografischen Breiten auf. Sie durchdringen die Sonnenoberfläche, bilden Fleckenstrukturen mit den umgekehrten Polaritätsverhältnissen des neuen Fleckenzyklus. (© U. v. Kusserow)

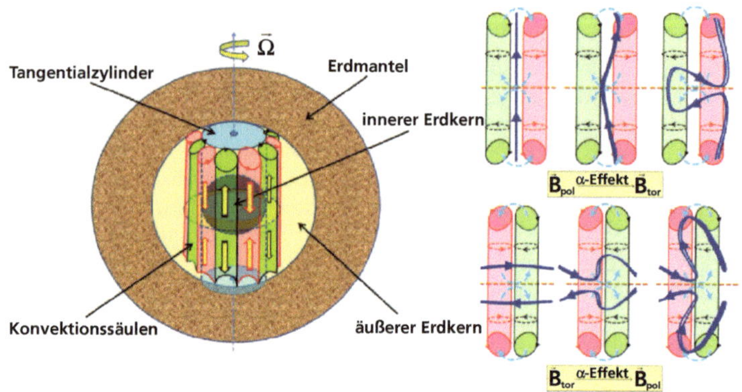

BT 07 Ein α^2-Dynamomodell für das Erdmagnetfeld. Das Erdinnere besteht aus einem festen inneren und einem flüssigen äußeren Kern mit einem darüber liegenden Erdmantel. Aufgrund der Rotation der Erde erfolgt der Wärmetransport in Konvektionssäulen, die sich parallel zur Erdachse um den inneren Kern herum anordnen. Sie rotieren paarweise zyklonisch und antizyklonisch (*linke Abbildung*). Zusätzlich zu dieser primären Konvektionsbewegung erfolgt in benachbarten Säulen eine Strömung zum Pol beziehungsweise zur Äquatorregion. Die Überlagerung beider Strömungsmuster führt zu einer helikalen Bewegung, die in dem elektrisch gut leitfähigen Fluid des äußeren Erdkerns ein Magnetfeld in geeigneter Weise verbiegt. So kann das großräumige Magnetfeld der Erde aufrechterhalten werden. Die in die Materie eingefrorenen poloidalen und toroidale Magnetfeldstrukturen werden nach diesem ⊠ α^2-Dynamomodell allein durch den α-Effekt wechselweise ineinander umgewandelt (*rechte Abbildung*). (© D. Schmitt, P. Olson u.a, U. v. Kusserow)

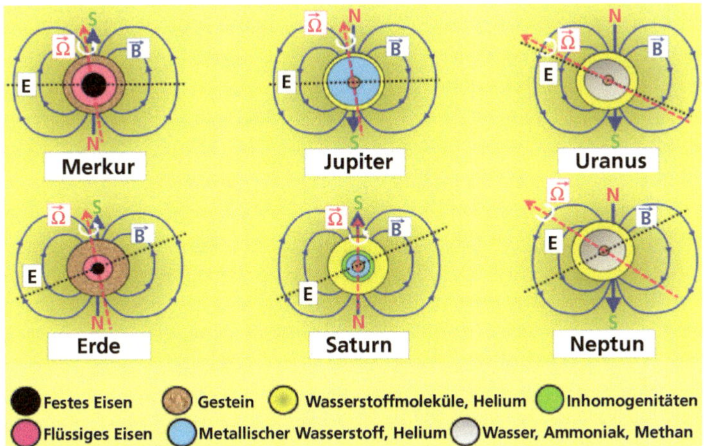

BT 08 Dynamoerzeugte planetare Magnetfelder des Sonnensystems. Die Gesteins-, Gas- und Eisplaneten Merkur und Erde, Jupiter und Saturn beziehungsweise Uranus und Neptun unterscheiden sich hinsichtlich der Zusammensetzung und Struktur des Planeteninneren jeweils deutlich. Dies gilt auch für die unterschiedlichen Neigungen der mit Ω bezeichneten Rotationsachse sowohl hinsichtlich der Lage der Ekliptik E (damit auch zur Richtung der Sonne) als auch zu der mit $\vec{B}$ gekennzeichneten Achse der dipolaren planetaren Magnetfelder. Bemerkenswert ist die Ausrichtung der Rotationsachse des Uranus fast parallel zur Ekliptik. Die von der magnetischen Nord- zur Südpolarität führende Dipolachse der Felder ist bei den Planeten Jupiter, Uranus und Neptun entgegengesetzt zu denen von Merkur, Erde und Saturn gerichtet. Bei Uranus und Neptun ist diese Achse deutlich versetzt und läuft nicht durch das Zentrum der Planeten. (© U. Christensen, F. Bagenal, U. v. Kusserow)

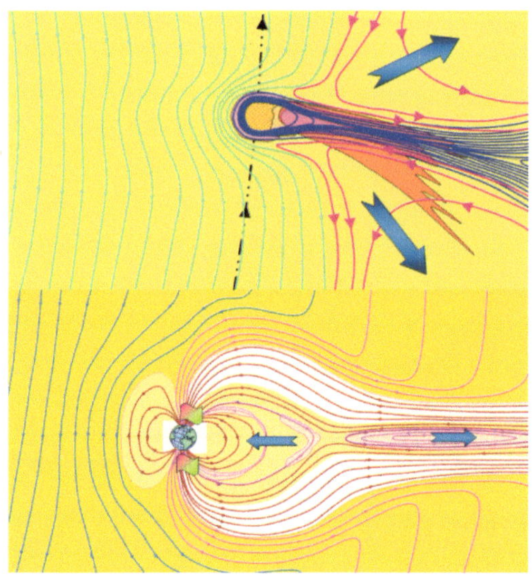

BT 09 Rekonnexionsprozesse in kometaren und planetaren Magnetosphären.Trifft der magnetisierte Sonnenwind auf einen Kometenkopf oder die Magnetosphäre eines Planeten, so kann es hier zu magnetischen Rekonnexionsprozessen kommen. Bei Kometen kann dies zu Abbruch von Teilen des Kometenkopfes oder zu Schweifabrissen führen (*oberes Bild*). Die in der Ionosphäre der Erde zu beobachtenden Polarlichter können durch magnetische Stürme ausgelöst werden (*unteres Bild*). Magnetische Rekonnexionsprozesse im Magnetosphärenschweifen können den Auswurf sogenannter Plasmoiden zur Folge haben. (© U. v. Kusserow)

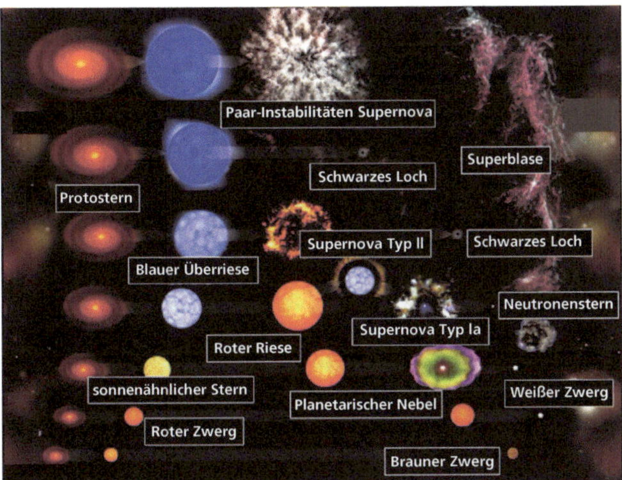

BT 10 Sternentwicklungsszenarien für unterschiedlich massereiche Sterne. Junge Protosterne entstehen im Zentrum von Akkretionsscheiben nach gravitativem Kollaps in Molekül- und Staub-Wolken. Je nach Ausgangsmasse unterscheiden sich die Entwicklungswege der Sterne, der Braunen und Roten Zwerge, der sonnenähnlichen und massereicheren Sterne gravierend voneinander. Nach Verlassen der Hauptreihe, der Entwicklungsphase stabilen Wasserstoffbrennens, durchlaufen alle Sterne mit Ausnahme der Zwergsterne verschiedenartige Riesen-Phasen, in denen sich ihr Durchmesser stark vergrößern. Sonnenähnliche Sterne beenden ihr Leben als Weißer Zwerg, nachdem sie einen farbenprächtigen Planetarischen Nebel um sich herum erzeugt haben. Weiße Zwerge, die von ihrem Partner in einem Doppelsternsystem schnell genug genügend Materie ansammeln können, werden bei der Explosion einer Supernova vom Typ Ia vollständig zerstört. Besonders massereiche Sterne enden nach einer Supernova-Explosion als Neutronenstern oder als stellares Schwarzes Loch. Im frühen Universum können sehr viel massereichere Sterne in einer Paarinstabilitäts-Supernova ebenfalls vollständig zerstört werden. In Gebieten, in denen mehrere massereiche Sterne starke Sonnenwinde abstrahlen und als Supernova enden, breiten sich Superblasen aus, die die Geburt neuer Sterngenerationen initiieren können. (© NASA/M. Weiss, U. v. Kusserow)

BT 11 Protostellare Jet-Strukturen. Die Abbildungen veranschaulichen die charakteristischen Strukturen der in der Umgebung junger Sternen beschleunigter, jetartig kollimierter Winde. Der zentrale Protostern ist jeweils durch Staubwolken im Bereich der Akkretionsscheibe verdeckt. In den langgestreckten Jet-Kanälen sind knotenförmige Aufhellungen zu erkennen. Dort, wo die ausströmende Materie auf den Widerstand des umgebenden interstellaren Medium trifft, bildet sich im Bereich der sogenannten Herbig-Haro(HH-)Objekte eine großräumigere Bugstoß-welle aus (*obere Abbildung*: HH 34, *untere Abbildung*: HH 212). (© VLT/ESO, VLT/ESO/H. Zinnecker/M. J. McCaughrean/J.T. Rayner)

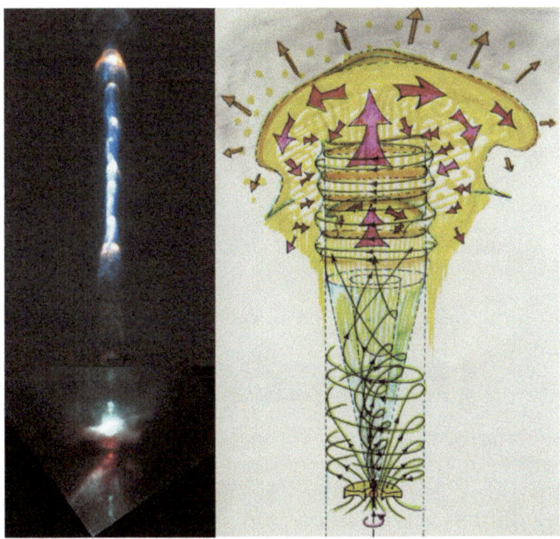

BT 12 Magnetisch getriebene protostellare Jets. Die im sichtbaren und infraroten Wellenlängenbereich gemachte Aufnahme des Hubble-Weltraumteleskops zeigt typische Jetstrukturen eines protostellaren Systems (*Abbildung links*). Die bipolaren Jets gehen aus von einem im dunklen Staubtorus verdeckten jungen Stern. Sie enden als Herbig-Haro-Objekt (HH 111) in einer diffus leuchtenden Stoßfront. Die knotenförmigen Aufhellungen innerhalb des stark kollimierten Ausflusses können durch episodenartige Materieakkretion, Schockprozesse oder andere Instabilitäten ausgelöst sein. Die Skizze (*Abbildung rechts*) veranschaulicht, ausgehend vom Prostostern-Scheiben-System, die möglichen Einflussfaktoren magnetischer Feldstrukturen im Zusammenhang mit der Beschleunigung, Kollimierung und Auslösung von Instabilitäten innerhalb protostellarer Jets. Aufgrund des Rückstoßes der turbulenten und magnetisierten Plasmamaterie an der Stoßfront im interstellaren Medium bildet sich ein den Jetkanal umhüllender Materiekokon. (© NASA, B. Reipurth, U. v. Kusserow)

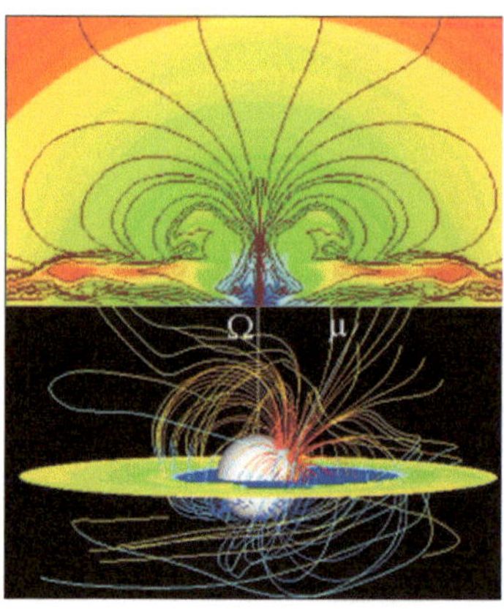

BT 13 Simulationsrechnungen für protostellare Systeme. Die Abbildungen enthalten Ergebnisse von Simulationsrechnungen zur Entwicklung magnetischer Feldstrukturen in Scheiben-Jet-Systemen um junge Protosterne. In der *oberen Abbildung* veranschaulichen dunkle Linien den ermittelten Verlauf der Feldlinien oberhalb des zentral gelegenen Protosterns und der dort horizontal ausgedehnten Akkretionsscheibe. Dargestellt ist eine frühe Phase des Entwicklungsszenarios, in der sich gerade ein Jetkanal ausbildet. Die *untere Abbildung* zeigt in räumlicher Darstellung die Struktur magnetischer Feldlinien in einem Protostern-Akkretionsscheiben-System, bei dem die Achse des Magnetfeldes (μ) deutlich gegenüber der Rotationsachse (Ω) geneigt ist. (© Ch. Fendt, MPIA, M. A. Romanova u.a.)

BT 14 Planetarische Nebel und Supernova-Überreste. Am Ende ihres Lebens enden nicht allzu leichte Sterne von bis zu acht Sonnenmassen nach Ausbildung eines Planetarischen Nebels als Weißer Zwerg. Bei noch schwereren Sternen bis zu etwa dreißig Sonnenmassen bleibt nach erfolgter Supernova-Explosion ein besonders kompakter Neutronenstern übrig. Der Katzenaugen-Nebel ist ein Planetarischer Nebel mit einer besonders komplexen Struktur (*obere Abbildung*). Im Außenbereich blickt man auf konzentrische Staubschalen, die der Vorläuferstern am Ende seiner Entwicklung epochenartig abgestoßen hat. Um den hellen Weißen Zwerg im Zentrum haben sich bipolar mehrere symmetrisch angeordnete Wolkenstrukturen ausgebildet. Dies spricht für eine Entstehung in einem Doppelsternsystem. Geordnete jetartige Strukturen könnten für die Einflussnahme magnetischer Prozesse sprechen. Cassiopeia A ist der Überrest einer der jüngsten Supernova-Explosion in der Milchstraße

(*untere Abbildung*). Sie erfolgte nach einem Kernkollaps eines massereichen Sterns unter Ausbildung des im Röntgenlicht sichtbaren kompakten Objekts in ihrem Zentrum. In den äußeren Stoßfronten dieser sich sphärisch ausdehnenden, komplex strukturierten Materiehüllen werden Teilchen, durch magnetische Prozesse unterstützt, auf relativistische Geschwindigkeiten beschleunigt. Die Bündelung der im linken oberen Teil der Abbildung sichtbaren Jetstrukturen könnte ebenfalls magnetisch bedingt sein. (© HST, NASA, ESA, HEIC, The Hubble Heritage Team (STScI/ AURA), NASA/CXC/UNAM/Ioffe/D. Page, P.Shternin u.a., NASA/STScI)

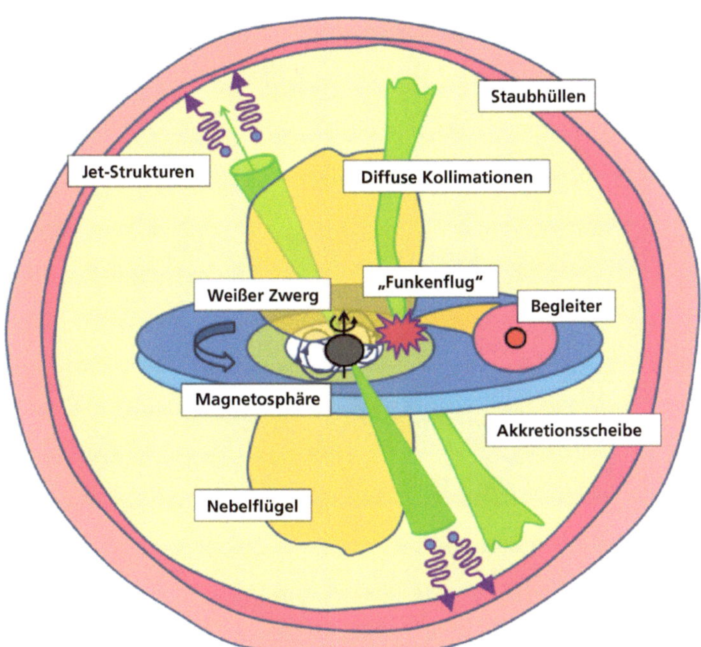

BT 15 Modellvorstellungen zur Struktur Planetarischer Nebel. Ein magnetischer Weißer Zwerg im Zentrum ist von einer Akkretionscheibe umgeben. Deren Materieversorgung erfolgt durch einen roten Riesenstern oder massereichen Gasplaneten, die den kompakten Stern als Begleiter umkreisen. Geblockt durch die Akkretionsscheibe kann der Auswurf der Materie nur bipolar unter Ausbildung symmetrisch geformter Nebelflügel erfolgen. Die starken magnetischen Feldstrukturen ermöglichen den Abtransport von Drehimpuls in Form von jetarig strukturierten Winden. Trifft die aufgrund von Gravitationskräften vom Begleiter abströmende Materie auf eine besonders schnell rotierende Magnetosphäre des Weißen Zwergs, dann kann hier eine Art „Propeller-Effekt" funkenflugartig für den Auswurf schwach kollimierter, diffuserer Materiewinde sorgen. In den Endphasen seines Lebens hat der oszillierende Stern epochenartig konzentrisch angeordnete Staubhüllen in den Außenbereich abgestoßen. (© U. v. Kusserow)

BT 16 Lebensweg besonders massereicher Sterne. Sterne, die mehr als achtfach so schwer wie die Sonne sind, beenden ihr Leben mit einer Supernova-Explosion. Im Verlaufe ihrer Entwicklungsgeschichte wurden vorher aus dem Wasserstoff (H) in Fusionsprozessen mit Helium (He), Kohlenstoff (C), Sauerstoff (O) und Stickstoff (N), Silizium (Si), Magnesium (Mg) und Neon (Ne) sowie abschließlich Eisen (Fe) zunehmend schwerere Elemente erbrütet. Sterne mit mehr als dreißigfacher Sonnenmasse beenden ihr Leben vermutlich als stellares Schwarzes Loch, um das sich eine Akkretionsscheibe ausbildet. Der Drehimpuls dieses Systems wird magnetisch vermittelt in Form starker Winde und eng kollimierter Jets abgeführt. (© National Science Foundation)

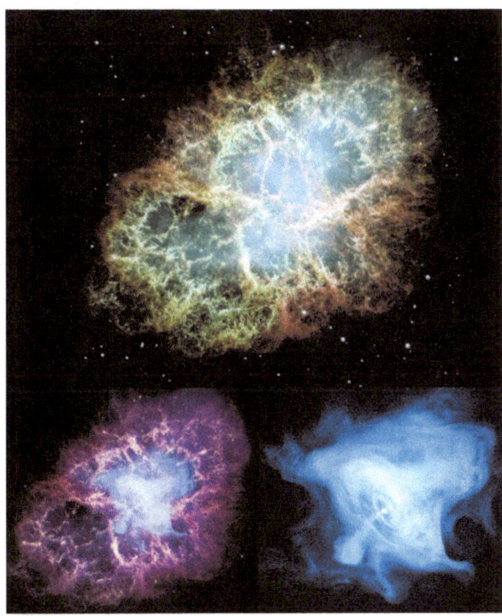

BT 17 Der Pulsar im Crab-Nebel. Im Jahre 1054 konnte am Taghimmel mehrere Tage lang eine heller Lichtpunkt neben der Sonne beobachtet werden. Er entstand aufgrund einer Supernova-Explosion im Sternbild Stier. Heute findet man dort den ausgedehnten Crab-Nebel als Supernova-Überrest. In dessen Zentrum rotiert ein Pulsar, der etwa 30-mal pro Sekunde pulsartig vom Radio- bis zum Röntgenbereich Signale in Richtung Erde schickt. Die *obere Aufnahme* wurde vom Hubble-Weltraum-Teleskop im sichtbaren Wellenlängenbereich aufgenommen. In den beiden *unteren Aufnahmen* des CHANDRA-Röntgen-Teleskops erkennt man im Röntgenlicht die Position des Pulsars, jetartige Ausströmungen sowie großräumige und systematisch angeordnete Wolkenstrukturen. (© NASA, ESA, J. Hester und A. Loll, NASA/CXC/SAO/F.Seward, NASA/ESA/ ASU/J.Hester & A.Loll, NASA/JPL-Caltech/Univ. Minn./R.Gehrz, NASA/ CXC/SAO/F.Seward u.a.)

BT 18 Winde und Jets in Akkretionsscheiben um Schwarze Löcher in Doppelsternsystemen. In engen Doppelsternsystemen mit Weißen Zwergen, Neutronensternen und Schwarzen Löchern führt der von einem Begleitstern ausgehende Materiezustrom zur Ausbildung von Akkretionsscheibe um das kompakte Objekt. Unter magnetischem Einfluss bewirken zentrifugal getriebene Scheibenwinde (*untere Abbildung*) sowie stark gebündelte, jetartige vom Zentralobjekt ausgehenden Sternenwinde (*obere Abbildung*) den effektiven Abtransport von Materie, Energie und Drehimpuls. In Akkretionsprozessen freigesetzte Gravitationsenergie sowie die aus der Rotationsenergie gewonnene magnetische Energie stehen dabei zur Beschleunigung der Materie zur Verfügung. (© NASA/CXC/M. Weiss)

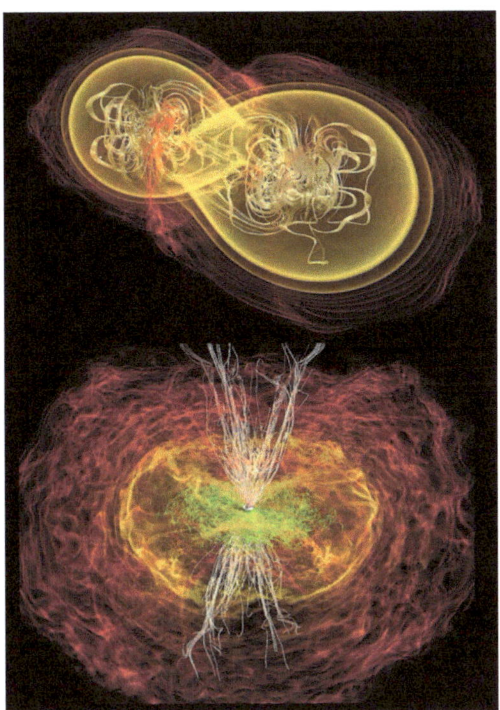

BT 19 Simulationsrechnungen zur Kollision magnetischer Neutronen-sterne. Die *obere Abbildung* zeigt den Beginn des Verschmelzungspro-zesses zweier Neutronensterne in einem engen Doppelsternsystem. Die Magnetfelder der beiden kompakten Objekte wechselwirken bereits miteinander. Die *untere Abbildung* veranschaulicht die charakteristische Form großskaliger und extrem starker Magnetfelder nach Ausbildung des von einer Materieakkretionsscheibe umgebenen stellaren Schwar-zen Lochs. Jetartig gebündelt ragen die Feldstrukturen nach oben und unten aus der Ergosphäre des stellaren Schwarzen Lochs heraus. (© L. Rezzolla/AEI Potsdam)

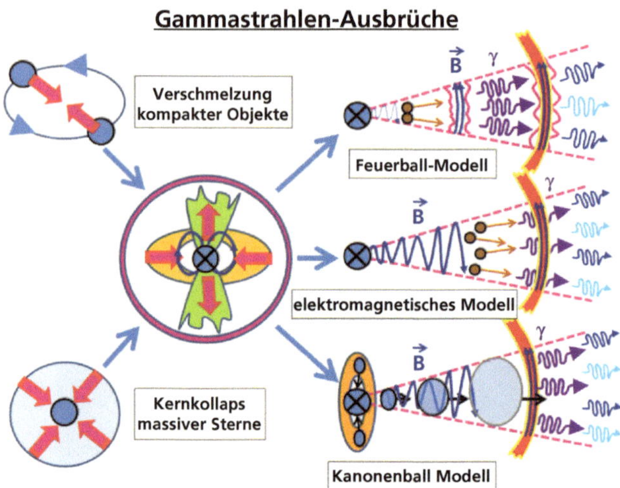

BT 20 Modellvorstellungen zum Ablauf von Gammastrahlen-Ausbrüchen. Gewaltige Energiemengen werden beim Kernkollaps besonders massereicher Sterne sowie bei der Verschmelzung von Neutronensternen oder Schwarzen Löchern in engen Doppelsternsystemen in Form von Ausbrüchen vor allem auch im Gammastrahlen-Bereich freigesetzt. Ausgangspunkt der unterschiedlichen Szenarien zur Erklärung der Entstehung dieser Gammastrahlen-Ausbrüche ist ein System, bestehend aus einem massiven kompakten Zentralobjekt einer es umgebenden Akkretionsscheiben-Jet-Struktur. Das traditionelle *Feuerball-Modell* erklärt die Erzeugung der Gammastrahlung in internen Schockprozessen, die im kollisionsfreien Plasma nur durch Magnetfelder vermittelt werden können. Beim *elektromagnetischen Modell* sind starke Magnetfeldstrukturen von Beginn an vor allem auch dynamisch wirksam. Das *Kanonenball-Modell* erklärt die Erzeugung besonders hochenergetischer Gammastrahlung langsamer ablaufender Ausbrüche durch den epochalen Einschlag größerer magnetisierter Plasmaansammlungen in die Stoßfront-Zone einer bereits erfolgten Supernova-Explosion. Turbulente und relativistische magnetische Rekonnexionsprozesse könnten bei allen drei Szenarien wesentlich zur Beschleunigung hochenergetischer Partikel beitragen. (© U. v. Kusserow)

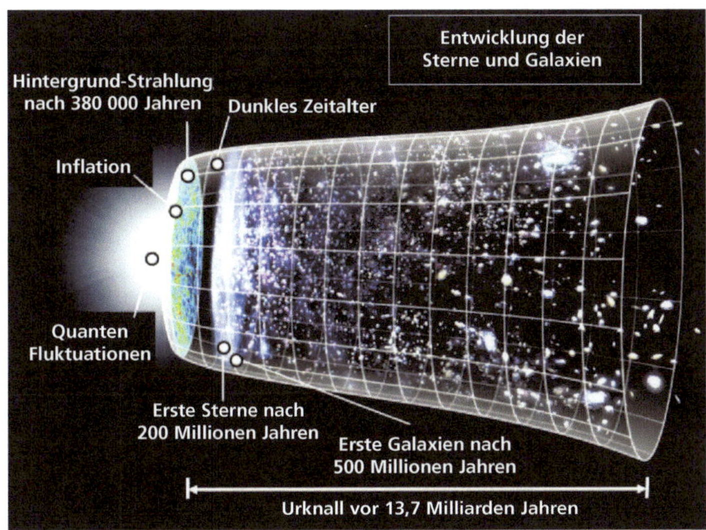

BT 21 Entwicklung des Universums. Nach dem Urknall könnte sich das Universum inflationär ausgedehnt haben. Nach Bildung der ersten Atome entwich die Hintergrundstrahlung als wichtiger „Zeuge" dieser Prozesse im frühen Universum. Nach der Materieverdichtung im Dunklen Zeitalter bildeten sich die ersten Sterne und Galaxien. Vor etwa 4,7 Mrd. Jahren entstand unser Sonnensystem. (© NASA/WMAP Science Team, U. v. Kusserow)

BT 22 Dunkle Materie, Galaxien und heißes Gas in einem verschmelzenden Galaxienhaufen. Abell 520 ist ein sich beim Zusammenstoß zweier massereicher Galaxienansammlungen in etwa 2,4 Mrd. Lichtjahren Entfernung von der Erde bildender Galaxienhaufen. Die Abbildung zeigt neben einigen Vordergrundsternen und einer Fülle entfernter Galaxien charakteristische Einfärbungen bestimmter Gebiete. Das Sternenlicht der Galaxien ist orange gefärbt. Die grünliche Einfärbung veranschaulicht die Verteilung des bei Schockvorgängen aufgeheizten Gases. Damit teilweise übereinstimmende Gebiete mit starken Materiekonzentrationen, insbesondere auch von Dunkler Materie, wurden bläulich eingefärbt. (© NASA, ESA, CFHT, CXO, M. J. Jee und A. Mahdavi)

Orion
Arm
Sagittarius
Arm
Perseus
Arm
Norma
Arm
Carina
Arm
Scutum-
Crux Arm
Sonne

BT 23   Magnetfelder in den Spiralarmen der Milchstraße und Andromeda-Galaxie. Die balkenförmige Milchstraßen-Galaxie (*linke Abbildungen*) erkennt man als ein mit Sternen, leuchtenden Gasnebeln und dunklen Staubwolken gefülltes Lichtband am Nachthimmel. Die Sonne befindet sich im Orionarm und hat von ihrem Zentrum einen Abstand von fast 30,000 Lichtjahren. Die durch gekrümmte Pfeile dargestellte Ausrichtung der Magnetfelder dieser Galaxie erfährt zwischen dem Sagittarius- und dem Orion-Arm offensichtlich eine Umkehrung. Beim Blick auf die geneigte Andromeda-Galaxie (M31, *linke Abbildungen*) ist der genaue Verlauf ihrer Spiralarme nur schwer zu erkennen. Die stärksten großskalig ausgerichteten Feldstrukturen findet man offensichtlich in den Staubbändern und im Zentralbereich dieser Galaxie. (© NASA/JPL-Caltech/R. Hurt, J.-A. Brown, H. J. Leue, T. Rector und B. Wolpa (NOAO/AURA/NSF), MPIfR Bonn, R. Beck, E. M. Berkhuijsen und P. Hoernes)

BT 24 Magnetfeldstrukturen in der „Strudelgalaxie". Die Abbildung der Whirlpool-Galaxie mit den eingezeichneten Konturlinien und Strichen zur Veranschaulichung der Ausrichtung und Stärke vermessener Magnetfelder zeigt die enge Wechselbeziehung zwischen der Spiralstruktur und dem galaktischen Magnetfeld. Ein Dynamoprozess allein kann den gesamten Feldverlauf aber nicht erklären. Auch die Kinematik der Gasströme prägt die Ausrichtung des Magnetfeldes beim Übergang von der Grand-Design-Strudelgalaxie hin zur kleineren Partnergalaxie. (© MPIfR, R. Beck, HST/NASA, Sterne und Weltraum)

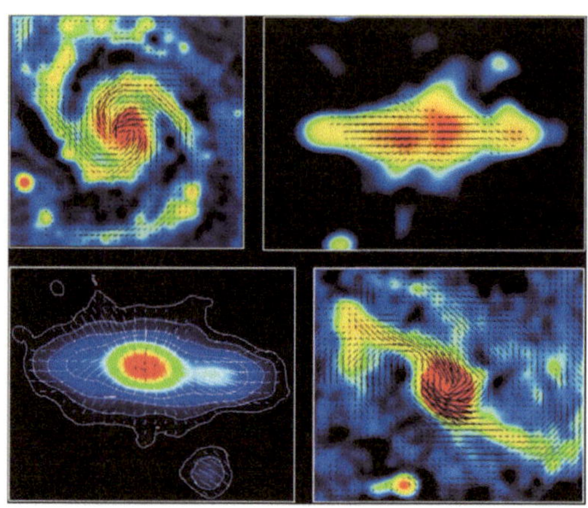

BT 25 Geometrie und Stärke galaktischer Magnetfelder. Großskalige Magnetfeldstrukturen verlaufen in Spiralgalaxien meist parallel zu, innerhalb und zwischen den Spiralarmen (Zentrum Whirlpool-Galaxie M 51, *links oben*). In Balkengalaxien konzentrieren sich relativ starke Felder entlang der auf das Galaxienzentrum weisenden Balken (NGC 1097, *rechts unten*). In elliptischen Galaxien wie der Sombrero-Galaxie ist der Feldverlauf komplexer strukturiert (M 104, *rechts oben*). In den aktiven Zentren von Starburst-Galaxien verlaufen Magnetfeldkomponenten aus der Galaxienscheibe heraus (NGC 4631, *links unten*). Die Abbildungen veranschaulichen, farbkodiert und durch Striche dargestellt, die Ausrichtung und Stärke der galaktischen Magnetfelder. Die im Radiobereich ausgesandte Synchrotonstrahlung ist ein Maß für die Gesamtfeldstärke. Die Vermessung ihres polarisierten Anteils ermöglicht Aussagen über die Ausrichtung und Stärke der geordneten Magnetfelder. (© VLA, MPIfR Bonn, R. Beck, C. Hollerou, N. Neininger, MPIfR Bonn, M. Krause, MPIfR Bonn, R. Beck et al.)

BT 26 Sterngeburten in der Zigarren-Galaxie. Die von der Seite zu betrachtende spiralförmige Galaxie M82 ist ein typisches Beispiel für eine Sterngeburten-Galaxie. Aufgrund von dynamischen Wechselwirkungsprozessen beim Durchlauf einer benachbarten Galaxie ist die Sternentstehungsrate im Zentralbereich drastisch angestiegen. Von massereichen Sternen ausgehende intensive Sternwinde und Supernova-Explosionen transportieren große Materiemengen und Energie senkrecht zur Galaxienebene in den Halo. Die Abbildung zeigt ein Komposit aus Aufnahmen im sichtbaren Licht, im Radio- und Röntgenstrahlenbereich. Magnetische Felder nehmen in vielfältiger Weise Einfluss auf die dabei ablaufenden dynamischen Prozesse. (© NASA/CXC/JHU/D. Strickland, NASA/ESA/STScI/AURA/The Hubble Heritage Team, NASA/JPL-Caltech/ Univ. of AZ/C. Engelbracht)

BT 27 Aktivität einer nahen elliptischen Galaxie. Die Aktivität der Galaxie Centaurus A wird durch magnetische Prozesse in der Umgebung ihres supermassereichen kompakten Kerns beeinflusst. Die obere Abbildung wurde anhand von Daten aus dem sichtbaren Radio- und Röntgenbereich des elektromagnetischen Spektrums gewonnen. Sie veranschaulicht die charakteristische Struktur dieser ungewöhnlichen Radio-Galaxie, bestehend aus einem umhüllenden Staubband, aus hellen Sternhaufen, bipolaren ohrenförmigen Auswölbungen, die in einem Bugschock enden, sowie kollimierten Jets. Die untere, im Röntgenlicht erstellte Aufnahme zeigt die knotenförmigen Aufhellungen des Jet-Kanals. (© NASA/CXC/CfA/R. Kraft u. a., NSF/VLA/Univ. Hertfordshire/M. Hardcastle, ESO/WFI/M. Rejkuba u. a.; NASA/SAO/R. Kraft u.a.)

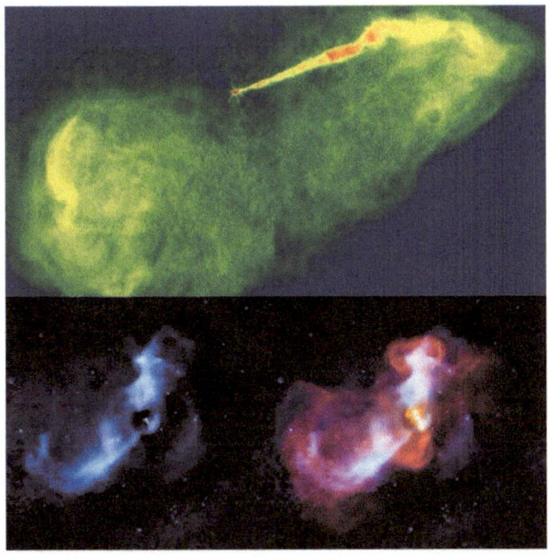

BT 28   Dynamische Prozesse in der aktiven Galaxie M 87. Diese etwa 50 Millionen Lichtjahre von der Erde entfernte Galaxie liegt im Zentrum des Virgo-Haufens, der Tausende weiterer Galaxien enthält. Die *obere* Radioaufnahme zeigt einen ausgedehnten Jet, der beim Auftreffen auf das umgebende intergalaktische Medium die Ausbildung großräumiger, turbulenter Wolkenstrukturen bewirkt. Die unteren beiden Abbildungen veranschaulichen die Auswirkungen dynamischer Prozesse in der Nähe des Galaxienkerns, in dem ein supermassereiches Schwarzes Loch vermutet wird. Die *untere linke* Aufnahme wurde im Röntgenlicht erstellt. In der *unteren rechten* Abbildung wurde dazu ein Radiobild überlagert. (© D. Hines, F. Owen, J. Eilek, NRAO/AUI/Y. Y. Kovalev, MPIfR und ASC Lebede, NASA/CXC/KIPAC/N. Werner, E. Million u.a., NRAO/AUI/ NSF/F. Owen)

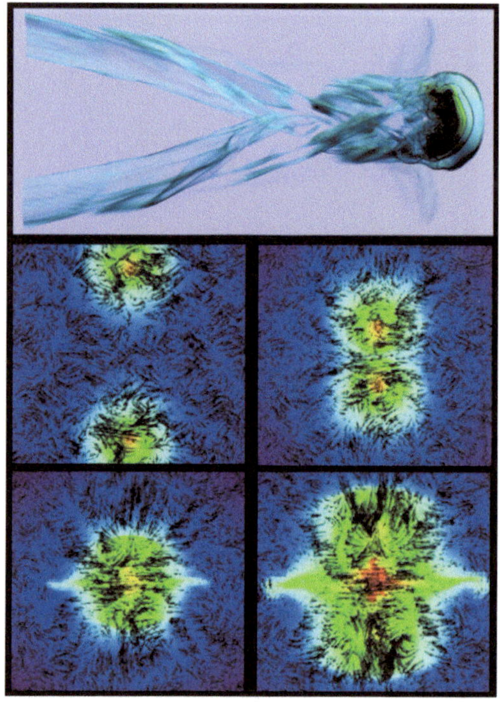

BT 29 Simulationsrechnungen für magnetische Prozesse in Galaxienhaufen. Wenn eine Scheibengalaxie dem Staudruck eines magnetischen Windes ausgesetzt ist, dann wird dadurch verstärkt Gasmaterie aus der Galaxie gelöst. Die *obere Abbildung* zeigt die Struktur entstandener Magnetfelder hinter einer von der Seite gesehenen Scheibengalaxie (rechts). Es bilden sich, magnetisch vermittelt, spaghettiartige charakteristische Doppelschweif-Strukturen aus. Die *untere Abbildung* veranschaulicht die Entwicklung farbkodiert dargestellter Dichteverteilungen sowie der durch kleine schwarze Pfeile gekennzeichneten Ausrichtung der Magnetfeldstrukturen beim frontalen Zusammenstoß zweier Galaxienhaufen. Die sich verstärkenden Magnetfeldstrukturen richten sich vorwiegend parallel zur Schockfront aus. Schockwellen laufen seitlich aus dem Kollisionszentrum heraus. (© M. Ruszkowski, M. Brüggen, D. Lee und M.-S. Shin; M. Brüggen, R. J. van Weeren und H. J. A. Röttgering)

BT 30 Magnetische Plasmaexperimente im Labor. *Links oben*: Simulation zur Funktionsweise der Biermann-Batterie; Simulation einer kollabierenden Stoßwelle (oben), Bild der laserinduzierten Stoßwelle (unten). *Mitte links*: das Potsdam-Rossendorf-Magnetic-InStability-Experiment (PROMISE) zur Magneto-Rotationsinstabilität. *Unten links*: Laborsimulationen zur Dynamik magnetischer Flussröhren. *Rechts oben*: das Magnetic Reconnection eXperiment (MRX). *Mitte rechts*: Laborsimulationen zu astrophysikalischen Jets. *Rechts unten*: das New-Mexico-$\alpha\omega$-Dynamo-Experiment. (© LULI, F. Stefani u.a./HZDR/ G. Rüdiger u.a./AIP, J. F. Hansen, P. M. Bellan (MRX), PPPL/CMSO; S. You, G. S. Yun und P. M. Bellan; St. A. Colgate u.a. /LANL)

BT 31 Aktuelle und zukünftige Sonnenteleskope: Dutch Open Telescope (DOT) und Swedish Solar Telescope (SST) (*links oben*), GREGOR (*rechts oben*), Solar Probe Plus (*Mitte links*), Solar Orbiter (*Mitte rechts*), Advanced Technology Solar Telescope (ATST) (*links unten*), European Solar Telescope (EST) (*rechts unten*). (© U. v. Kusserow, U. v. Kusserow, Solar Probe Plus JHU/APL, Solar Orbiter ESA, L. Phelps/ATST/NSO/AURA/ NSF, EST/M. Collados Vera)

BT 32 Großteleskope der Zukunft. European Extremely Large Telescope (E-ELT) (*links oben*), James Webb Space Telscope (JWST) (*rechts oben*), Advanced Telescope for High Energy Astrophysics (ATHENA) (*Mitte links*), Cerenkov Telescope Array (CTA) (*Mitte rechts*), Square Kilometre Array (SKA) (*links unten*), Atacama Large Millimeter/submillimeter Array (ALMA) (*rechts unten*). (© E-ELT/ESO, JWST/NASA/JPL, ATHENA/ESA, CTA Konsortium, SKA Konsortium, ALMA Konsortium)

Bildtafelnachweis

BT 01 Kosmische Magnetfelder Credit: IAU/IAC; Miloslav Druckmüller u.a. Brno University of Technology

BT 02 Kometen-Strukturen Credit: Hans J. Leue, Hambergen

BT 03 Polarlichter – Feuerwerk am Sternenhimmel Credit: ISS/NASA; Joshua Strang, United States Air Force

BT 04 Die dynamische Sonne im ultravioletten Licht Credit: SDO/AIA NASA/GSFC

BT 05 Plasmamaterie im Magnetfeld, „Eingefrorenheit" magnetischer Feldlinien und magnetische Rekonnexion Credit: U. v. Kusserow

BT 06 Modellvorstellungen zur Entstehung der Sonnenflecken im 22-jährigen magnetischen Aktivitätszyklus der Sonne Credit: U. v. Kusserow

BT 07 Ein a2-Dynamomodell für das Erdmagnetfeld Credit: D. Schmitt, P. Olson u.a., U. v. Kusserow

BT 08 Dynamo-erzeugte planetare Magnetfelder des Sonnensystems Credit: U. Christensen, F. Bagenal, U. v. Kusserow

BT 09 Rekonnexionsprozesse in kometaren und planetaren Magnetosphären Credit: U. v. Kusserow

BT 10 Sternentwicklungs-Szenarien für unterschiedlich massereiche Sterne Credit: NASA/M. Weiss, U. v. Kusserow

BT 11 Protostellare Jet-Strukturen Credit: VLT/ESO; VLT/ESO/H. Zinnecker/M. J. McCaughrean/J.T. Rayner

BT 12 Magnetisch getriebene protostellare Jets Credit: NASA, B. Reipurth; U. v. Kusserow

BT 13 Simulationsrechnungen für protostellare Systeme Credit: Ch. Fendt, MPIA; M. A. Romanova u.a.

BT 14 Planetarische Nebel und Supernova-Überreste Credit: HST, NASA, ESA, HEIC, und The Hubble Heritage Team (STScI/ AURA); NASA/CXC/UNAM/Ioffe/D.Page,P.Shternin u.a., NASA/ STScI

BT 15 Modellvorstellungen zur Struktur Planetarischer Nebel Credit: U. v. Kusserow

BT 16 Lebensweg besonders massereicher Sterne Credit: National Science Foundation

BT 17 Der Pulsar im Crab-Nebel Credit: NASA, ESA, J. Hester und A. Loll; NASA/CXC/SAO/F.Seward, NASA/ESA/ASU/J.Hester & A.Loll, NASA/JPL-Caltech/Univ. Minn./R.Gehrz; NASA/CXC/ SAO/F.Seward u.a.

BT 18 Winde und Jets in Akkretionsscheiben um Schwarze Löcher in Doppelsternsystemen Credit: NASA/CXC/M.Weiss

BT 19 Simulationsrechnungen zur Kollision magnetischer Neutronensterne Credit: L. Rezzolla/AEI Potsdam

BT 20 Modellvorstellungen zum Ablauf von Gammastrahlen-Ausbrüchen Credit: U. v. Kusserow

BT 21 Entwicklung des Universums Credit: NASA/WMAP Science Team, U. v. Kusserow

BT 22 Dunkle Materie, Galaxien und heißes Gas in einem verschmelzenden Galaxienhaufen Credit: NASA, ESA, CFHT, CXO, M. J. Jee und A. Mahdavi

BT 23 Magnetfelder in den Spiralarmen der Milchstraße und Andromeda-Galaxie Credit: NASA/JPL-Caltech/R. Hurt, J.-A. Brown, H. J. Leue; T. Rector und B. Wolpa (NOAO/AURA/NSF), MPIfR Bonn R. Beck, E. M. Berkhuijsen und P. Hoernes

BT 24 Magnetfeldstrukturen in der „Strudelgalaxie" Credit: MPIfR R. Beck, HST/NASA, Sterne und Weltraum

BT 25 Geometrie und Stärke galaktischer Magnetfelder Credit: VLA, MPIfR Bonn, R. Beck, C. Hollerou, N. Neininger; MPIfR Bonn, M. Krause; MPIfR Bonn, M. Krause; MPIfR Bonn, R. Beck et al.

BT 26 Sterngeburten in der „Zigarrengalaxie" Credit: NASA/CXC/ JHU/D. Strickland, NASA/ESA/STScI/AURA/The Hubble Heritage Team, NASA/JPL-Caltech/Univ. of AZ/C. Engelbracht

BT 27 Aktivität einer nahen elliptischen Galaxie Credit: NASA/ CXC/CfA/R. Kraft et al., NSF/VLA/Univ.Hertfordshire/M.Hardcastle, ESO/WFI/M. Rejkuba et al.; NASA/SAO/R. Kraft u.a.

BT 28 Dynamische Prozesse in der aktiven Galaxie M 87 Credit: D. Hines, F. Owen, J. Eilek; NRAO/AUI/Y. Y. Kovalev, MPIfR und ASC Lebede; NASA/CXC/KIPAC/N. Werner, E. Million u.a., NRAO/AUI/NSF/F. Owen

BT 29 Simulationsrechnungen für magnetische Prozesse in Galaxienhaufen Credit: M. Ruszkowski, M. Brüggen, D. Lee und M.-S. Shin; M. Brüggen, R. J. van Weeren und H. J. A. Röttgering

BT 30 Magnetische Plasma-Experimente im Labor Credit: LULI; F. Stefani u.a./HZDR/ G. Rüdiger u.a./AIP; J. F. Hansen, P. M. Bellan (MRX); PPPL/CMSO; S. You, G. S. Yun und P. M. Bellan; St. A. Colgate u.a. /LANL

BT 31 Aktuelle und zukunftige Sonnenteleskope: Dutch Open Telescope (DOT) und Swedish Solar Telescope (SST) (links oben), GREGOR (rechts oben), Solar Probe Plus (Mitte links), Solar Orbiter (Mitte rechts), Advanced Technology Solar Telescope (ATST) (links unten), European Solar Telescope (EST) (rechts unten). (© U. v. Kusserow, U. v. Kusserow, Solar Probe Plus JHU/APL, Solar Orbiter ESA, L. Phelps/ATST/NSO/AURA/NSF, EST/M. Collados Vera)

BT 32 Grosteleskope der Zukunft. European Extremely Large Telescope (E-ELT) (links oben), James Webb Space Telscope (JWST) (rechts oben), Advanced Telescope for High Energy Astrophysics (ATHENA) (Mitte links), Cerenkov Telescope Array (CTA) (Mitte rechts), Square Kilometre Array (SKA) (links unten), Atacama Large Millimeter/submillimeter Array (ALMA) (rechts unten). (© E-ELT/ESO, JWST/NASA/JPL, ATHENA/ESA, CTA Konsortium, SKA Konsortium, ALMA Konsortium)

Glossar

Akkretionsscheibe Eine scheibenförmige Materieansammlung um ein kompaktes Objekt (Protostern, Weißer Zwerg, Neutronenstern, Galaxienkern oder Schwarzes Loch), in dem die mit Drehimpuls versehene Materie, vermittelt durch auftretende Reibungskräfte, in Richtung zum Zentralobjekt transportiert wird.

Auftrieb, magnetischer ~ Durch magnetischen Druck vermittelte Kraftwirkung, die magnetisierte Plasmamaterie entgegen der Gravitationskraft aufsteigen lässt.

Corioliskraft Eine Trägheitskraft, die innerhalb eines rotierenden Bezugssystems auf einen hier bewegten Körper wirkt. Ihre Stärke ist proportional zu dessen Masse, steht senkrecht zur Bewegungsrichtung und Rotationsachse des Bezugssystems.

Diffusion Prozess, der den Abbau von Konzentrationsunterschieden bezeichnet. Er führt zur Durchmischung und gleichmäßigen Verteilung von Objekten und Ausprägungen einzelner Messgrößen.

ambipolare ~ In der Astrophysik verwendeter Begriff, der in kosmischen Magnetfeldern die Entkoppelung neutraler Partikel von geladenen Teilchen bezeichnet. Nur ungeladene Partikel können relativ ungehindert durch Magnetfelder diffundieren.

magnetische ~ Diffusion magnetischer Felder durch ein resistives Plasma. In einem solchen Medium ist die „Eingefrorenheit magnetischer Feldlinien" aufgrund begrenzter elektrischer Leitfähigkeit nicht gewährleistet.

Drehimpuls Eine Stärke und Ausrichtung des „Schwungs" eines rotierenden Systems charakterisierende vektorielle Erhaltungsgröße, die nur durch ein von außen auf das System einwirkendes Drehmoment verändert werden kann.

Differenzielle Rotation Von der starren Rotation abweichende Drehbewegung eines Körpers, bei dem die Winkelgeschwindigkeit der darin rotierenden Materie ortsabhängig ist.

Dynamo Selbsterregte Generatormaschine, in der nach dem Prinzip der elektromagnetischen Induktion Bewegungsenergie in elektromagnetische Energie umgewandelt wird.

kosmischer ~ Vorgang in Himmelsobjekten mit elektrisch gut leitfähigem und bewegtem Plasma, bei dem durch selbsterregte Induktionsprozesse Magnetfelder und elektrische Ströme im Universum generiert werden.

α_ω ~ Dynamomodell zur Entstehung kosmischer Magnetfelder durch spezielle Induktionsprozesse. In rotierenden, elektrisch gut leitfähigen Himmelsobjekten können dabei meridional beziehungsweise azimutal ausgerichtete magnetische Feldstrukturen durch differenzielle Rotation (ω-Effekt) sowie Konvektionsströmungen unter dem Einfluss der Corioliskraft (α-Effekt) wechselseitig ineinander umgewandelt werden.

Flusstransport ~ Theorie zur Entstehung kosmischer Magnetfelder, bei der ergänzend der Transport magnetischer Feldstrukturen durch meridionale Zirkulation und magnetische Diffusion eine wichtige Rolle spielt.

„Eingefrorenheit magnetischer Feldlinien" (Idealisiertes) Modellbild, wonach sich in einem Medium mit (theoretisch) unendlich hoher elektrischer Leitfähigkeit Materie und magnetische Feldstrukturen ungetrennt voneinander bewegen.

Elektrisches Feld In der Umgebung elektrischer Ladungen existierendes oder durch magnetische Induktion erzeugtes Feld, das an jedem Ort durch spezielle Stärke, Richtung und Orientierung seiner elektrischen Kraftwirkung charakterisiert ist.

Fermi-Beschleunigung Modell von Mechanismen, durch die geladene Teilchen bei häufig sich wiederholenden Reflektionen an magnetisch durchsetzten Stoßfronten oder Wolkenstrukturen auf zunehmend höhere Energien beschleunigt werden können.

Instabilität Durch Anwachsen kleiner Störungen bewirkte charakteristische Prozessabläufe, die ein ansonsten stabiles System unter speziellen physikalischen Voraussetzungen aus seinem bisherigen Gleichgewichtszustand herausbringen.

Tayler ~ Durch magnetische Druckkräfte bewirkte Instabilität, bei der verdichtete Stapelungen toroidaler Feldstrukturen einknicken.

Kompakte Objekte Himmelsobjekte wie Weiße Zwerge, Neutronensterne und Schwarze Löcher, bei denen die Materiedichte sehr viel höher ist als bei gewöhnlichen Sternen.

Kosmische Jets Durch ausgesandte Strahlung sichtbar gemachte, längliche und eng kollimierte Gebilde, in denen elektromagnetische Energie, beschleunigte Materie sowie Drehimpuls, bipolar von einem kosmischen Himmelsobjekt oder System ausgehend, in die Umgebung transportiert wird.

Kosmische Strahlung Aus Protonen, Elektronen und ionisierten Atomen bestehende hochenergetische Teilchenstrahlung, die in der Sonnenatmosphäre, in aktiven Gebieten der Milchstraße oder in fernen Galaxien in Stoßprozessen, durch Fermi-Beschleunigung und magnetische Rekonnexion beschleunigt wird.

Lorentzkraft Kraft, die eine (bewegte) elektrische Landung in Gegenwart eines elektrischen und magnetischen Feldes erfährt.

Magnetfeld In der Umgebung magnetisierter Gegenstände oder stromdurchflossener elektrischer Leiter existierendes Feld, das an jedem Ort durch spezielle Stärke, Richtung und Orientierung einer magnetischen Kraftwirkung charakterisiert ist.

toroidales ~ In rein azimutaler Richtung verlaufendes Feld

poloidales ~ In rein meridionaler Richtung verlaufendes Feld

Magnetischer Druck In einem magnetischen Fluid ergänzend zum dem der heißen und bewegten Materie wirkender Druck, der proportional zum Quadrat der magnetischen Flussdichte ist.

Magnetische Energie In magnetischen Feldstrukturen gespeicherte Energie, die proportional zum Quadrat der magnetischen Flussdichte ist.

Magnetischer Fluss Eine skalare physikalische Messgröße, die im anschaulichen Bild des magnetischen Feldlinienmodells ein Maß für die „Gesamtzahl" (theoretisch gibt es unendlich viele) der eine geschlossene Leiterschleife senkrecht durchsetzenden Feldlinienkomponenten darstellt.

Magnetische Flussdichte Hinsichtlich ihrer Stärke in Tesla oder Gauß angegebene, vektorielle physikalische Messgröße, die in Abhängigkeit vom Ort und der Zeit die Flächendichte des magnetischen Flusses angibt und deren Richtung mit der des Magnetfeldes übereinstimmt.

Magnetische Induktion Erzeugung eines elektrischen Feldes durch zeitliche Änderung des magnetischen Flusses in einem elektrisch leitfähigen Medium.

Magnetische Rekonnexion Im magnetisierten Plasma auftretender Prozess, bei dem Magnetfeldstrukturen durch instantane Neuverbindung magnetischer Feldlinien topologisch umstrukturiert werden. Wenn entgegengesetzt zueinander orientierte Feldkomponenten in schmalen elektrischen Stromschichten aufeinandertreffen, kann Materiediffusion einsetzen, verschmelzen magnetische Felder miteinander. Im Magnetfeld gespeicherte Energien werden freigesetzt. Erzeugte elektrische Felder beschleunigen geladene Teilchen.

Magnetische Spannung In einem magnetisierten Fluid parallel zur magnetischen Flussdichte wirkende Spannung, die die Form und Dynamik magnetisierter Strukturen kontrolliert.

Magnetische Topologie Eigenschaft des Magnetfeldes, die Aussagen über dessen strukturellen Aufbau und Verflechtungszusammenhänge mit benachbarten Feldstrukturen macht.

Magnetohydrodynamik (MHD) Mithilfe der Gleichungen der Hydro- und Elektrodynamik entwickelte Theorie der Wechselwirkung zwischen Magnetfeldern und einem kontinuierlich verteilten und bewegten Fluid.

Magnetohydrodynamische Wellen Typen von Wellen, die sich in magnetisierten Fluiden durch periodische Bewegungen der Ionen ausbreiten. Man unterscheidet die transversalen Alfvén-Wellen, die sich in Richtung des Magnetfeldes ohne Einflussnahme des Materiedrucks ausbreiten, von den schnellen und langsamen magneto-akustischen Wellen, bei denen auch der Materiedruck des Mediums einen Einfluss hat.

Magnetokonvektion Durch Auftriebskräfte vermittelter Energie- und Materietransport in einem ionisierten Fluid (Plasma, flüssiges Metall) in Gegenwart magnetischer Felder.

Magneto-Rotationsinstabilität Eine in differenziell rotierenden und von nicht allzu starken Magnetfeldern durchsetzten Akkretionsscheiben wirkende Instabilität, die einen Abtransport des Drehimpulses und den Materietransport zum zentralen Himmelsobjekt bewirkt, Dynamoprozesse in Gang setzen kann. Maxwell sche Gleichungen Nach J. C. Maxwell benanntes System von linearen partiellen Differenzialgleichungen erster Ordnung, die den Zusammenhang zwischen elektrischen und magnetischen Feldern für die Analyse elektromagnetischer Phänomene beschreiben.

Meridionale Zirkulation Den Materie-, Energie- und Magnetflusstransport vermittelnde Materieströmung, die entlang der Meridiane eines rotierenden Himmelskörpers verläuft.

Plasma Durch das Vorhandensein frei beweglicher Ionen und Elektronen ausgezeichneter Materiezustand, der durch einen besonderen Einfluss magnetischer und elektrischer Felder geprägt ist.

kollisionsfreies ~ Teilweise oder vollständig ionisiertes Medium mit sehr geringer Dichte, in dem Zusammenstöße der Teilchen extrem selten auftreten, die Zeitskala, auf der Kollisionsprozesse ablaufen, groß ist im Vergleich zu anderen relevanten Wechselwirkungsprozessen.

Polarisation elektromagnetischer Wellen Eigenschaft gewisser Wellentypen, die die besondere Lage ihrer Schwingungsebene beschreibt. Bei linearer Polarisation ist die Richtung der Schwingung konstant. Bei zirkularer Polarisation ist der Betrag der Amplitude konstant, ändert sich aber umlaufend mit konstanter Winkelgeschwindigkeit.

Spekropolarimeter Gerät zur Vermessung der optischen Eigenschaften polarisierter elektromagnetischer Wellen.

Stoßfront Grenzfläche, die beim Auftreffen einer sich schneller als mit der für das betreffende Medium charakteristischen Signalausbreitungsgeschwindigkeit (Geschwindigkeit von Schall- oder magnetosonischen Wellen) bewegenden Materie auf ein Hindernis entsteht.

Zeeman-Effekt Mehrfache Aufspaltung einer von einem Atom ausgesandten Spektrallinie unter Einfluss eines externen Magnetfeldes. Je nach Beobachtungsrichtung relativ zum Magnetfeld sind die einzelnen Linien in charakteristischer Weise unterschiedlich linear oder zirkular polarisiert. Dieser Effekt erfolgt aufgrund der Wechselwirkung des Magnetfeldes mit den durch Bahn- und Eigendrehimpuls (Spin) der Elektronen vermittelten magnetischen Momenten eines Atoms.

Zentrifugalkraft Eine senkrecht zur Rotationsachse eines kreisenden Körpers wirkende, auch als Fliehkraft bezeichnete Trägheitskraft in einem rotierenden Bezugssystem.

Index